“十二五”国家重点图书出版规划项目

21世纪先进制造技术丛书

空间碰撞地面半实物模拟原理

高峰 曹睿 齐臣坤 任安业 著

U0304479

科学出版社

北 京

内 容 简 介

空间碰撞半实物模拟是空间系统碰撞地面实验的关键技术，空间碰撞地面半实物模拟装备是我国探月工程的重要实验系统之一。本书是一部介绍作者利用并联机器人设计和控制理论建立空间碰撞地面半实物模拟系统设计方法的专著。主要内容包括：基于 G_F 集理论的模拟系统构型设计；基于工作空间关键点特性的模拟系统机构尺度设计；基于动态响应特性的模拟系统尺度优化设计；基于动态响应目标的模拟系统驱动与传动系统设计；模拟系统机构运动学参数辨识和标定；空间碰撞动力学与半实物模拟失真补偿方法；模拟系统的控制系统设计等。本书为空间碰撞地面半实物模拟系统的研制提供了理论和技术支持。

本书可供从事机械和自动化相关专业研究的大学教师、研究人员、工程技术人员、硕士与博士研究生阅读和参考。

图书在版编目(CIP)数据

空间碰撞地面半实物模拟原理/高峰等著. —北京：科学出版社，2016

("十二五"国家重点图书出版规划项目：21 世纪先进制造技术丛书)

ISBN 978-7-03-050338-1

Ⅰ.①空…　Ⅱ.①高…　Ⅲ.①航天器-地面试验-系统试验-模拟系统

Ⅳ.①V416.6

中国版本图书馆 CIP 数据核字（2016）第 255590 号

责任编辑：裴　育　纪四稳 / 责任校对：桂伟利
责任印制：徐晓晨 / 封面设计：蓝　正

科学出版社 出版

北京东黄城根北街 16 号

邮政编码：100717

http://www.sciencep.com

北京厚诚则铭印刷科技有限公司 印刷

科学出版社发行　各地新华书店经销

*

2016 年 10 月第　一　版　开本：720×1000　1/16

2019 年 8 月第二次印刷　印张：13 1/2

字数：257 000

定价：98.00 元

（如有印装质量问题，我社负责调换）

《21世纪先进制造技术丛书》编委会

主　编：熊有伦（华中科技大学）

编　委：（按姓氏笔画排序）

丁　汉（上海交通大学 / 华中科技大学）　　张宪民（华南理工大学）

王　煜（香港中文大学）　　　　　　　　　周仲荣（西南交通大学）

王田苗（北京航空航天大学）　　　　　　　赵淳生（南京航空航天大学）

王立鼎（大连理工大学）　　　　　　　　　查建中（北京交通大学）

王国彪（国家自然科学基金委员会）　　　　柳百成（清华大学）

王越超（中科院沈阳自动化所）　　　　　　钟志华（湖南大学）

冯　刚（香港城市大学）　　　　　　　　　顾佩华（汕头大学）

冯培恩（浙江大学）　　　　　　　　　　　徐滨士（解放军装甲兵工程学院）

任露泉（吉林大学）　　　　　　　　　　　黄　田（天津大学）

刘洪海（朴次茅斯大学）　　　　　　　　　黄　真（燕山大学）

江平宇（西安交通大学）　　　　　　　　　黄　强（北京理工大学）

孙立宁（哈尔滨工业大学）　　　　　　　　管晓宏（西安交通大学）

李泽湘（香港科技大学）　　　　　　　　　雒建斌（清华大学）

李涤尘（西安交通大学）　　　　　　　　　谭　民（中科院自动化研究所）

李涵雄（香港城市大学/中南大学）　　　　　谭建荣（浙江大学）

宋玉泉（吉林大学）　　　　　　　　　　　熊蔡华（华中科技大学）

张玉茹（北京航空航天大学）　　　　　　　翟婉明（西南交通大学）

《21世纪先进制造技术丛书》序

21世纪，先进制造技术呈现出精微化、数字化、信息化、智能化和网络化的显著特点，同时也代表了技术科学综合交叉融合的发展趋势。高技术领域如光电子、纳电子、机器视觉、控制理论、生物医学、航空航天等学科的发展，为先进制造技术提供了更多更好的新理论、新方法和新技术，出现了微纳制造、生物制造和电子制造等先进制造新领域。随着制造学科与信息科学、生命科学、材料科学、管理科学、纳米科技的交叉融合，产生了仿生机械学、纳米摩擦学、制造信息学、制造管理学等新兴交叉科学。21世纪地球资源和环境面临空前的严峻挑战，要求制造技术比以往任何时候都更重视环境保护、节能减排、循环制造和可持续发展，激发了产品的安全性和绿色度、产品的可拆卸性和再利用、机电装备的再制造等基础研究的开展。

《21世纪先进制造技术丛书》旨在展示先进制造领域的最新研究成果，促进多学科多领域的交叉融合，推动国际间的学术交流与合作，提升制造学科的学术水平。我们相信，有广大先进制造领域的专家、学者的积极参与和大力支持，以及编委们的共同努力，本丛书将为发展制造科学，推广先进制造技术，增强企业创新能力做出应有的贡献。

先进机器人和先进制造技术一样是多学科交叉融合的产物，在制造业中的应用范围很广，从喷漆、焊接到装配、抛光和修理，成为重要的先进制造装备。机器人操作是将机器人本体及其作业任务整合为一体的学科，已成为智能机器人和智能制造研究的焦点之一，并在机械装配、多指抓取、协调操作和工件夹持等方面取得显著进展，因此，本系列丛书也包含先进机器人的有关著作。

最后，我们衷心地感谢所有关心本丛书并为丛书出版尽力的专家们，感谢科学出版社及有关学术机构的大力支持和资助，感谢广大读者对丛书的厚爱。

熊有伦

华中科技大学

2008 年 4 月

前　言

在地面重力环境中模拟太空失重环境下两物体碰撞过程是考核空间碰撞连接机构是否能够在空间安全、可靠和有效工作的必要手段，对于太空两个航天器的对接、补给、运输、维修等技术的开发具有重大意义。空间飞行物体碰撞系统由两个惯性物体和两个连接机构组成，而地面半实物模拟系统由与太空相同的两个连接机构、运动模拟器、六维力传感器和惯性物体的数字模型组成。半实物模拟能对真实碰撞连接机构进行动力学性能实验，不受空间飞行物体惯性大小的限制，不涉及太空失重和零阻尼等环境约束。空间碰撞地面半实物模拟技术对空间技术的研发具有重要的科学和实际意义。

空间碰撞地面模拟的主要挑战是实现地面模拟系统与空间对接系统两个异构系统相似或相同的动力学特性，地面模拟系统需满足自由度、工作空间、频响、精度、速度、加速度等技术要求。本书的主要内容包括：基于 G_F 集理论的模拟系统构型设计；基于工作空间关键点特性的模拟系统机构尺度设计；基于动态响应特性的模拟系统尺度优化设计；基于动态响应目标的模拟系统驱动与传动系统设计；模拟系统机构运动学参数辨识和标定；空间碰撞动力学与半实物模拟失真补偿方法；模拟系统的控制系统设计等。

本书涉及的研究成果是在国家 973 计划(2013CB035501)和上海航天技术研究院弱碰撞式对接机构综合试验台等项目支持下完成的，在此对给予支持的相关单位表示感谢。同时，也感谢金振林、赵现朝、何俊、张勇、刘任强、孙乔、王谦、胡延对本书成果作出的贡献。

限于作者水平，书中难免存在不妥之处，敬请读者批评指正。

高　峰

2016 年 5 月于上海交通大学

目　　录

第1章 绪 论

1.1 引 言

从第一颗人造卫星升空至今，人类的太空探索活动已经发展了近 60 年，而人类对于太空的向往与痴迷早已持续了千百年。太空探索不仅可以给人类带来全新的技术，还给人类提供了一面审视自己的镜子，为人类带来了不断进取的精神，以及乐观自信的心态。如今太空探索已经成为世界大国争相进行的一项热门事业，承载着无数人的光荣与梦想。对于太空探索，空间交会对接是一项至关重要的技术，是指太空中两个飞行器在驱动控制系统的导引下接近会合并通过特定的捕获对接机构连接，最终在结构上连成一个整体的技术。这项技术是空间站、太空飞船以及卫星之间进行空间装配、回收、补给、维修、航天员交换以及营救等任务的基础。

世界上第一次空间对接是 1966 年 3 月 16 日美国的双子星 8 号载人飞船通过手动操作与阿金纳无人飞行器的对接，而世界上第一次成功的自动交会对接由苏联于 1967 年完成，继苏联之后我国于 2011 年 11 月 3 日进行了神舟八号飞船与天宫一号空间实验室的首次空间交会对接，成为世界上第三个自主实现空间交会对接的国家，如图 1-1 所示。

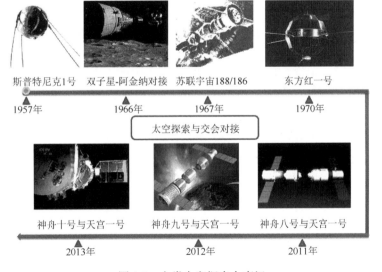

图 1-1 人类太空探索大事记

为了保证交会对接系统在太空中顺利无误地完成两个飞行器的对接,在其研发过程中必须在地面进行大量的测试,而交会对接模拟实验台正是进行这种测试的重大地面实验设备,在地面环境中模拟太空中两个飞行器在交会对接过程中的相对运动,从而对交会对接系统的功能完备性以及可靠性进行测试。其中较为先进的是采用半实物模拟系统的实验台。美国和苏联分别于 20 世纪 70 年代和 80 年代建造过这种地面实验台,而我国在 21 世纪也建造过类似的实验装置用以测试自己的交会对接系统。

上海交通大学重大装备设计与控制工程研究所研制的空间高频弱碰撞式半实物模拟系统是为我国航天系统研制的新一代地面交会对接模拟实验台,如图 1-2 所示。由于高频弱碰撞对接的特殊性,现有系统无法满足其在动态响应、工作空间以及各向同性等方面的苛刻需求,在充分考虑国内外运动模拟器技术研究现状的基础上,本书提出了一种全新的具有高动态响应能力、高各向同性、大工作空间的机械模拟系统,具有极其重要的科研意义。

图 1-2　空间高频弱碰撞式半实物模拟系统

空间碰撞半实物模拟系统的首要任务是在地面环境下真实地模拟太空中两个飞行器在交会对接过程中的相对运动过程,其本质是一种对各项性能有着严格要求的运动模拟器。而运动模拟器是一种尽可能真实再现或模拟某种特定运动的机电一体化系统,对于运动模拟器的研制往往需要涉及机械、电气、控制、空间运动/动力学、有限元、传感器、虚拟现实、信号传输处理等一系列高科技领域。高性能的运动模拟器是高等院校、科研院所在机电一体化领域水平的标志性象征。

1.2 运动模拟器的发展现状

运动模拟器在现代社会的众多领域中都有十分广泛的应用,在驾驶员培训方面有各种训练模拟器,如飞机驾驶模拟器、汽车驾驶模拟器、舰艇模拟器等;在产品制造设计领域有交会对接模拟实验系统、空中加油对接模拟系统、疲劳测试实验系统等;在生活娱乐领域有动感电影院、娱乐游戏设备等;还有用于科研及建筑设计的地震模拟器等。

现代运动模拟器最早可追溯到 1910 年[1],主要用于制造飞机驾驶模拟系统以培训飞机驾驶员。该时期较为典型的运动模拟器是桑德斯训练机,如图 1-3 所示,其本质是将飞机的一部分真实部件通过万向节连接在大地上,在风的作用下,受训者坐在飞机驾驶舱内通过操作面板可实现三个方向的转动。其构造简单,只有三个自由度,甚至没有自己的动力系统。

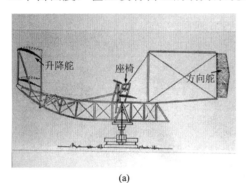
(a)

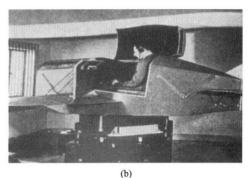
(b)

图 1-3 早期的飞机驾驶模拟器

受限于机械及电气领域的发展进度,运动模拟器在此之后较长的一段时间内都没有取得重大突破。1965 年 Stewart 提出了经典的 Stewart-Gough 并联机构,为运动模拟器的发展带来了契机。由于 Stewart 平台不仅可进行六维运动,还具有大承载、高刚度、高精度的特点,其一跃成为运动模拟器最常采用的机械结构[2] (图 1-4)。在训练模拟领域中,运动模拟器用来代替真实设备培训受训者对真实设备的操纵能力,可大幅提高培训的安全性以及培训效率。此外,这种模拟系统还可用来测试新硬件,对真实设备的各个部件进行完整的性能评价,从而加速设计进程,缩减研发成本,因此运动模拟器一直是科研人员的关注热点。

随着现代科技的长足进展,机械、电气、液压等学科的尖端技术不断地引入运动模拟器,运动模拟器得以持续发展,其承载能力、运行范围、运行速度等都有了巨大的提升,再配合先进的虚拟现实系统,可为受训者带来极为逼真的视听临场体验。

(a) 美国国家航天局的模拟器

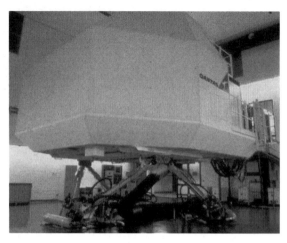
(b) 澳洲航空公司的模拟器

图 1-4　经典的六自由度运动模拟器

　　图 1-5(a)是梅赛德斯-奔驰公司耗费巨资打造的目前世界上最先进的动态汽车驾驶模拟器。其顶部圆形驾驶舱直径达 7.5m,可轻松容纳整个小型轿车或者大型车辆的驾驶座舱并进行驾驶模拟,驾驶舱底部为一个六自由度并联机构,通过油缸驱动可模拟空间六个方向的运动,其最底部的直线导轨可带动整个运动模拟器高速运行,并能提供高达 1g 的加速度。该运动模拟器实质上是 Stewart 并联机构和直线驱动导轨组成的串并混联系统,利用直线驱动器弥补传统并联机构在运动范围上的不足。图 1-5(b)是澳大利亚 Deakin 大学于 2011 年研制的一款高性能驾驶模拟器。其本体是一个大型串联机器人手臂,臂展长度为 7m,在高速旋转时可为末端提供最大 6g 的加速度。机械臂末端安装着驾驶座椅,可以带着受训者在空间六个维度上进行大范围的运动,从而模拟各种载具的运行状态。此外,该系统同时配有先进的虚拟现实系统,可拟合多种现实中的场景。串联机械结构使得末端的驾驶座椅具有十分广阔的运动范围,其灵活度是并联机构无法比拟的,但与此同时也牺牲了很多运动模拟器的承载、刚度等特性。

　　运动模拟器的另一个重要应用场合是地震模拟器。为了真实模拟地震,此类运动模拟器在承载能力、动态响应性能等方面有着极为严格的要求。图 1-6(a)是日本研制的世界最大的地震模拟器 E-Defence[3-5],其运动台面尺寸为 15m×20m,由液压伺服系统驱动控制,具有三向六自由度运动能力,承载能力高达 1200t,在水平和竖直方向上可分别提供 0.9g 和 1.5g 的加速度。图 1-6(b)是德国 CEDEX 公司研制的地震模拟器,其运动台面尺寸为 3m×3m,具有空间六维运动能力,最大承载能力为 10t。图 1-6(c)是中国建筑科学研究院建造的目前国内最大的地震模拟器，台面尺寸达到 6.1m×6.1m。图 1-6(d)是上海交通大学研制的电机驱动地震模拟器，该运动模拟器采用了一种创新的冗余容错驱动系统[6]，使得多电机联合输出成为可能，解决了电机系统输出负载有限的问题，使重载机构的驱动系统由液压向电机的转变成为可能，从而弥补了大型液压系统在刚度、动态响应特性等方面的不足。这种冗余驱动技术也成功应用到本书的半实物模拟系统中。

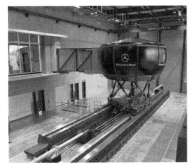

(a) 奔驰公司的汽车驾驶模拟器

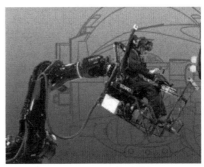

(b) Deakin 大学的驾驶模拟器

图 1-5　现代的驾驶模拟器

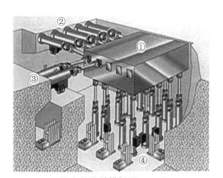

(a) 日本的地震模拟器 E-Defence

(b) 德国 CEDEX 公司的地震模拟器

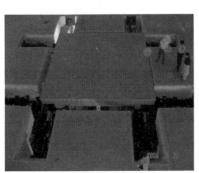

(c) 中国建筑科学研究院的地震模拟器

(d) 上海交通大学的地震模拟器

图 1-6　地震模拟器

随着人类生活水平的日益提高，人们对于娱乐生活的品质追求也逐步上升，越来越多的人开始希望能在安全便捷的前提下体验各种紧张刺激的极限运动。为了满足这些需求，运动模拟器开始渗透到娱乐生活中，走入人们的家庭，使得人们足不出户就能真实地体验到各种极限运动的紧张与刺激。图 1-7(a)是一款高性能赛车模拟器，其机械核心为 Stewart 并联机构，采用伺服电机系统驱动，可以真实地模拟赛车在刹车、启动、过弯时的加速度以及行驶过程中的颠簸，让玩家真正体验到身临其境的感觉，但其造价是普通家庭难以承受的。图 1-7(b)也是一款赛车模拟器，但是其造价低廉，并未采用复杂的机械结构，只能进行简单的振动和倾斜，在逼真程度上大打折扣。图 1-7(c)是一款滑雪模拟器，具有两个转动自由度，可以模拟滑雪时身体的倾斜。图 1-7(d)是 4D 影院的座椅底座，也由 Stewart 并联机构构成，可配合影片带动观众席产生相应的运动，从而带来更为逼真震撼的观影效果。娱乐型的运动模拟器还处于起步阶段，要取得逼真的运动模拟效果，Stewart 并联机构依旧是首选，但是由于其造价较高，还不能步入普通家庭。

(a) 六自由度赛车模拟器

(b) 二自由度赛车模拟器

(c) 滑雪模拟器

(d) 4D 影院座椅底座

图 1-7　娱乐型运动模拟器

1.3　空间交会对接地面模拟系统

交会对接设备地面模拟系统是运动模拟器一个非常重要的应用领域。交会对接设备在太空中若不能按设计要求正常执行任务，或者发生异常故障都有可能引发灾难性的后果，而在当前的技术水平下，在太空中对航天设备进行维修十分困难，更不可能在太空环境下对产品进行测试。因此，交会对接设备在发射升空前，必须经过大量的地面测试实验，以保证其发射后的安全可靠性。在地面上，可以通过建造密闭压力空间、可控温场等环境来模拟太空中的压力、温度等环境,但是太空中的失重悬浮环境是最难模拟的。为了真实地营造这种悬浮环境,比较传统的地面模拟设备以气浮系统、水浮系统和悬吊系统为代表[7, 8]。此外,还有利用自由落体营造失重环境的,但是其费用高昂、持续时间短,而且被测对象尺寸受限,导致其应用并不广泛[9, 10]。

气浮实验系统(图 1-8(a)和(b))利用气体的压力[11],由气膜浮起物体从而营造无摩擦的自由漂浮状态。由于其原理的限制,很难做到三维以上的自由度。而且该系统为了保持平衡,对倾覆力矩有严格要求[12-14],不仅造成控制复杂而且极大地限制了测试设备的允许载荷范围。

水浮实验系统(图 1-8(c))利用水的浮力来消除重力的影响,可以实现空间六维的运动,但是由于水的阻力较大,会严重影响物体的动力学特性,与实际中无阻力的太空环境差距较远[15-17]。

悬吊实验系统(图 1-8(d))使用吊丝将测试物体吊起以抵消重力,通过控制吊丝的移动和伸长来配合测试物体移动[18-20]。悬吊系统对重力以及系统摩擦力的补偿精度不高,对物体的动力学特性影响较大,且悬吊系统与测试物体之间存在耦合振动,会导致系统不稳定。

(a) 二维平移气浮系统

(b) 单维转动气浮系统

(c) 水浮实验系统

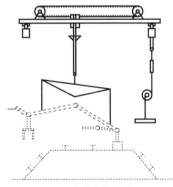

(d) 悬吊实验系统

图 1-8 传统地面模拟设备

这些传统的地面模拟系统均无法在高自由度空间下真实模拟太空中物体的动力学特性，而用于交会对接系统的测试平台，必须要同时具有多维运动能力以及良好的动力学特性模拟的能力，于是半实物仿真测试系统应运而生。该系统也被形象地称为硬件在环内(hardware-in-the-loop，HIL)系统。

1.4　空间碰撞半实物模拟技术

半实物模拟系统伴随着计算机技术以及仿真技术的迅猛发展而来，在产品的研发初期，人们用产品的数字样机替代真实产品进行仿真实验、分析和设计，从而极大地降低了研发成本，提高了研发效率。但是由于真实物体的复杂性，计算机仿真软件目前无法真实、准确地模拟许多复杂的实验状况。例如，两个飞行器之间在对接过程中所产生的一系列复杂碰撞运动过程，以目前的计算机仿真技术是无法正确模拟的，必须进行真实的实物实验。

在实验研究中运用计算机仿真技术不仅可简化设备、提高效率，而且可以任意创造出用传统实物测试实验无法实现的实验条件和相关的大型装置，例如，对失重、零阻尼环境的模拟，对空间站、舰船等大型物体的质量惯量模拟等。人们将计算机仿真技术和实物实验的优点相结合，形成一个仿真实验与实物实验相互融合、共同协作的实验系统，即"半实物"模拟系统。

根据测试实验的要求和目的的不同，半实物模拟系统又可分为两类。

第一类只需要进行简单的运动再现即可，被测试产品由模拟系统的运动模拟器带动，其运动由航天设备的控制系统主导，运动过程中测试产品一般不会发生碰撞运动，模拟系统也不会对碰撞力做出反馈，这种系统主要用于验证航天设备的规划和控制方法，如图 1-9 所示。

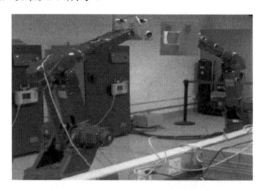

图 1-9　第一类 HIL 系统

第二类为碰撞式实验系统，物体的运动由动力学模型主导，用以真实再现太空中两个物体之间的碰撞过程，从而验证两个飞行器在相互碰撞过程中是否能成功完成捕获对接，其对运动模拟器的各方面要求十分苛刻。传统碰撞式半实物模拟系统的简要工作原理如图 1-10 所示，图中左半部分为计算机软件仿真模块，右半部分为实物硬件模拟系统，其核心部件正是一个运动模拟器。图 1-10 中两个飞行器的对接装置分别安装在运动模拟器的运动平台以及固定机架上，通过运动模拟器的运动来模拟两个飞行器的相对运动。在实验过程中，导航控制模块模拟飞行器的火箭推进器，对飞行器的运动进行初始引导(当飞行器进入捕获/对接阶段时，此模块处于关闭状态)，飞行器动力学解算模块根据飞行器所受到的外力(由力传感器实际测量并换算得到)实时计算飞行器的运动状态，然后经过运动模拟器的运动学解算模块得到运动模拟器各个驱动器的运动，并交给运动模拟器控制系统去驱动运动模拟器以模拟两个飞行器在空间中的相对运动，同时对接装置开始执行对接操作，并产生真实的碰撞，它们之间的作用力被六维力传感器捕获，并交给飞行器动力学解算模块重新计算两个飞行器在下一时刻的运动，依此构成控制闭环。通常来讲，控制周期越短，对碰撞过程的模拟越真实。

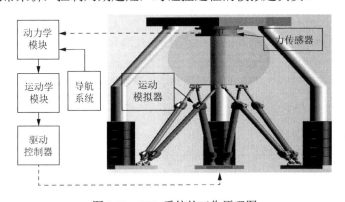

图 1-10　HIL 系统的工作原理图

　　由于碰撞是一个高速运动的过程，为了让运动模拟器带动被测装置真实再现太空中的碰撞过程，精确模拟物体的动力学特性，运动模拟器必须具有高自由度、高承载、高精度、高刚度、高动态响应等一系列特性。可以说，碰撞式半实物模拟系统对于运动模拟器的要求是最高的，是运动模拟器技术最高水平的体现。

　　串联机构很难具有高承载、高精度、高刚度、高动态响应等特性，而这正是并联机构的优势，因此在这些方面有较高需求的运动模拟器均采用并联机构，而目前国内外现有的碰撞式半实物模拟系统均采用的是 Stewart 并联机构，如图 1-11所示。图 1-11(a)是苏联建造的用于测试对接机构的碰撞式地面模拟实验系统，图 1-11(b)是美国波音公司建造的碰撞式地面模拟实验系统[21]，图 1-11(c)是美国麦道航天部门的碰撞式地面模拟实验系统[22]，图 1-11(d)是我国上海宇航系统工程研究所的碰撞式地面模拟实验系统。

(a) 苏联的碰撞式实验系统

(b) 美国波音公司的碰撞式实验系统

(c) 美国麦道航天的碰撞式实验系统

(d) 我国的碰撞式实验系统

图 1-11　国内外现有的碰撞式半实物模拟系统

　　图 1-12 是本课题搭建的半实物模拟系统，首先展示其系统构成以帮助读者更好地理解半实物模拟系统的核心工作原理，将其与图 1-10 和图 1-11 对比，可以发现其在硬件系统上与现有系统相比具有多项创新，这将在后面的章节中介绍。图 1-12 中左侧是需要进行产品性能测试实验的两个太空飞行器及其对接系统。系统使用计算机仿真技术对两个飞行器进行模拟，太空中的引力环境和飞船的质量惯量等都可以通过仿真软件轻易地进行设定和修改，从而可以轻松地对不同型号的飞行器进行不同太空环境下的测试，这是传统的纯实物测试实验无法比拟的。

　　为了真实地模拟空间中的复杂碰撞过程，飞船的两个真实对接装置分别安装在实验系统的两个运动模拟器上，利用仿真系统中的数学模型解算飞船的运动并控制运动模拟器带动对接机构运动，而对接机构在真实环境中碰撞所产生的碰撞力则会被安装在对接装置底部的六维力传感器采集到，并交给数学模型去解算下一时刻的飞船运动信息。整个实验系统的运动依次通过数学模型解算—运动模拟

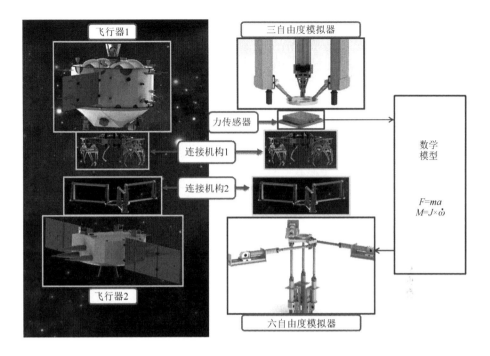

图 1-12　本课题搭建的半实物模拟系统

器运动—对接机构相互作用—力传感器采集信号等流程构成一个控制闭环，而本
课题设计的半实物模拟系统所实现的闭环控制周期仅为 1ms，在 1ms 内完成整个
控制环路内所有的程序，因而可以有效地保证实验的精度。

1.5　空间碰撞式对接模拟需求

在空间对接技术中，以往的对接系统主要用于两个大型飞行器之间的对接，
它们通常具有较大的质量惯量，在对接时首先调整姿态使得两个飞行器的对接机
构基本对准，然后以一定的速度冲击过去，基本上一次撞击就可使得两个对接机
构连接为一个整体，从某种角度上，类似于插入安全带的卡扣。现有的半实物模
拟系统(图 1-11)基本都是用于对这种对接机构进行地面测试的。

当参与对接的飞行器有一个或者两个质量都较小时，不能采用这种"强"撞
击的对接方式，此时对接机构设计成抱爪机构，两个飞船以相对较慢的速度靠近，
靠抱爪将两个飞船拉近，经过一系列的相互撞击后，最终使两个飞船连接成为一
个整体。这种类型的对接机构称为弱碰撞式对接机构。虽然这种对接机构称为
"弱"碰撞式对接机构，但是对于测试这种对接机构的地面设备提出的性能要求非
但不会变弱，反而更加严格，这主要体现在以下几个方面。

(1) 需要的运动空间更大。以往的对接方式是在两个飞船基本对准的情况下，

通过一定的冲击使得对接机构扣紧。对接过程中两个飞船可能出现的相对位置和姿态偏差很小。而对于弱碰撞式对接机构，两个飞船在位置和姿态都存在较大偏差时，就可以开始进行对接抓紧动作，而在对接抓紧的过程中，两个飞船会在抱爪包络的空间范围内产生一系列的碰撞运动，碰撞中产生的相对位置和姿态偏差可能比对接开始时还要大。

(2) 各向同性的需求。由前文介绍可知，以往的对接过程中碰撞都沿着对接平面法线，从而使得对接机构扣紧，因此对于运动模拟器的性能要求也主要在这个正碰方向上。而对于弱碰撞式对接机构，在对接过程中碰撞可能发生在抱爪包络空间范围内的任意位置和方向上，因此运动模拟器在需求的运动空间全域内各个方向上都要具有较为均衡的运动、动力学特性，以便更加真实地模拟这种各向随机的碰撞运动。

(3) 更高的工作频率。弱碰撞对接与以往的对接形式相比，参与对接的两个飞行器的质量相对较小，由振动模型易知，质量越小的系统，其固有频率越高，因而对于运动模拟器的工作带宽要求也越苛刻。

根据前文的分析，国内外现有的碰撞式半实物模拟系统所采用的运动模拟器均为 Stewart 并联机构，而 Stewart 机构由于自身特性的问题，与上述三项要求并不匹配，难以真实地还原太空中的此类弱碰撞式对接机构在对接过程中产生的随机碰撞过程。现有运动模拟器存在的主要问题可总结为以下几点。

(1) 有效工作空间小。Stewart 机构的工作空间的形状类似伞形(图 1-13)，而且易于奇异，而弱碰撞式测试需要的运动空间比以往的更大，而且由于其各向同性，所需的运动空间范围类似于圆柱体，与 Stewart 机构的伞形工作空间外形很不匹配，造成了最后的有效工作空间更小。

图 1-13　Stewart 机构的工作空间

(2) 各向同性差。Stewart 机构的力学性能空间与运动空间类似，也是伞形：力学性能在靠近工作空间中心处最好，而远离中心时会迅速降低；在工作空间上半部分，水平方向的力学性能较差，而竖直方向的性能较好；在工作空间下半部分情况却正好相反，水平方向的力学性能较好，而竖直方向的性能较差。这种性能的不均衡性势必会对具有各向同性要求的模拟实验造成不良影响。

(3) 运行惯量大。由于 Stewart 机构的限制，驱动装置要安装在运动支链上，在机构运动过程中，质量较大的驱动系统也要随之进行摆动，这部分附加的质量及转动惯量不仅耗费能源，还会降低整体系统的动态响应特性。

(4) 动态响应能力差。国内外现有的机构目前还主要采用液压油缸驱动，这种驱动系统本身就有动态响应速度慢、噪声大、控制复杂、维护困难等问题，进而影响整个运动模拟器的特性。目前国内外的此类碰撞式实验系统的带宽最高也只有 8Hz [23]。

因此，需要提出一种具有大工作空间和优良各向同性的机构以适应这种新的测试测验需求。同时这种机构还要具有高刚度、高精度、高动态响应能力等特性，从而真实模拟碰撞过程。

1.6　模拟器机构技术研究现状

由 1.5 节的讨论可知，空间碰撞式半实物模拟系统的核心部分必须采用并联机构，才能达到高承载、高精度、高刚度、高动态响应等要求，因此本节将对并联机构的研究现状进行讨论。并联机构由于其性能特点与串联机构互补，一直是近几十年来国际机器人与机构领域关注的热点。并联机构从设计到投入使用，需要依次经历指标抽象、机构构型、尺度设计、结构设计、加工制造、标定校准等一系列过程(图 1-14)。此外，并联机构的设计制造过程中又必须涉及并联机构的运动学和动力学，而运动学和动力学也与并联机构的控制息息相关。

图 1-14　机构设计制造流程图

机构的设计指标一般包括运动特征、运动/动力学特性等，这些指标可较为直观地根据工况需求提出，并用于指导机构的构型；此外，还有一项重要的设计/评价指标，就是工作空间，工作空间可用于指导机构的尺度设计，但是对于并联机构，其工作空间的描述方式和计算方法都较为复杂,稍后将对其进行专门介绍。

1.6.1　并联机构的构型方法

并联机构的构型方法又称型综合方法，其根据设计要求所需的运动特征进行机构设计，从而得到满足运动要求的机构。型综合包含的基本问题有并联机构的分类和型评价指标、支链与末端输出的型评价指标间的关系、末端输出与结构数目间的关系、由运动副组成支链进而装配得到并联机构的构型方法等，如图 1-15 所示。设计过程可以认为是分析过程的逆过程，其难度要远大于后者，而并联机构的复杂及高度耦合的特点更是增加了构型的难度，因而吸引了该学科领域的众多学者进行了大量的研究，并形成了很多不同的派系。其中影响力较为广泛的有基于螺旋理论的设计方法、基于微分几何的设计方法、基于 G_F 集的设计方法、基于方位特征集[24-28]的方法，以及基于线性变换和形态变化[29-33]的方法等。

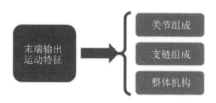

图 1-15　并联机构的型综合

螺旋理论将表征位置和方向的两个向量综合抽象为一个螺旋，利用此理论可便捷地建立从并联机构支链的运动螺旋系到并联机构末端输出的运动螺旋系之间的关系，进而指导机构的设计[34-43]。螺旋理论可以有效地分析机构在某一瞬时的运动特征，但用螺旋表达的末端输出的运动特征缺失了运动的顺序信息。

G_F 集以集合数学为基础工具[44-50]，将支链以及机构末端的运动特性表示为一种特殊集合，结合 G_F 集的求交法则和数综合公式，发展出了完善的并联机构型综合方法，可以系统地对并联机构进行构型。由于 G_F 集方法考虑了机构运动特征中移动与转动的相互影响及顺序性，可以准确地描述机构的运动特征。此外这种方法结构清晰明确，易于掌握。

基于微分几何的构型理论以李群、位移子群、微分流形、位移子流形等数学工具为基础建立并联机构型综合方法[51-55]。李群及微分流形对并联机构支链的运动特征有准确的数学描述，可系统地对并联机构进行运动学分析以及型综合。

并联机构的型综合只是设计了并联机构的支链以及支链的运动副组成，但各个部件的具体尺寸还需要通过尺度设计来得到。而并联机构的尺度设计是以并联机构的运动学及动力学模型为基础的。

1.6.2　并联机构的运动学及动力学

并联机构的运动学分析的主要内容有运动学正、反解，速度、加速度分析，工作空间，奇异性等。并联机构的运动学正解问题是通过各个驱动器的驱动量信息求解末端运动平台的位姿信息，反之则称为运动学反解。并联机构的一大特点是，运动学反解的求解十分容易，而正解的求解十分困难。由于各支链的高度耦合，并联机构的正解问题依然没有被完全解决[56-60]。目前的正解方法主要有解析法、数值法以及传感器辅助法[61, 62]等。解析法可以精确地找到在给定驱动量输入下，并联机构末端输出的所有可能的解，但是这种方法的解算模型建立十分复杂，计算效率低下，而且不方便判断多解问题[63]，例如，具有六个自由度的 Stewart 机构有多达 40 组解[64]，因此这种方法主要适用于自由度较少、结构简单的并联机构。数值法主要通过优化方法来迭代搜索，逐步逼近真实解，常用的方法有牛顿迭代法、遗传算法[65-67]、神经网络[68-71]、支持向量回归法[72]等；数值法的模型较为简单，计算量小，因此对于复杂并联机构的实时控制多采用数值方法；但是由于优化方法的限制，数值法一次只能求得一组解，而且求解结果和迭代初值有关，在计算时还需要注意初值的选取问题。牛顿迭代法等经典算法对初值的依赖性很大，初值设置不仅影响计算结果还可能导致发散，在求解过程中还有可能出现矩阵奇异等问题。遗传算法、神经网络等方法计算速度更快，且可以很好地解决初值设置的问题，但是这些方法的模型需要经过大量的训练才能建立，而且机构参数稍有改动就需要重新训练，此外它们的解算精度也很差。传感器辅助法通过在机构的运动部件上设置内部传感器以获取额外的运动信息[73-75]，从而使得正解的求解过程简化，但是传感器的布置方式，安装、测量精度，以及测量时间等问题极大地限制了这种方法的使用，所以此方法目前还很不成熟。

并联机构的速度和加速度分析与位姿运动学分析相比要简单很多，常用的方法有速度矢量环法[76]、影响系数法[77-80]、旋量法[81-84]等。通过对并联机构的速度分析，可将驱动器的输入速度与运动平台的输出速度之间的关系表示为一个矩阵，即传统意义上的速度雅可比矩阵。雅可比矩阵是进一步对并联机构进行刚度、承载、各向同性、奇异性分析和评价的重要工具，是并联机构的一个研究热点[85-90]。

对并联机构进行精确的动力学建模，可以使运动模拟器的控制更为精准，进而提升运动模拟器的动态特性。此外，精确的动力学模型对于运动模拟器驱动系统的设计也至关重要。以分析力学为基础的机械系统动力学建模方法有很多，典型的有拉格朗日法、牛顿-欧拉法、凯恩法、虚功原理法以及旋量法等。目前这些方法在工程实际中均有应用，但前三种方法的应用最为广泛。拉格朗日法易于推导，但运算量巨大；其以系统的动能和势能为基础，从能量守恒的角度出发，使用拉格朗日方程来求解机构的动力学问题，免去了对机构真实运动的分析。由于其需要求解广义坐标的导数，所以计算量较大。牛顿-欧拉法运算量小，物理意义明确，且易于求解各个关节的约束反力，但推导较为困难；其从力、力矩平衡的角度，对机构的各个部件分别建立牛顿-欧拉方程，进而联立求解机构的动力学问题。凯恩法运算量小、效率高；其以广义速度代替广义坐标作为系统的独立变量，从力的角度应用达朗贝尔原理和虚位移原理针对每个运动部件建立动力学方程。凯恩法不关心机构内部的约束力，不使用动力学函数，不需要进行求导运算，利于计算机编程解算，是一种新的、适合并联机构的建模方法，但是它很难求解机构内部的约束力，而且解法晦涩难懂。

1.6.3 并联机构的工作空间

工作空间是评价机械系统运动能力最重要的指标之一，并联机构由于铰链约束、构件干涉、容易奇异等问题，其工作空间与串联机构相比要小得多，而这些问题也给其工作空间的分析与计算带来了极大的困难。早在 1990 年 Gosselin[91]就开始对 6-SPS 并联机构的工作空间进行研究，但由于并联机构千变万化的种类以及其自身的复杂性，工作空间一直是学者持续研究的热点，直至今日还有很多问题需要解决。

按照传统的观念，一般用可达工作空间和灵巧工作空间两种方法来对机构的工作空间进行描述。机构的末端能够以任意姿态达到的位置点的集合称为灵巧工作空间。在不限定姿态的情况下，机构的末端能够达到的位置点的集合称为可达工作空间。限于前面所述的并联机构的种种复杂特性，对于这两种工作空间的求解非常困难，计算十分烦琐[92]，而且经常需要做近似简化处理才能求解[93]。而可达工作空间对于并联机构的使用和控制也意义不大，因为在可达工作空间边界上机构往往只被允许了某个特定的姿态，否则机构将会发生奇异、干涉等严重后果，但将可达工作空间中每点所允许的姿态都记录成表去控制是不太现实的。仅用这两种空间描述方法难以便捷地表述并联机构的运动能力，因此学者又为并联机构提出了几种特殊的工作空间描述方式。

平移工作空间：机构末端在固定的某一姿态下，能够达到的位置点的集合[91, 94, 95]。旋转工作空间：在空间某一点上，机构末端可以实现的全部姿态的集合[96-99]。投影工作空间：将机构末端的指向称为接近向量，机构接近某一点时所有可能实现的接近向量的取值范围的集合[96]。这些工作空间描述方法将运动维度降低到三维或更低的维度，使得分析和计算变得容易，却不能完整统一地描述机构的运动能力。此外，Jin 等[100]还提出了一种基于群论 SE(3) 及有限划分的方法，用以对并联机构统一的六维运动工作空间进行描述和计算，但是计算十分复杂。

对于工作空间的分析和计算方法主要分为几何法和数值法两类。几何法利用各支链的几何约束关系来推导求解工作空间的边界，甚至可得到精确描述工作空间边界的曲面方程。但是由于并联机构的高度耦合性，几何法的推导十分复杂，只有对一些特殊的机构，或者是对工作空间进行特殊的限制，如假定机构末端姿态固定，才能利用几何法进行求解。通过几何法建立的分析模型一般都只能应用于一种或一类具有相似机构的并联机构上[101]。

大多数数值法都基于离散和扫描的方法来计算工作空间[102-105]，具有代表性的有网格法[106,107]、概率法[108-110]等。还有一些文献使用最优化、流形理论[111]等其他数值方法对工作空间进行研究。数值法一般不能直接得到工作空间的边界曲面，它们的精度取决于离散点的密度，因而精度有限。当工作空间有空洞时，也会给这种方法带来更多困难，需要更多的计算去确定空洞的位置。此外，数值方法往往需要给定机构参数，不能实现参数化的计算，当机构尺寸变化时，需要重新扫描计算。但是这种方法原理简单，可以较为容易地推广到任意并联机构上[112]。目前数值法的主要研究热点集中在扫描策略的优化、工作空间边界的预测、奇异位姿的分析等方面[95, 113]。

1.6.4 并联机构的尺度综合

在完成构型之后，并联机构设计的第二个任务便是尺度综合，尺度综合是依据给定设计要求对并联机构各部件的具体尺寸进行设计的过程。早先关于并联机构的尺度综合多是在给定尺寸范围内的优化方法。文献[114]和[115]利用雅可比条件数对并联机构进行尺度优化；文献[116]以雅可比矩阵条件数为目标，以无量纲工作空间体积为惩罚因子，将多参数的尺度优化归结为一类多目标泛函极值问题。文献[117]～[119]将尺度优化问题归结为以雅可比矩阵特性为目标的多目标约束优化问题。这些传统的尺度综合方法多为基于雅可比矩阵的优化方法，且求解过程复杂。如图 1-16 所示，设计并联机构的首要任务是令其在指定的工作空间内按要求进行工作，之后才是对运动性能的优化。因此，通过给定工作空间去设计并联机构逐渐成为近年来的研究方向，这是一个更加复杂、更加具有挑战性的命题。

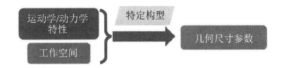

图 1-16 基于工作空间的尺度设计

基于工作空间的并联机构设计，目前都是基于某一特定并联机构的尺度综合。这是由于并联机构的种类繁多，而且机构运动特性会随着支链组成的不同发生巨大的变化，没有也很难有一个理论可以统一而详细地对并联机构进行描述，更何况并联机构的构型也是一个很大的命题。要通过工作空间进行尺度综合，首先要用适当的方法将需求的工作空间用数学方法表示，目前主要有以下几种描述方式。

(1) 给定离散点和轨迹[120]。将需求的工作空间表述为离散的点阵或者轨迹，对这些点或轨迹进行约束验证并通过优化方法最终得到合适的尺寸。这种描述方法使得反求设计较为简单，因而被广泛采用。但其只能对一些简单的工况进行设计，当工况复杂时，点、轨迹数量会十分庞大，导致计算量过于庞大。

(2) 给定转角范围[121]。这种描述方法一般适用于只具有转动自由度的机构，将旋转姿态表示为欧拉角序列，并给定各个欧拉角的需求范围。

(3) 给定几何形体[122]。将需求的工作空间抽象为几何形体，但会导致反求设计过程比较困难，往往要求对象机构的工作空间边界可被解析式表达。这种方法可以适用于比较复杂的工况，有更强的适用性，是未来的设计研究方向。

基于工作空间的尺度综合主要有两种思路。当给定工作空间采用上述第(1)或(2)种方式描述时，在这些工作空间点处验证机构的可达性，并且利用优化算法寻求尺寸的最优解。当机构的工作空间边界不能被解析式表达时，一般采用这种算法[121, 123-125]。当机构的工作空间边界可被解析式表达时，建立工作空间边界和机构尺寸参数的关系，以给定的工作空间被并联机构的工作空间包含为目标，从而计算出机构的尺寸[122, 126-129]。由于并联机构的工作空间边界十分复杂，两种工作空间的包容问题也是一个难点，文献[122]采用优化算法对工作空间进行搜索从而使得给定空间的顶点能够被机构的工作空间包含。

1.6.5　并联机构的标定

并联机构经过加工制造以及安装后，各个环节的误差会导致并联机构最终的实际尺寸参数与设计理论值产生偏差，进而影响并联机构的运动学模型和运动精度。运动学标定正是寻找这些偏差并修正并联机构的运动学模型，从而提高其运动精度的方法。目前并联机构的运动学标定方法主要分为三大类(图1-17)。

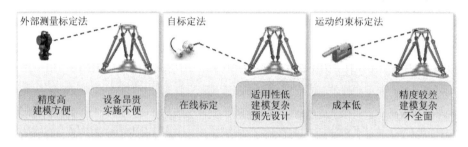

图 1-17　主要的运动学标定方法

(1) 外部测量标定法。使用外部测量装置测量并联机构末端输出的全部或部分运动信息并用于参数辨识。传统的测量仪器难以一次性测量空间六维的运动信息，要通过复杂的程序才能将全部信息采集，效率低下，没有实际的应用价值，因此学者提出了很多只需要测量部分运动信息的标定方法[130-137]。这种方法的稳定性以及抗干扰性一般较差，此外测量参数的不完备还可能影响标定结果的准确性。随着测量技术的发展，借助新型的精密测量仪器可方便、准确地测量空间六维运动信息，如激光跟踪仪、经纬仪等[138-142]，但是这些设备造价昂贵，不利于做经常性的现场标定。外部测量标定法采集得到的运动信息直接且全面，可使用运动学正解或者反解模型较为方便地建立参数辨识模型，而且标定过程中的干扰及传递环节较少，具有较高的精度。

(2) 自标定法。不需要使用外部的位姿测量设备，通过在被动关节上设置传感器以获取运动信息，且传感器的数目一般要大于机构的自由度数目。在标定过程中，首先控制并联机构运动到一系列预定的位姿，并从传感器读取每个位姿下驱动量和被动关节的运动信息。然后依次使用运动学正解模型和反解模型解算被动关节的理论运动信息。计算被动关节运动信息的测量值和理论值的偏差，并用于辨识尺寸参数误差，最终目标是使关节运动信息的测量值和理论值的偏差足够小。自标定法的成本较低，而且在机构的使用中可在线进行校准，吸引了很多学者进行研究[143-149]。但自标定法往往需要在机构设计阶段对传感器的安装进行设计，对球铰等复杂的被动关节也难以安装传感器，此外传感器的安装也会引入更多的误差，其参数辨识模型的建立也较为复杂，因此在实际使用中有一定的局限性。

(3) 运动约束标定法。可以使用较少的、甚至完全不用传感器进行标定[150]。运动约束标定法使用机械的手段限制并联机构的运动，进而使得运动模拟器的自由度降低，使得某些运动参数成为常数，并利用此特性进行参数辨识。一般从两个方面对并联机构的运动进行限制：添加被动约束支链以限制运动平台的运动[150-152]，或锁定某个运动关节[153, 154]。此外，还有利用机构的奇异特性来达到约束运动的目的，进而完成标定的方法[155]，但这种方法只能用于特定的机构，适用性较差。运动约束标定法虽然成本很低，但是带来了更多的问题：参数辨识模型比自标定法更为复杂；对运动的限制使得机构的工作空间受限，进而影响标定采样的全面性；此外运动约束装置由于自身的刚度、间隙等问题难以精确地约束运动，从而引入了更多的误差[156, 157]。因此，运动约束法的精度比前两种方法都差。

1.7　空间碰撞半实物模拟失真补偿研究现状

半实物模拟的关键问题之一是解决模拟系统的失真问题，失真的主要现象是发散或收敛。引起失真的主要原因是相位滞后或超前，即测量的碰撞力(用于数值仿真计算的力)相位滞后于运动模拟器的给定位置(数值仿真计算出的两飞行器期望相对位置)，则模拟发散；反之，则模拟收敛。因此，失真补偿的主要方法是相位补偿。

从已有的文献来看，对于半实物碰撞模拟，已经提出了几种失真补偿方法。当滞后时间是常量且不变和已知时，基于相位超前模型的力补偿能够有效地得到近似理想的碰撞力[158, 159]。基于虚拟碰撞模型的力补偿通过在测量力的基础上增加虚拟的力，可以实现期望的碰撞行为(如碰撞刚度、回弹系数等)[158, 160-162]。当滞后可用一个已知的时不变模型描述时，基于滞后模型的前馈位置补偿可用来提前补偿运动模拟器的给定位置值，从而使得运动模拟器的实际位置近似等于数值模型计算出的期望位置[22, 163]。

引起相位差的因素较多，情况也各不相同，作者通过深入细致的研究，建立了比较系统的半实物模拟失真综合补偿方法，解决半实物碰撞模拟的失真问题。通常，半实物碰撞模拟系统的相位滞后或超前主要来自力测量系统、运动模拟器动态响应、模拟器结构动力学等。力测量系统的滞后是可辨识且基本不变的，因此相位超前可用来补偿此滞后。由于运动模拟器动态响应相位滞后是模拟器位姿和负载的函数，是动态、时变和未知的，很难得到精确的数学模型，所以期望采用无模型的力补偿方法，已有的文献没有这方面的研究。模拟器结构动力学特性引起的相位超前在已有的文献中没有研究，事实上它是模拟器结构惯性、刚度、阻尼以及负载的函数，由于结合设计参数和实验可以得到比较准确的模拟器结构动力学模型，所以可以采用基于模型的力补偿。本书第 7 章将系统地研究空间碰撞半实物模拟系统的失真补偿问题。

1.8　本书主要内容

太空探索是人类最伟大的事业之一，对一个国家的经济、科技以及政治、军事等方面的发展有着不可估量的重要意义。经过近 50 年的发展，我国已经跻身世界航天大国的行列，目前对月球、火星的探索计划都在紧锣密鼓地进行着，众多新技术、新设备都亟待进行全面的地面测试后投入太空使用。因此，可以真实模拟再现太空环境的地面模拟设备对于航天事业的进行至关重要。目前只有美国、俄罗斯以及我国等少数国家研制了可以较为真实地模拟太空中碰撞运动的地面半实物模拟系统，而当前的系统均采用 Stewart 并联机构作为其核心部分的运动模拟器。此类运动模拟器目前还存在刚度低、动态响应特性差、工作频率低等问题，严重影响着碰撞的模拟效果；而其工作空间小、容易奇异、各向同性差等问题更是与弱碰撞式对接机构的测试需求严重不符。此外，在载具驾驶模拟领域，对于这种具有大工作空间和高动态响应性能的运动模拟器也有着迫切的需求。高性能的运动模拟器是高等院校、科研院所在机电一体化领域水平的标志性象征。

本书针对现有碰撞式半实物模拟系统的不足，通过对弱碰撞式对接实验的需求建模，并使用 G_F 集构型理论，设计了一款全新的并联机构用于制造半实物模拟系统的核心——运动模拟器，建立了其九轴联动的协作运动模型；利用关键点法对机构尺寸进行了基于工作空间和动力学特性的综合设计；通过动力学建模对驱动传动系统进行了设计；最后通过标定提升了系统的精度；揭示了模拟失真的机理并提出了失真补偿方法；建立了控制硬件和软件系统。主要内容如下。

(1) 空间碰撞半实物模拟系统的设计指标抽象，依据设计要求及 G_F 集型综合理论模拟机构构型，模拟系统的运动学建模以及协作控制方法。

(2) 工作空间的一种直观且完整的描述方法，机构的一种运动学关键点特性，基于关键点的并联机构尺度设计方法。

(3) 机构几何尺寸对刚度、固有频率的影响关系建模以及机构尺度的优化设计。

(4) 模拟机构的动力学建模以及驱动传动系统的选型设计。

(5) 模拟机构尺度参数误差传递模型以及参数辨识模型的建立，模拟机构的标定实验。

(6) 空间物体碰撞动力学数字仿真模型与半实物模拟失真补偿方法。

(7) 控制系统设计。

第 2 章　空间碰撞半实物模拟系统的构型及建模

2.1　引　　言

对于一个从无到有的机械系统的设计，其第一步就是构型。机构的构型不仅要借助于机构型综合理论的支持，还应该与具体的实际应用场合紧密联系。为了设计一个合理、完善的机械系统，使其能够顺利执行各项需求的任务，首要任务是提出合理的设计需求。

本章首先对交会对接系统的地面测试实验进行全面分析，梳理实验过程的各项要求。为了解决大工作空间和高动态响应的矛盾，将实验任务分解为两部分，设计碰撞模拟机构和交会模拟机构协作的九轴联动系统，利用 G_F 集型综合理论进行构型，提出一种全新的 3-3 正交型 6DOF 并联机构。在构型的基础上对机构的几何要素进行描述，进而建立机构的运动学模型，为进一步的性能研究、尺度设计以及模拟器运动协同控制奠定基础。

2.2　空间碰撞半实物模拟的运动功能

为了设计一个合理、完善的机械系统，使其能够顺利执行各项需求的任务，必须首先仔细分析弱碰撞式半实物模拟实验的整个流程，并以此为基础对机械系统的各项性能指标要求进行数学建模。由第 1 章的介绍可知，弱碰撞式半实物模拟系统对运动模拟器的需求与现有系统最大的区别在于大工作空间、各向同性以及高动态响应，因此本章将着重分析需求的运动功能。半实物模拟系统需要执行的实验任务为：在地面环境下，模拟太空中两个飞行器之间的交会对接过程，即两个飞行器在太空中逐渐接近直至捕获锁紧的整个相对运动过程。其中一个飞行器上安装着主动捕获对接装置，称为捕获/追踪飞行器，另一个飞行器上安装着被动对接装置，称为目标飞行器。需模拟的飞行器质量为 300kg～3t。整个实验过程又可以分为两个阶段。

第一阶段是两个飞行器相互靠近的交会过程。在这个阶段，捕获飞行器依靠自身的视觉追踪系统以及动力学导航规划系统控制火箭推进器向目标飞行器逐渐靠近，最终使得两个飞行器的相对距离、相对速度以及对接机构的相对姿态满足可以开始捕获对接的条件。此实验过程旨在考核捕获飞行器的视觉追踪系统以及动力学导航规划系统的功能完整性与可靠性。

第二阶段是两个飞行器开始对接直至锁紧的过程。第一阶段结束后，两个飞行器相互接近到一定距离，飞行器的推进系统关闭，两个飞行器进入自由漂浮的状态，此时捕获对接机构开始运行，将两个飞行器强行拉近，经过一系列的相互碰撞后，最终将两个飞行器牢牢地锁定连接在一起。此实验过程旨在考核飞行器捕获对接装置的功能完整性及可靠性。此阶段的实验是地面测试实验的核心内容，为了更方便快速地测试捕获对接装置，测试实验往往跳过第一阶段，经过一小段导航加速过程使飞行器快速达到对接条件，直接进行对接碰撞测试。由于弱碰撞式对接机构可以在很大的相对位姿范围内进行捕获对接操作，所以对接过程中在较大的空间范围内都会发生碰撞，而且碰撞力以及碰撞运动在各个方向上发生的概率几乎是相同的。

通过前文的分析可见，实验的核心内容就是要模拟两个飞行器之间的相对运动和相互碰撞，实验系统的核心本质上就是一个运动模拟器。要设计一个运动模拟器，首要关心的就是需要模拟的相对运动的运动特征，即运动的维度以及运动的空间。首先分析两个实验阶段中飞行器的运动学特性，建立两个飞行器的坐标系如图 2-1 所示。

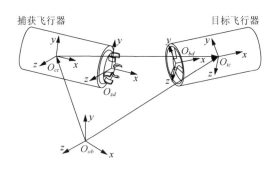

图 2-1　飞行器坐标系示意图

坐标系 O_{ob}-xyz 为大地观察坐标系，O_{cc}-xyz 为捕获飞行器的质心坐标系，O_{zd}-xyz 为主动对接机构的中心坐标系，O_{tc}-xyz 为目标飞行器的质心坐标系，O_{bd}-xyz 为被动对接机构的中心坐标系。由于运动是相对的，对于两个飞行器在太空中的运动，模拟实验关心的是捕获飞行器是否能顺利接近目标飞行器并完成捕获对接，其本质就是主动对接机构相对于被动对接机构的运动。因此，在坐标系 O_{bd}-xyz 下研究主动对接机构的中心 O_{zd} 的相对运动。

第一阶段为了考核飞行器的视觉追踪系统以及动力学导航规划系统，需要两个飞行器从较远距离逐渐逼近。要求捕获飞行器沿着 O_{bd}-xyz 的 x 方向运动范围为 0～3000mm，y、z 方向运动范围为 ±500mm，俯仰、偏航能力为 ±10°，滚转能力为 ±8°。由于在太空中没有重力，没有上下的概念，对于交会行为，飞行器在

垂直于 x 轴的平面内的运动状态是各向同性的,所以 O_{zd} 的运动空间可以表示为一个 x 轴线上的圆柱体,高为 2500mm、半径为 500mm。

第二阶段的运动性能要考虑如下两部分内容。

(1) 对接初始条件范围,即两个对接机构在将要开始对接时,可能出现的各种空间相对位置姿态情况的集合。根据弱碰撞式对接机构的设计能力,可以开始进行对接时,主动对接机构相对于被动对接机构的相对位置姿态允许范围为:x 方向 0~200mm,y、z 方向 ±250mm,俯仰、偏航、滚转角最大 ±7°。同样出于各向同性的考虑,O_{zd} 在坐标系 O_{bd} - xyz 下的运动空间可以表示为一个 x 轴线上的圆柱体,高为 200mm、半径为 250mm。

(2) 碰撞运动空间,在开始对接以后,主动对接机构的捕获抱爪逐渐合拢,并与被动对接机构相互碰撞,使得两个飞行器在一定范围内相对运动,在这个过程中,主动对接机构与被动对接机构之间最大可能的相对运动范围称为碰撞运动空间。

对接时的碰撞运动就是在捕获抱爪抱紧过程中,被动对接机构在抱爪内往复碰撞的过程。为了研究碰撞运动空间,需要首先研究对接机构的组成。图 2-2 展示了对接机构的基本结构。主动对接机构由三个抱爪组成,并且呈 120°轴对称均布;被动对接机构由三根圆杆组成,也呈 120°轴对称布置。

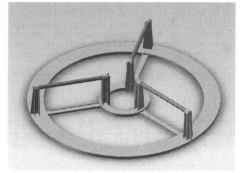

(a) 主动对接机构　　　　　　　　　　　　(b) 被动对接机构

图 2-2　对接机构示意图

在对接过程中,被动对接机构相对于抱爪的运动十分复杂,要找出对接碰撞过程中最大的相对运动范围十分困难,为了简化计算,将这个动态问题进行静态化处理。与第 1 章提到的并联机构工作空间的数值解法类似,首先在一个较大的预选范围内任意、离散且大量地给出被动对接机构相对于主动对接机构的位置姿态作为预测空间。为了保证结果的全面性,预测空间需要尽可能大,以确保这个预测空间足以包括碰撞过程中所有可能出现的相对位姿。这个预测空间不需要很精确，只需要根据对接机构的极限相对位置大致确定即可，但是过大的预测空间又会导致计算量飙升，结合对接机构的具体尺寸，选取高 230mm、半径 280mm 的圆柱作为预测空间。为了使用数值计算方法，必须将预测空间离散化，首先在垂直于 x 轴的方向上均匀地对预测空间切片(假设共有 i 个切片)，将每个圆形切片离散成均匀的点阵(共 j 个点)，共可得到 $i \times j$ 个位置点。令描述姿态的三个欧拉角分别从 0° 逐渐增加到 40° (共 k 个角度)，并让它们任意组合，共可得到 k^3 组姿态。在计算时，依次从 $i \times j$ 个位置点中选取坐标点 ${}^{zd}P_{bd} = \begin{bmatrix} x_{bd} & y_{bd} & z_{bd} \end{bmatrix}$ 作为被动对接机构的中心点 O_{bd} 相对于主动对接机构的坐标系 $O_{zd}\text{-}xyz$ 的相对位置。在这个位置上，依次从 k^3 组姿态中选取姿态组合 ψ_{bd}、θ_{bd}、ϕ_{bd} 表示被动对接机构在坐标系 $O_{zd}\text{-}xyz$ 下的姿态，进一步利用欧拉姿态角与旋转矩阵的转化方法可得到此时被动对接机构相对于主动对接机构的姿态旋转矩阵 ${}^{zd}R_{bd}$。令 ${}^{zd}X_{bd} = \begin{bmatrix} x_{bd} & y_{bd} & z_{bd} & \psi_{bd} & \theta_{bd} & \phi_{bd} \end{bmatrix}$ 表示被动对接机构在坐标系 $O_{zd}\text{-}xyz$ 下的广义位姿坐标。可见，按照这样的离散化方法，一共可以得到 $n = i \times j \times k^3$ 组位姿，数量十分巨大。在后文的讨论中，要经常用到这样的六维空间离散化方法对六维空间离散化以用于数值计算。对六维空间的数值计算是十分耗时耗力的。

在选定了某一个确定位姿 ${}^{zd}X_{bd}$ 后，需要判断该位姿下被动对接机构的三个杆是否都能被抱爪抓住，如果三个杆全部可被抱爪抓住，则认为当前这个位姿属于碰撞运动空间，否则将当前位姿剔除。

为了科学地判断被动对接机构的圆杆是否可被抱爪抓住，需要对这个问题进行数学建模。首先研究抱爪的包络空间，由于三个抱爪轴对称布置且结构完全相同，任取一个抱爪，在其中心位置做剖面如图 2-3 所示，为了简化模型，用一组圆的交和并近似模拟抱爪的包络空间。O_{11} 表示以爪 1 的转动中心为圆心，以圆心到爪尖端为半径建立的圆，O_{12} 表示以爪 2 的转动中心为圆心，以圆心到爪尖端为半径建立的圆，对这两个圆求并集，可以得到爪子转动过程中可能包络的最大空间(定义这个空间为 A)；O_{31}、O_{32} 表示两个抱爪张开到最大时的爪子结构曲面圆弧，对这两个圆弧求并集，代表爪子张到最大时可能包络的空间(定义这个空间为 B)；O_{21}、O_{22} 表示抱爪底部的锁紧装置的外部轮廓，被动对接机构不能与之发生干涉，需要在包络空间将之排除在外。综上所述，将空间 A 与 B 求交集并减去 O_{21}、O_{22} 所包络的空间，就得到了抱爪从张开到完全合拢的包络空间：

$$(O_{11} \cup O_{12}) \cap (O_{31} \cup O_{32}) - (O_{21} \cup O_{22}) \tag{2.1}$$

由以上的构建过程可知，经过简化处理后的抱爪包络空间定义的范围比实际范围略大一点，因此可以保证实际使用的需求。

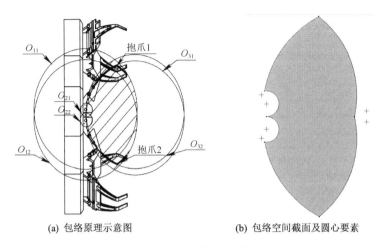

(a) 包络原理示意图   (b) 包络空间截面及圆心要素

图 2-3 抱爪包络空间截面图

在对接过程中，由于机械结构的布置方式，被动对接机构的三个圆杆只能分别被不同的抱爪抓取(图 2-4)，而被动对接机构的每一个圆杆轴线与对应的抱爪剖面必然有一个交点。设其中一个圆杆与对应抱爪剖面的交点为 C，为了表述方便，在抱爪剖面内任意选取一个位置建立连体坐标系 $O_{zp}\text{-}xyz$，由该坐标系的建立方式可得到点 O_{zp} 在 $O_{zd}\text{-}xyz$ 下的坐标为 $^{zd}P_{zp}$，以及 $O_{zp}\text{-}xyz$ 到 $O_{zd}\text{-}xyz$ 的旋转变换矩阵 $^{zd}R_{zp}$。依据抱爪的机构参数，可以得到前文所述的 6 个圆弧在 $O_{zp}\text{-}xyz$ 下的参数。设被动对接机构的中心点为 O_{bd}。由坐标变换关系可求得中心点 O_{bd} 在 $O_{zp}\text{-}xyz$ 下的位置向量为

$$^{zp}P_{bd} = \left(^{zd}R_{zp} \right)^{\mathrm{T}} {}^{zd}P_{bd} - \left(^{zd}R_{zp} \right)^{\mathrm{T}} {}^{zd}P_{zp} \tag{2.2}$$

剖面的法线向量可以表示为 $n = (0,0,1)$。于是可求得 $^{zp}P_{bd}$ 沿着剖面法向的分量 v_n，以及 $^{zp}P_{bd}$ 在剖面内的投影向量 v_c：

$$v_n = \left(^{zp}P_{bd} \cdot n \right) n \tag{2.3}$$

$$v_c = {}^{zp}P_{bd} - v_n \tag{2.4}$$

设 b 为当前被动对接机构的圆杆在 $O_{bd}\text{-}xyz$ 下的方向向量，其可由被动对接机构的几何构型得到。于是由坐标变换关系可到得其在 $O_{zp}\text{-}xyz$ 下的表示为

$$b_d = \left(^{zd}R_{zp} \right)^{\mathrm{T}} {}^{zd}R_{bd} b \tag{2.5}$$

设被动对接机构中心 O_{bd} 至剖面交点 C 的向量为 b_b，利用几何关系可得 b_b 在剖面内的投影向量 b_c 的表达式为

$$b_c = -\frac{b_d \left| v_n \right|^2}{b_d \cdot v_n} + v_n \tag{2.6}$$

于是，C 点在 O_{zp}-xyz 下的坐标为

$$C = v_c + b_c \tag{2.7}$$

依次计算式(2.2)～式(2.7)就可得到交点 C 的坐标，进一步可利用圆的公式判断交点 C 是否处于式(2.1)所划定的包络空间内。如果交点 C 在式(2.1)定义的区域内，则认为当前这个圆杆可被抱爪抓住。按照此方法依次在每个抱爪剖面上建立剖面坐标系并判断。若被动对接机构的三个圆杆与对应抱爪剖面的交点均处于包络空间内，则认为当前的被动对接机构的位姿 $^{zd}X_{bd}$ 属于碰撞运动空间。

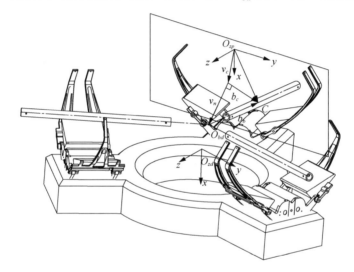

图 2-4　对接机构相对姿态示意图

在预测空间内枚举遍历所有的位姿，寻找出所有可能的碰撞运动位姿，将不符合要求的位姿剔除，并找到每个位置点上可能出现的最大的转角姿态。这些数据的集合便组成了碰撞运动空间。这个空间是一个复杂的六维空间，每个三维的点上还有三维旋转角度的范围信息。而人类可以直观理解的空间形象只有三维，难以直观地用图形表示这样复杂的六维运动空间，因此这里对其截取一系列横截面从侧面对其运动特征进行展示。对碰撞运动空间在垂直于 x 轴的方向上均匀地截取横截面，在每个截面上以 y、z 坐标为平面坐标，分别以单轴最大转角为高度绘制等高线。

由于图形众多，选取一些有代表性的展示如图 2-5 所示。

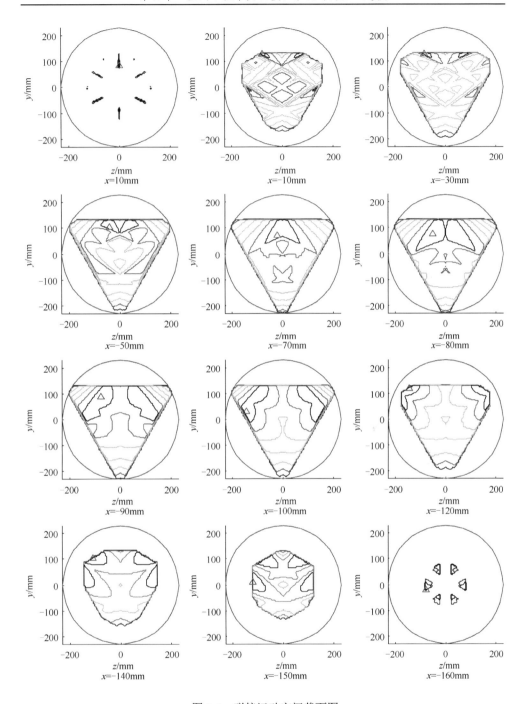

图 2-5　碰撞运动空间截面图

分析这些计算结果可以得到如下结论。

(1) 在不同的截面内，转动角度的最大范围是不同的，越靠近 x 轴方向的两端，转角的最大范围越小。

(2) 在同一个截面上，当位置点从中心向外移动时，转角的最大范围逐渐变小。

(3) 碰撞运动空间可以被高 180mm、半径 240mm 的圆柱体包络。被动对接机构绕 x 轴的最大转角为 ±30°，绕 y、z 轴的最大转角为 ±15°。

在第 3 章中，将会在此基础上继续对碰撞运动空间进行更加具体的描述，以便进行机构尺寸参数的设计。本节对于碰撞运动空间的研究也正印证了第 1 章中对工作空间研究现状的分析。工作空间的求解十分复杂而烦琐，计算量十分巨大；而对工作空间的表述也很困难，难以用简洁直观的方式全面地对六维运动空间进行描述。这两个问题是本书的研究必须要面对的问题，在后面的研究中将展开对这两个问题的讨论。

有了运动范围以后，还要继续根据实验过程对运动模拟器的速度、加速度等提出要求。这些要求的提出与运动空间的抽象相比要简单很多，根据交会对接过程中可能出现的极端运动状态并配合 ADAMS 软件进行仿真，可以对实验过程中的两个阶段提出设计需求。

第一阶段中，两个飞行器从远处相互靠近，依靠火箭推进器调整速度及姿态，可根据实验要求得到捕获飞行器相对于目标飞行器可能的最大相对速度为 x 方向 -350mm/s，y、z 方向 ±300mm/s，加速度为各方向 ±0.5g。

第二阶段中，两个飞行器进入自由漂浮状态，并在对接机构的作用下开始相互碰撞运动。此阶段的速度需求为 x 方向 -200mm/s，y、z 方向 ±200mm/s，承载需求为 5000N 和 500N·m，加速度需求为 2g。此外，为了真实再现碰撞时的高速运动，还要求平台能在最高 15Hz 的工作频率下高速响应而不失真。

本节对设计要求进行分析，有了具体的设计要求，就可以对运动模拟器展开具体的设计。

2.3　基于空间碰撞需求的机构构型

一般地，要设计一个运动模拟器，首先要设计机构的构型，称为型综合，有了构型以后，还需要确定机构各个部件的尺寸，称为尺度综合。本节将首先根据设计要求确定机构的构型。众所周知，机构的基本构成可分为串联、并联以及串并混联三种。串联机构布置灵活、末端执行件运动性能灵巧、工作空间范围大，但同时也带来了承载能力弱、刚度低等问题，此外由于串联机构的驱动部件一般都要安置在各个活动关节附近，从而造成运动部件质量大，并导致动态性能差。

相反，并联机构的承载能力较大、刚度高、结构稳定、动态响应性能好、运动精度高。分析实验台的需求，运动模拟器需要真实地模拟太空中两个飞行器的相互碰撞，大承载以及高动态响应特性是保证真实模拟碰撞的核心需求，因此运动模拟器必须采用并联机构。

　　结合 2.2 节的分析，对于弱碰撞式模拟系统，设计的首要难点就是六维大运动空间、各向同性以及高动态响应能力。首先分析设计需求的工作空间，第一阶段的实验需要很长的纵向运动空间，而这对于并联机构是一个挑战。仔细研究实验过程可以发现，实验的两个阶段实质上是相对独立的，第一阶段要求的运动空间大，但是由于没有发生碰撞，对动态响应的要求是其次的，相反，第二阶段对动态响应有很高的要求，而需要的运动空间却较小。若直接采用型综合方法设计一个并联机构去完成这样的任务，会直接导致并联机构的体积过于庞大，而要使这样庞大的机构具有高动态响应特性需要花费巨大的代价，但真正需要高动态响应特性的运动空间实际上又很小，这对于运动模拟器的性能造成很大的浪费。在解决问题时，首先应将困难分解，然后逐个击破，结合实验过程的特点，把运动模拟器依照实验阶段设计成两个部分，如图 2-6 所示。

图 2-6　依据实验特性的困难分解

　　第一部分是碰撞实验的核心，它的工作空间需要包含碰撞运动的六自由度空间，并且在这个空间中要具有不易奇异、各向同性好、大承载、高刚度、高动态响应的特点。

　　第二部分要具有较大的纵向运动能力，用以配合第一部分共同实现交会过程中的六维运动。在实验的第二阶段，此部分还要配合第一部分共同实现碰撞运动的模拟，但是此时此部分可以固定不动，因此该部分的运动模拟器除了要具有大纵向运动能力外，只需要具有高刚度、大承载的特性即可。

　　进行这样的合理拆分后，复杂的问题被分解，针对不同的问题有针对性地设计机构，不仅降低了设计难度，而且使得设计和制造更加经济、高效。

　　首先对第一部分用于碰撞模拟的运动模拟器进行构型，根据 G_F 集构型理论，机构末端运动特征可用 G_F 集表示为

$$G_F\left(T_x \quad T_y \quad T_z\,;\; R_x \quad R_y \quad R_z\right) \tag{2.8}$$

式中，T_i 和 R_i $(i=x,y,z)$ 分别表示机构末端的移动和转动特征，而并联机构的末端输出运动特征 G_F 是其各个支链运动特征 G_{Fi} $(i=1,2,\cdots,n)$ 的交集：

$$G_F = G_{F1} \cap G_{F2} \cap \cdots \cap G_{Fn} \qquad (2.9)$$

由式(2.9)可知，要设计满足运动特征要求的并联机构，需要设计具有特定末端运动特征的支链，并使这些支链以一定的方式将运动平台和固定机架连接，且这些支链的运动特征 G_{Fi} 的交集应满足设计需求的末端输出运动特征。

第一部分的运动模拟器需要空间六维的运动特征，显然每个支链都应该为 $G_F^1 \left(T_x \quad T_y \quad T_z ; \quad R_x \quad R_y \quad R_z \right)$ 类支链。满足此要求的支链有很多，可参见构型理论，这里不进行列举，典型的如 SPS 型支链，这样的支链即可组成 6-SPS 机构，也就是经典的 Stewart 并联机构，如图 2-7(a)所示。这是目前运动模拟器领域广泛采用的机构，但是这种机构的驱动部件在中间的连杆上，机构运动时，驱动系统也要随着一起摆动，使得运动模拟器运行时摆动惯量很大，严重影响机构的快速动态响应，而这与运动模拟器的要求相悖。为减轻运动模拟器的运行惯量，并尽量使支链构造简单以提升刚度和精度，综合考虑这些需求，最终选用 PSS 型支链，进一步可构成 6-PSS 并联机构，如图 2-7(b)所示。此机构支链中的滑动副为驱动元件，所有的驱动部件都固定在机架上，不随着机构末端一起运动，因此大大降低了运行时的惯量，有利于提升机构的动态响应特性。

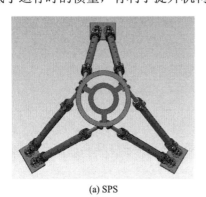

(a) SPS　　　　　　　　　　　　　　(b) PSS

图 2-7　SPS 与 PSS 并联机构

第一部分通过构型理论，并依据六维运动特性和高动态响应的需求确定了并联机构的支链组成，但是支链在空间中的布置方式是任意的，而支链的具体布置对并联机构至关重要，很大程度上决定着机构的各类特性。因此，还需要进一步结合弱碰撞式模拟系统的大工作空间、各向同性等需求来决定支链在空间中的布置。

从前面的分析可知，在交会阶段，飞行器的运动在垂直于飞行器轴线的方向上具有各向同性，因此支链的布置也应该采用轴对称布置，以便使机构的各项性能也具有轴对称性，从而更好地适配系统需求；在对接阶段，由于弱碰撞式对接机构的特点，碰撞在需求运动空间内的任意位置、任意方向上都有可能发生，所以模拟系统的各项能力都要具有较好的各向同性，且在整个碰撞运动空间内都要具有较为均衡的性能。此外，为了消除重力对各向同性的影响，运动模拟器的对称轴线应该与重力方向相同，而在此方向上还需要额外的输出能力来抵御重力的影响。

综合考虑这些因素，最终令三条支链以轴对称方式布置在垂直于对称轴的水平面内，令其余三条支链同样以轴对称方式沿着对称轴线布置，与前面三条支链正交。这样的布置方式使得并联机构在各方向的力/力矩输出性能基本均衡，且具有一定的力解耦特性，同时在竖直方向上可提供更多的输出能力以抵消重力的影响。在后面的性能分析中还可发现，这种并联机构的运动能力，尤其是转动能力较大，不易发生干涉和奇异。经过前面的一系列推导设计，便诞生了一种全新的3-3 正交型并联机构(图 2-8)。

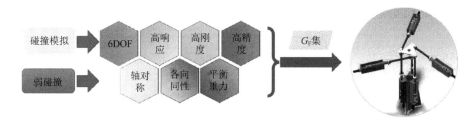

图 2-8　3-3 正交型机构的型综合

这种新型的并联机构由一个运动平台、一个固定机架，以及六条支链并联组成，如图 2-9 所示。每条支链都具有相同的结构，支链的一端以滑动副(P 副)与机架固连，滑动副上的滑块通过球铰(S 副)连接一个刚性定长连杆，连杆的另一端通过球铰与运动平台连接。每条支链均以滑动副作为驱动模块，驱动模块固定在机架上，不随着运动平台一起运动，从而大大降低了机构的惯量。该并联机构采用轴对称结构，其对称轴沿着竖直方向。六条支链分为两组，并且呈正交对称布置。第一组中的三条支链在水平面内呈轴对称布置，这三条支链主要负责输出水平力和水平运动，以及绕着对称轴的力矩和旋转运动；第二组中的三条支链沿着竖直方向也呈轴对称布置，这三条支链主要负责输出竖直方向的力和运动，以及绕着水平轴线的力矩和旋转运动。这样的支链布置方式使运动模拟器在六个方向上的运动学、力学性能大致均衡，同时又能兼顾补偿重力的任务，而轴对称结构使机构的各项性能也具有轴对称的特性，与弱碰撞式模拟系统的需求吻合。

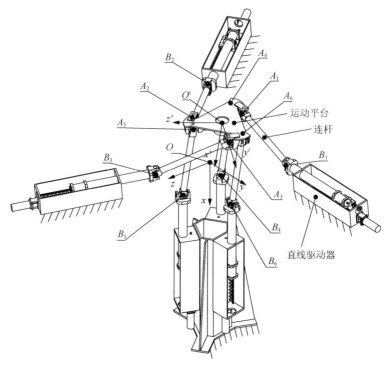

图 2-9　3-3 正交型并联机构

与当前国内外运动模拟器广泛采用的 Stewart(6-SPS)机构相比，这款新型 3-3 正交型并联机构主要具有如下优点。

(1) 有效工作空间大。由于 Stewart 机构的支链布置方式，其工作空间形状为伞形，不易利用，而且易于发生奇异。得益于本设计的支链布置方式，这种新并联机构的工作空间形状近似于圆柱体(图 2-10)，与实际测试实验需求的运动相匹配，因而具有更大的有效工作空间；机构在工作空间内不易发生干涉和奇异，其运动能力尤其是转动能力较大。

(2) 各向同性度好。本设计采用中心对称且正交的支链布置，使得机构在各个方向上的承载能力较为均衡，而竖直布置的 3 条支链又能较好地抵消重力的影响；机构的各项性能不仅关于中轴线对称，也关于工作空间中心水平面对称，具有很好的各向同性，这与 1.4 节介绍的 Stewart 机构的异形特性形成鲜明对比。

(3) 动态响应特性好。由于 Stewart 机构的限制，驱动装置要安装在运动支链上，在机构运动过程中，质量较大的驱动系统也要随之进行摆动，这部分附加的质量及转动惯量不仅耗费能源，还降低了整体系统的动态响应特性；而本设计的驱动装置是固定在机架上的，不随着机构一起运动，使得机构整体质量轻盈，动态响应特性好，而且节约能源。

<table>
<tr><td>(a) Stewart 机构的工作空间</td><td>(b) 3-3 正交型机构的工作空间</td></tr>
</table>

图 2-10　两种机构的工作空间对比

(4) 稳定可靠。本设计的驱动系统固定安装在机架上,不随着机构运行而摆动,增加了驱动系统的稳定性,特别是可以完全解决传统运动模拟器中驱动/控制线缆的弯折疲劳问题。

此外,这种新型的并联机构还具有耦合程度低,制造、维护费用低,结构紧凑等特点。

第二部分交会模拟机构最主要的需求是要具有较大的纵向运动范围,它主要的作用是在实验的第一阶段中配合第一部分的运动模拟器共同模拟相对运动。此部分机构不需要较高的动态响应特性,但需要很高的刚度以配合第一部分的运动模拟器共同模拟碰撞运动,因此应该尽量削减该部分机构的自由度,而其支链结构应该尽量简化。考虑到该阶段的实验要求需要的旋转角度也比较大,应使交会模拟机构再具有几个转动自由度。综合考虑这些需求,可得其末端输出特征应该为 $G_F^I(T_x\ \ 0\ \ 0;\ R_x\ \ 0\ \ 0)$、$G_F^I(T_x\ \ 0\ \ 0;\ R_x\ \ R_y\ \ 0)$、$G_F^I(T_x\ \ 0\ \ 0;\ R_x\ \ R_y\ \ R_z)$ 等三类,如图 2-11 所示。

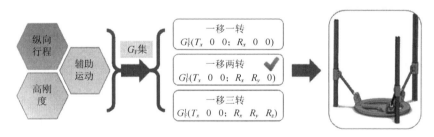

图 2-11　第二部分模拟器的型综合

驱动单元串联会减弱机构的刚度,应该限制每条支链只能有一个驱动单元,那么依照型综合理论,此时支链的数目必须等于机构的自由度数目。为了最大化地增强机构的刚度,利用三角形的稳定性,采用三条支链支撑并联机构的运动平台。因此,末端输出的自由度为 3,于是型综合的目标可以锁定为设计一个末端

输出的运动特征为 $G_F^1\left(T_x\quad 0\quad 0;\ R_x\quad R_y\quad 0\right)$ 型的并联机构。以式(2.9)和 G_F 集的求交运算法则为基础，并考虑实验的第一阶段中对于轴对称特性的需求，可以知道应该选择三条结构相同的，且具有 $G_F^1\left(T_x\quad 0\quad 0;\ R_x\quad R_y\quad R_z\right)$ 型末端运动特征的支链来组成并联机构。符合此运动特征的支链有很多，可参见构型理论，这里不进行列举，以简化结构来提升刚度为原则，选择 PRS 型支链，支链中的滑动副为驱动元件并与机架固连。三条支链以轴对称方式沿着竖直方向布置，并通过 S 副和运动平台连接。最终可以得到如图 2-12 所示的 3-PRS 型并联机构。

图 2-12　3-PRS 并联机构

　　两个运动模拟器在竖直方向上串联组成半实物模拟系统的运动核心(图 2-13)：三自由度(简称 3DOF)运动模拟器布置在上方，由于其不需要很高的动态响应特性，将质量较重的主动对接机构安装在 3DOF 运动模拟器的运动平台上；六自由度(简称 6DOF)运动模拟器布置在下方，其运动平台上安装质量较轻的被动对接机构，从而使得 6DOF 运动模拟器具有更好的动态性能；两个运动模拟器的对称轴线重合且与重力方向平行。在第一阶段的实验中，3DOF 运动模拟器配合 6DOF 运动模拟器一起运动，共同实现对两个飞行器相对运动的模拟，在 3DOF 运动模拟器的配合下，可以实现超长的纵向运动空间以及更大的转动空间。在第二阶段的实验中，3DOF 运动模拟器运行到最下端并锁死固定，此时主动对接机构通过 3DOF 运动平台与机架固连，只能进行抓取、锁紧动作，6DOF 运动模拟器带着被动对接机构运动，并与主动对接机构碰撞，从而模拟主、被动对接机构在对接过程中的碰撞过程。

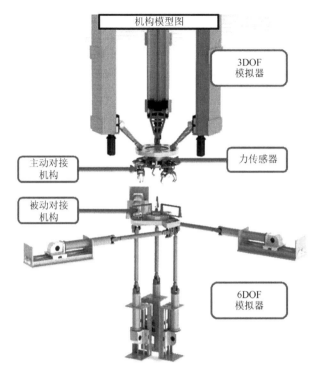

图 2-13　实验系统整体示意图

结合两个运动模拟器在地面测试实验中所担当的不同角色，也可形象地称为交会模拟机构(3DOF)和碰撞模拟机构(6DOF)。

2.4　半实物模拟机构的参数分析

2.3 节结合实验的需求，利用型综合理论设计了运动模拟器的构型，为了进一步对运动模拟器进行性能分析和尺度设计，必须以机构的运动学和动力学建模为基础，而进行数学建模之前又需要首先对运动模拟器进行更加具体的参数分析。

对于 6DOF 运动模拟器，首先建立两个坐标系，在机架上建立固定的基坐标系 $O_{o6}\text{-}xyz$，在此坐标系下对运动模拟器的动力学及运动学进行描述；在运动平台中心建立运动平台连体坐标系 $O_{p6}\text{-}xyz$，用以对运动模拟器的运动输出进行描述。

首先研究各支链上的尺寸参数，将第一组水平布置的支链依次编号为 1、2、3，第二组竖直支链依次编号为 4、5、6(图 2-9)。虽然支链布置方位各不相同，但是每条支链的结构是相同的。为简述问题且不失一般性，任意选取一条支链进行分析，如图 2-14 所示。在第 i 条支链中，其滑动副固连在机架上，靠滑块的直线往复运动来驱动运动平台，滑块上连接着一个球铰，设这个球铰的中心点为 B_i，滑动副的运动输出就体现在点 B_i 的运动上，要唯一确定一个滑动副的运动学特性，只需要知道点 B_i 的初值位置点 C_i(定义其在基坐标系 O_{o6}-xyz 下的位置向量为 c_i)，点 B_i 的直线运动方向 e_i(即滑动副的运动轴线)，以及点 B_i 沿着 e_i 的运动距离 q_i(即驱动量)即可，而滑动副的其他几何尺寸与机构的运动学无关，属于结构设计的范畴，这里暂不讨论。刚性定长连杆的两端通过球铰分别和滑块以及运动平台相连，令运动平台上的球铰中心点为 A_i，从运动学的角度看，定长连杆的长度就是点 B_i 与点 A_i 之间的距离，定义这个长度为 L_i，定义定长连杆的方向向量为 $l_i^s = \overrightarrow{B_iA_i}$。点 A_i 在运动模拟器运行过程中是随动的，但是其在运动平台上的位置是固定不变的。设 A_i 在运动平台连体坐标系 O_{p6}-xyz 下的位置向量为 a_i'，在 O_{o6}-xyz 下的位置向量为 a_i。

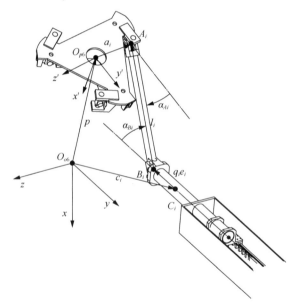

图 2-14　单支链结构参数图

从运动学的角度看，运动平台的关键几何元素本质上就是六个球铰在运动平台连体坐标系 O_{p6}-xyz 下的位置。考虑到六条支链分为两组，且按照轴对称的方式布置，因此也让球铰中心点分成两组呈轴对称布置，如图 2-15 所示。为保证正交性，并方便运动学、动力学的计算，令两组球铰中心点都分布在同一平面内，因此运动平台的运动学几何要素可以由两组铰链点的分布圆半径 r_a、r_b 以及两组铰链的布置夹角 θ_p 唯一确定。为了简化问题且不失一般性，令坐标系 O_{p6}-xyz 的 x 轴垂直于铰链布置平面向下，z 轴与向量 $\overrightarrow{A_1O_{p6}}$ 同向，其 y 轴方向则可由右手法则确定。于是运动平台上各球铰中心点在坐标系 O_{p6}-xyz 下的坐标可以写为

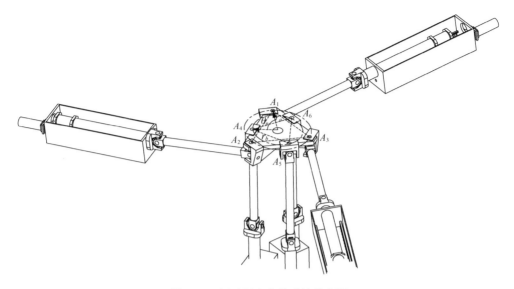

图 2-15　运动平台上的球铰分布图

$$
\begin{bmatrix} a_1' & a_2' & a_3' & a_4' & a_5' & a_6' \end{bmatrix}^{\mathrm{T}} = \begin{bmatrix} 0 & 0 & -r_a \\ 0 & -\dfrac{\sqrt{3}}{2}r_a & \dfrac{1}{2}r_a \\ 0 & \dfrac{\sqrt{3}}{2}r_a & \dfrac{1}{2}r_a \\ 0 & -\sin(\theta_p)r_b & -\cos(\theta_p)r_b \\ 0 & -\sin\left(\theta_p + \dfrac{2\pi}{3}\right)r_b & -\cos\left(\theta_p + \dfrac{2\pi}{3}\right)r_b \\ 0 & -\sin\left(\theta_p - \dfrac{2\pi}{3}\right)r_b & -\cos\left(\theta_p - \dfrac{2\pi}{3}\right)r_b \end{bmatrix} \tag{2.10}
$$

　　至此，与运动学相关的机构几何尺寸参数已全部定义，在继续研究之前，还有一项重要的运动学参数需要定义，那就是运动模拟器运行的初始零位位姿。由于运动是相对的，如果没有明确的初始零位，那么所有的运动控制都无从谈起。初始零位的不同，会直接导致运动平台在各方向的能力有重大差异。考虑到机构的特征和设计需求都具有轴对称特性，对零位的选取也要充分兼顾这一点。为了方便描述问题，首先让固定基坐标系 O_{o6}-xyz 处于运动模拟器的中心位置，令其原点在运动模拟器的对称轴线上，并且与水平支链的球铰中心点 B_1、B_2 和 B_3 处于同一水平面内，为了简化问题且不失一般性，令基坐标系 O_{o6}-xyz 的 x 轴沿着重力方向向下，令其 y 轴与 e_1 平行并指向 1 号支链，其 z 轴则由右手法则确定。为了利用对称性，应该令机构的各运动部件在初始零位时，均处于其运动范围的中心。令运动平台在初始零位时处于运动模拟器的中心位置，也就是使运动平台坐

标系 O_{p6}-xyz 与基坐标系 O_{o6}-xyz 重合。对于每条支链，令支链中定长连杆的方向向量 l_i 在零位时与支链中的滑动副运动轴线 e_i 同向，此时点 A_i 的各方向运动能力均衡(因为当 l_i 与 e_i 垂直时，A_i 将丧失垂直于 e_i 方向的运动能力，这一状态属于运动边界奇异)。对于 1、2、3 号支链，令定长连杆的方向 l_i 在零位时与向量 $\overrightarrow{A_iO_{p6}}$ 垂直，此时支链对平台产生的力矩最大，连杆的各向摆动范围均衡(因为当 l_i 与 $\overrightarrow{A_iO_{p6}}$ 平行时，支链的运动发生奇异)。图 2-16 展示了 6DOF 运动模拟器在如此定义的初始零位位姿下的状态。

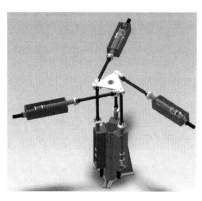

图 2-16　6DOF 运动模拟器初始零位示意图

由并联机构构型理论(式(2.9))可知，并联机构的末端输出运动特征由各个支链的运动特征决定，而通过前面分析可知，支链的运动学特性由 c_i、e_i、q_i、L_i、a_i' ($i=1,2,\cdots,6$)几个几何参数全定义描述。称这些量为机构的运动学基本参数，基于这些运动学基本参数即可建立运动模拟器的运动学和动力学模型。

在前面定义的初始零位条件的限定下，还可以得到 c_i 和 e_i 关于 r_a、r_b、θ_p 以及 L_i 的表达式为

$$
\begin{bmatrix} c_1^{\mathrm{T}} \\ c_2^{\mathrm{T}} \\ c_3^{\mathrm{T}} \\ c_4^{\mathrm{T}} \\ c_5^{\mathrm{T}} \\ c_6^{\mathrm{T}} \end{bmatrix} = \begin{bmatrix} 0 & L_1 & -r_a \\ 0 & -\dfrac{\sqrt{3}}{2}r_a - \dfrac{1}{2}L_2 & \dfrac{1}{2}r_a - \dfrac{\sqrt{3}}{2}L_2 \\ 0 & \dfrac{\sqrt{3}}{2}r_a - \dfrac{1}{2}L_3 & \dfrac{1}{2}r_a + \dfrac{\sqrt{3}}{2}L_3 \\ L_4 & -\sin(\theta_p)r_b & -\cos(\theta_p)r_b \\ L_5 & -\sin\left(\theta_p + \dfrac{2\pi}{3}\right)r_b & -\cos\left(\theta_p + \dfrac{2\pi}{3}\right)r_b \\ L_6 & -\sin\left(\theta_p - \dfrac{2\pi}{3}\right)r_b & -\cos\left(\theta_p - \dfrac{2\pi}{3}\right)r_b \end{bmatrix}
\tag{2.11}
$$

$$\begin{bmatrix} e_1^T \\ e_2^T \\ e_3^T \\ e_4^T \\ e_5^T \\ e_6^T \end{bmatrix} = \begin{bmatrix} 0 & -1 & 0 \\ 0 & \dfrac{1}{2} & \dfrac{\sqrt{3}}{2} \\ 0 & \dfrac{1}{2} & -\dfrac{\sqrt{3}}{2} \\ -1 & 0 & 0 \\ -1 & 0 & 0 \\ -1 & 0 & 0 \end{bmatrix} \tag{2.12}$$

结合式(2.10)~式(2.12)可以发现,运动模拟器的运动学基本参数可由 q_i、r_a、r_b、θ_p 以及 L_i 唯一确定。考虑到 q_i 是驱动过程中的变化输入量,因此可唯一确定该 6DOF 运动模拟器的独立几何参数为 r_a、r_b、θ_p 以及 L_i($i=1,2,\cdots,6$),称这 9 个量为基本尺寸参数(图 2-17),在之后对机构的尺度综合其实就是对这几个标量参数的取值设计。为保证对称性,应该令各组支链的连杆长度相等,因此最终需要设计的尺寸参数实际上为 4 个。

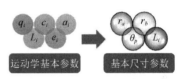

图 2-17　运动学参数与尺寸参数

对于 3DOF 运动模拟器,与前文的处理方法类似,也建立两个坐标系,在机架上建立固定基坐标系 $O_{o3}\text{-}xyz$,在此坐标系下对运动模拟器的动力学及运动学进行描述;在运动平台上建立连体坐标系 $O_{p3}\text{-}xyz$。运动模拟器的 3 条支链呈轴对称布置,每条支链的结构是相同的,任意选取一条支链进行分析,如图 2-18 所示。

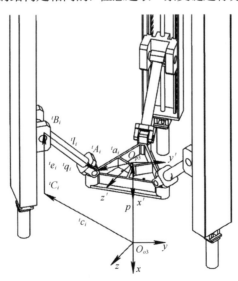

图 2-18　3-PRS 单支链结构参数图

首先研究滑动副，滑动副固连在机架上，靠滑块的直线往复运动来驱动运动平台，滑块上连接着一个转动副，设这个转动副的中心点为 $'B_i$，与前面类似，要唯一确定这个滑动副的运动学特性，只需要知道点 $'B_i$ 的初值位置点 $'C_i$ (定义其在基坐标系 O_{o3}-xyz 下的位置向量为 $'c_i$)、滑动副的运动轴线 $'e_i$，以及滑动副相对于初始位置的移动距离 $'q_i$ (即驱动量)。模拟系统对 3DOF 运动模拟器最大的需求是竖直方向的运动能力，为了最大限度地利用驱动模块的能力，令三个驱动轴线 $'e_i (i=1,2,3)$ 都竖直向下；同时为了保证对称性，令三个驱动轴线至并联机构对称轴线的距离均为 r_e。转动副连接着一个刚性定长连杆，连杆的另一端通过球铰与运动平台相连，令球铰的中心点为 $'A_i$，从运动学的角度看，定长连杆的长度就是点 $'B_i$ 与点 $'A_i$ 之间的距离，定义这个长度为 $'L_i$，定义定长连杆的方向向量为 $'l_i = \overline{'B_i \, 'A_i}$。运动平台的关键几何元素本质上就是三个球铰在运动平台连体坐标系 O_{p3}-xyz 下的位置。为保证运动模拟器的轴对称特性，令球铰中心点按照轴对称布置，因此运动平台的运动学几何要素就是铰链点分布圆的半径 r_t。为了简化问题且不失一般性，令坐标系 O_{p3}-xyz 的 x 轴垂直于铰链布置平面向下，y 轴与向量 $\overline{O_{p3} \, 'A_1}$ 同向，z 轴则可由右手法则确定。

在地面测试实验中的第二阶段，3DOF 运动模拟器需要运行到最下端并锁定，为了充分利用运动模拟器的轴对称性能，应该令相对运动的中轴线与模拟器的对称轴重合，所以此时 3DOF 运动模拟器的运动平台还要保持水平，定义这个位置为其运动初始零位。为了方便描述问题，令固定基坐标系 O_{o3}-xyz 的原点处于运动模拟器的对称轴上，与初始零位置时的坐标系 O_{p3}-xyz 重合。在这样的初始零位条件的限定下，可得

$$'e_i = \begin{bmatrix} -1 & 0 & 0 \end{bmatrix}^{\mathrm{T}}, \quad i=1,2,3 \tag{2.13}$$

$$\begin{bmatrix} 'a_1' & 'a_2' & 'a_3' \end{bmatrix}^{\mathrm{T}} = \begin{bmatrix} 0 & 0 & 0 \\ r_t & -\dfrac{1}{2}r_t & -\dfrac{1}{2}r_t \\ 0 & -\dfrac{\sqrt{3}}{2}r_t & \dfrac{\sqrt{3}}{2}r_t \end{bmatrix} \tag{2.14}$$

$$\begin{bmatrix} 'c_1 & 'c_2 & 'c_3 \end{bmatrix} = \begin{bmatrix} -\sqrt{'L_1^2 - (r_e - r_t)^2} & -\sqrt{'L_2^2 - (r_e - r_t)^2} & -\sqrt{'L_3^2 - (r_e - r_t)^2} \\ r_e & -\dfrac{1}{2}r_e & -\dfrac{1}{2}r_e \\ 0 & -\dfrac{\sqrt{3}}{2}r_e & \dfrac{\sqrt{3}}{2}r_e \end{bmatrix} \tag{2.15}$$

通过以上分析可知 3DOF 运动模拟器的运动学基本参数为 ^tc_i、^te_i、q_i、^tL_i、$^ta_i'$ (i=1,2,3)，它们可完全确定该并联机构的运动学特性。而这些运动学基本参数可由 r_t、r_e 以及 ^tL_i(i=1,2,3) 5 个基本尺寸参数唯一确定。同样为保证对称性，应该令各组支链的连杆长度相等，因此最终需要设计的尺寸参数实际上为 3 个。在之后对机构的尺度综合其实就是对这 3 个标量参数的取值设计。

为了更好地帮助理解该九轴联动系统的运动关系，将与模拟过程相关的主要坐标系在半实物模拟系统中的真实位置统一标注在图 2-19 中。图中，O_{cc}-xyz 为捕获飞行器的质心坐标系；O_{zd}-xyz 为捕获飞行器的对接装置中心坐标系；O_{tc}-xyz 为目标飞行器的质心坐标系；O_{bd}-xyz 为目标飞行器的对接装置中心坐标系；O_{o6}-xyz 为仿真系统以及 6DOF 运动模拟器的固定参考坐标系，是仿真系统解算控制的基础坐标系；O_{p6}-xyz 为6DOF 运动模拟器运动平台的连体坐标系；O_{o3}-xyz 为 3DOF 运动模拟器固定参考坐标系；O_{p3}-xyz 为 3DOF 运动模拟器运动平台的连体坐标系；O_{fs}-xyz 为力传感器坐标系。

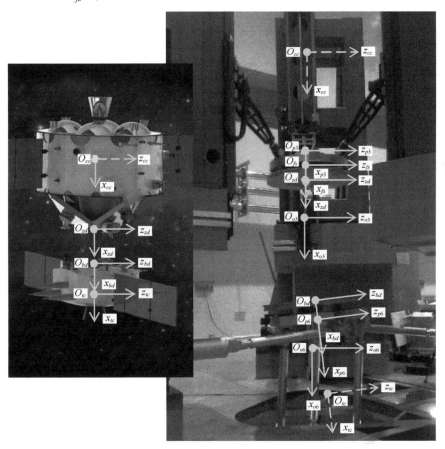

图 2-19　模拟系统的坐标系示意图

　　在进行半实物仿真实验时，两个对接装置分别安装在两个运动平台上。因此，O_{zd}-xyz 在3DOF 运动平台 O_{p3}-xyz 下的姿态变换矩阵 $^{p3}T_{zd}$，以及 O_{bd}-xyz 在6DOF 运动平台 O_{p6}-xyz 下的姿态变换矩阵 $^{p6}T_{bd}$，是固定不变的。此外，对于两个确定的飞船，O_{zd}-xyz 在捕获飞船质心 O_{cc}-xyz 下的姿态变换矩阵 $^{cc}T_{zd}$，以及 O_{bd}-xyz 在目标飞船质心 O_{tc}-xyz 下的姿态变换矩阵 $^{tc}T_{bd}$ 是固定不变的。

　　力传感器固定安装在3DOF 运动平台上，因此 O_{fs}-xyz 至 O_{p3}-xyz 的姿态变换矩阵 $^{p3}T_{sf}$ 是固定不变的。当进行碰撞模拟实验时，3DOF 运动平台固定在其自身的零位位姿，此时 O_{p3}-xyz 与 O_{o3}-xyz 重合。而 O_{o3}-xyz 至 O_{o6}-xyz 的姿态变换矩阵 $^{o6}T_{o3}$ 是固定不变的。

2.5　半实物模拟机构的运动学建模

　　2.4 节分别为两个运动模拟器建立了可完全确定其机构运动特征的运动学基本参数，以及可唯一确定这些参数的基本尺寸参数。在此基础上，可以继续对运动模拟器进行运动学建模，对运动模拟器的位置姿态、速度及加速度进行分析，揭示运动模拟器在特定的几何参数下自身输入与输出之间的对应关系，这是对机构进行进一步的性能分析、几何参数设计以及运动控制的基础。

　　需要注意的是，虽然运动模拟器的运动特征可完全由基本尺寸参数确定，但是由于机构在制造和安装中会不可避免地产生误差，最终的机构尺寸并不是完全理想的，运动学基本参数与基本尺寸参数之间的关系式(2.10)~(2.15)就不完全成立。为了能对最终的机构进行精确的描述，本章以运动学基本参数为基础建立运动模拟器的运动学模型；而以基本尺寸参数为基础对运动模拟器进行尺度设计。

2.5.1　碰撞模拟机构的运动学建模

　　设 6DOF 运动模拟器的运动平台末端广义位姿坐标 $X = \begin{bmatrix} p_x & p_y & p_z & \psi & \theta & \phi \end{bmatrix}^{\mathrm{T}}$。由图 2-14 可以容易地写出如下矢量闭环方程：

$$p + Ra_i' = c_i + q_i e_i + l_i \tag{2.16}$$

将等式(2.16)左右两边的元素进行调整变换，并令 $H_i = p + Ra_i' - c_i$，于是可得

$$l_i = H_i - q_i e_i \tag{2.17}$$

对等式(2.17)左右两边取平方，并整理可得

$$q_i^2 - 2q_i H_i \cdot e_i + H_i \cdot H_i - L_i^2 = 0 \tag{2.18}$$

观察等式(2.18)，可以发现其实际上是关于 q_i 的一个一元二次方程，对其应用一元二次方程的求根公式可得

$$q_i = H_i \cdot e_i \pm \sqrt{\left(H_i \cdot e_i\right)^2 - H_i \cdot H_i + L_i^2} \tag{2.19}$$

从式(2.19)可以看出，在一个确定的位姿下，每个驱动量都有两个解，表示给定一个确定的末端运动平台广义位姿时，每个驱动量都可能有两种情况，这是由机构的奇异特性造成的。通过式(2.19)还可以发现，当 $\sqrt{\left(H_i \cdot e_i\right)^2 - H_i \cdot H_i + L_i^2} = 0$ 时，q_i 仅有一个解。由等式(2.17)可得 $H_i = q_i e_i + l_i$，由这个关系可以容易地推导出，当 l_i 与 e_i 垂直时，$\sqrt{\left(H_i \cdot e_i\right)^2 - H_i \cdot H_i + L_i^2} = 0$。由前文的介绍可知，$l_i$ 与 e_i 垂直时，该并联机构正好处于工作空间边界奇异点处。因此，只需要保证在运动模拟器的运行过程中不发生 l_i 与 e_i 垂直的情况，即可保证机构不跨越此类奇异点。当选定一个初始状态以后，即可确定式(2.19)中 ± 号的取值，只要机构在限定的工作空间内运动，这个符号的取值都不会变，这样就保证了驱动量求解的唯一性。将初始零位下的运动平台末端广义位姿坐标 $X = [0 \ \ 0 \ \ 0 \ \ 0 \ \ 0 \ \ 0]^\mathrm{T}$ 代入式(2.19)，并结合图 2-16 中的初始零位机构状态，可知此时式(2.19)中的根式应该取负号，于是可得

$$q_i = H_i \cdot e_i - \sqrt{\left(H_i \cdot e_i\right)^2 - H_i \cdot H_i + L_i^2} \tag{2.20}$$

式(2.20)建立了运动模拟的运动平台位姿输出到六个驱动器输入量之间的对应关系，称为 6DOF 运动模拟器的运动学反解公式。

为了继续研究运动模拟器的速度关系，将式(2.16)左右两边的元素进行调整变换得

$$q_i e_i = p + R a_i' - c_i - l_i \tag{2.21}$$

将式(2.21)两边同时对时间求导可得

$$\dot{q}_i e_i = v + \omega \times \left(R a_i'\right) - \omega_{li} \times l_i \tag{2.22}$$

式中，ω_{li} 为定长连杆 $B_i A_i$ 的角速度。在实际使用过程中，为了限制定长连杆绕自身转动的这个局部自由度，需要将支链中的一个球铰替换为 U 副，这样设置以后运动平台的运动特性并不会受到影响，但定长连杆绕自身转动的局部自由度被消除，所以 ω_{li} 的方向必然垂直于连杆的方向向量 l_i，于是 $\omega_{li} l_i = 0$。利用这个关系，对式(2.22)两边点乘 l_i 并整理可得

$$\dot{q}_i = \frac{l_i}{l_i e_i} v + \frac{R a_i' \times l_i}{l_i e_i} \omega = \begin{bmatrix} \dfrac{l_i}{l_i e_i} \\ R a_i' \times \dfrac{l_i}{l_i e_i} \end{bmatrix}^\mathrm{T} \begin{bmatrix} v \\ \omega \end{bmatrix} \tag{2.23}$$

将式(2.23)推广到每个支链并写为矩阵形式，于是可以得到运动平台输出速度到驱动输入速度之间的传递关系为

$$\dot{q} = G^{\mathrm{T}} \dot{X} \tag{2.24}$$

式中，$\dot{q} = \begin{bmatrix} \dot{q}_1 & \dot{q}_2 & \dot{q}_3 & \dot{q}_4 & \dot{q}_5 & \dot{q}_6 \end{bmatrix}^{\mathrm{T}}$ 为六个驱动量的广义速度向量；$\dot{X} = \begin{bmatrix} v & \omega \end{bmatrix}^{\mathrm{T}}$ 为运动平台的输出速度；

$$G = \begin{bmatrix} \dfrac{l_1}{l_1 e_1} & \dfrac{l_2}{l_2 e_2} & \dfrac{l_3}{l_3 e_3} & \dfrac{l_4}{l_4 e_4} & \dfrac{l_5}{l_5 e_5} & \dfrac{l_6}{l_6 e_6} \\ Ra_1' \times \dfrac{l_1}{l_1 e_1} & Ra_2' \times \dfrac{l_2}{l_2 e_2} & Ra_3' \times \dfrac{l_3}{l_3 e_3} & Ra_4' \times \dfrac{l_4}{l_4 e_4} & Ra_5' \times \dfrac{l_5}{l_5 e_5} & Ra_6' \times \dfrac{l_6}{l_6 e_6} \end{bmatrix}$$

进一步地，可以得到驱动输入速度到运动平台输出速度之间的映射为

$$\dot{X} = J\dot{q} \tag{2.25}$$

式中，$J = \left(G^{\mathrm{T}} \right)^{-1}$，称为运动模拟器的速度雅可比矩阵。

在后续的研究中，还需要知道运动模拟器运动过程中，各个连杆的运动学特性。认为定长连杆的质心在其几何中心，于是质心的位置矢量可以表示为 $c_i + q_i e_i + l_i / 2$，对质心的位置矢量求导可得质心的线速度表达式为

$$v_{li} = \frac{\mathrm{d}}{\mathrm{d}t}\left(c_i + q_i e_i + \frac{1}{2} l_i \right) = \dot{q}_i e_i + \frac{1}{2} \omega_{li} \times l_i \tag{2.26}$$

为了进一步求得定长连杆的角速度 ω_{li}，用 l_i 同时左叉乘式(2.22)的两边并整理可得

$$\omega_{li} = \frac{1}{|l_i|^2} l_i \times \left(v + \omega \times \left(Ra_i' \right) - \dot{q}_i e_i \right) \tag{2.27}$$

建立运动模拟器各个构件的速度模型以后，就可以很容易地通过对时间求导的方式求出各个部件的加速度。将方程(2.22)两边同时对时间求导，整理可得

$$\ddot{q}_i e_i = \dot{v} + \dot{\omega} \times \left(Ra_i' \right) + \omega \times \left(\omega \times \left(Ra_i' \right) \right) - \dot{\omega}_{li} \times l_i - \omega_{li} \times \left(\omega_{li} \times l_i \right) \tag{2.28}$$

注意到式(2.28)中包含定长连杆的角加速度 $\dot{\omega}_{li}$，为了求解此式还需要做进一步的化简。由于定长连杆角速度与连杆方向始终垂直，其角加速度也必然与连杆方向垂直，进一步对式(2.28)两边同时点乘 l_i 并整理化简可得滑块加速的表达式为

$$\ddot{q}_i = \begin{bmatrix} \dfrac{l_i}{l_i e_i} \\ Ra_i' \times \dfrac{l_i}{l_i e_i} \end{bmatrix}^{\mathrm{T}} \begin{bmatrix} \dot{v} \\ \dot{\omega} \end{bmatrix} + \frac{l_i \left(\omega \times \left(\omega \times \left(Ra_i' \right) \right) - \omega_{li} \times \left(\omega_{li} \times l_i \right) \right)}{l_i e_i} \tag{2.29}$$

将等式(2.26)两边同时对时间求导，整理可得定长连杆的质心加速度表达式为

$$\dot{v}_{li} = \ddot{q}_i e_i + \frac{1}{2} \left(\omega_{li} \times l_i + \omega_{li} \times \left(\omega_{li} \times l_i \right) \right) \tag{2.30}$$

对等式(2.28)两边叉乘 l_i 并整理，可得定长连杆的角加速度为

$$\dot{\omega}_{li} = \frac{1}{|l_i|^2} l_i \times \left(\dot{v} + \dot{\omega} \times \left(Ra_i' \right) + \omega \times \left(\omega \times \left(Ra_i' \right) \right) - \ddot{q}_i e_i \right) \tag{2.31}$$

以上的讨论建立了运动模拟器从运动平台位姿输出到六个驱动器输入量之间的传递关系模型(2.20),即运动学反解模型。在模拟系统的实时控制中,还需要用到从驱动器输入到运动平台位姿输出的传递关系模型,称为运动学正解模型,对于并联机构,运动学正解模型的建立是十分困难的。目前可以通过复杂的数学推导得到 6-PSS 机构运动学正解的解析关系式,但是这样的正解模型计算量巨大,耗时长久,而且存在多解问题,无法应用于高速的实时控制中。为了实现高速的计算,本章采用数值法建立运动模拟器的运动学正解模型。结合运动模拟器的特点,选用经典的牛顿迭代法为基础建立正解模型。机构奇异对牛顿法十分不利,但是从后续的分析可知,本机构在需求工作空间内完全没有奇异的风险,因此可以顺利地使用此方法。

通过运动学反解模型(2.20)可知,运动平台末端位姿与 6 个驱动器的驱动量之间存在固定的函数关系。令 $q = \begin{bmatrix} q_1 & q_2 & q_3 & q_4 & q_5 & q_6 \end{bmatrix}^T$ 代表 6 个驱动器的驱动量广义坐标,于是驱动量广义坐标可以表示为运动平台位姿广义坐标的函数,即

$$q = F(X) \tag{2.32}$$

对式(2.32)进行变换,将右边项移到左边,并令

$$f(X) = F(X) - q = 0 \tag{2.33}$$

对函数(2.33)套用牛顿迭代法可得

$$X_n = X_{n-1} - \frac{f(X_{n-1})}{f'(X_{n-1})} \tag{2.34}$$

式中,X_{n-1} 为上一步迭代计算中得到的运动平台位姿广义坐标。将方程(2.32)两边同时对时间求导,可得

$$\dot{q} = F'(X)\dot{X} \tag{2.35}$$

将式(2.35)与式(2.25)进行对比不难发现,$F'(X) = J^{-1}$,利用此关系式,对式(2.34)进行变换得

$$X_n = X_{n-1} - \frac{F(X_{n-1}) - q}{F'(X_{n-1})} = X_{n-1} - \frac{q_{n-1} - q}{J^{-1}(X_{n-1})}$$

$$X_n = X_{n-1} - J(X_{n-1})(q_{n-1} - q) \tag{2.36}$$

式中,q 为给定的驱动量广义坐标;q_{n-1} 为利用 X_{n-1} 通过反解模型求解得到的驱动量广义坐标;$J(X_{n-1})$ 为在 X_{n-1} 定义的姿态下计算得到的运动平台速度雅可比矩阵。等式(2.36)就是运动模拟器从驱动器输入到运动平台位姿输出的运动学正解模型。

在开始迭代计算时,需要指定运动平台广义坐标的迭代初始值 X_0,由于运动模拟器在需求工作空间内不会出现奇异,可以设置迭代初值为并联机构的初始零位,即 $X_0 = \begin{bmatrix} 0 & 0 & 0 & 0 & 0 & 0 \end{bmatrix}^T$。在实时控制中,每一个控制周期都要进行一次正

解计算，因此正解计算的输入量是连续变化的，可以将上一个控制周期内的运动平台位姿广义坐标作为迭代的初值，于是迭代初值就与实际值十分接近，可减少迭代次数，提升计算速度。设置了迭代初值以后，就可以通过式(2.36)反复迭代计算，当 $q_{n-1} - q$ 的差值足够小时，说明上一步迭代计算得到的姿态广义坐标 X_{n-1} 与实际姿态已经十分接近，此时终止迭代计算，认为运动模拟器在输入为 q 的情况下，其运动平台的位姿广义坐标为 X_{n-1}，如图 2-20 所示。

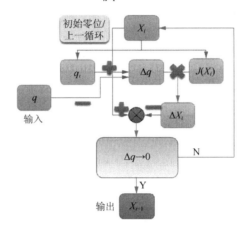

图 2-20　正解计算迭代框图

在实际的控制解算中，为了保证整个控制解算的精度，将 $q_{n-1} - q$ 的二范数小于 10^{-6}mm 作为迭代终止条件。编写计算程序并放在控制计算机上测试正解模型的运行效率，分析测试实验结果可以发现，正解迭代在 10 步以内即可达到精度要求，计算时间在 0.3ms 以内。

2.5.2　交会模拟机构的运动学建模

3DOF 运动模拟器只有三个独立自由度，但是运动平台的位姿广义坐标是由三个位置和三个转动参数确定的：$X = \begin{bmatrix} p_x & p_y & p_z & \varphi & \theta & \psi \end{bmatrix}$。这说明运动平台的位姿广义坐标中有三个量是需要靠其他三个独立变量来求解的。在对运动模拟器进行运动学分析之前，必须能准确地描述运动平台的位姿，但位姿坐标 X 的六个参数并不独立，因此必须通过三个独立自由度求解完整的广义位姿坐标。

由机构的构型设计可知，此运动模拟器只能进行竖直方向的移动和水平面内的两个转动，一共三个自由度。于是，广义位姿坐标的求解问题可描述为已知 p_x、θ、ψ 求解 p_y、p_z、φ。运动平台的某个姿态必然对应着一个确定的旋转矩阵 R_p，目前只能知道 θ 和 ψ 两个旋转角度信息，无法直接求解 R_p，假设位姿矩阵 R_p 的各元素为

$$R_p = \begin{bmatrix} u_x & v_x & w_x \\ u_y & v_y & w_y \\ u_z & v_z & w_z \end{bmatrix} \tag{2.37}$$

由前面对 3DOF 运动模拟器的参数分析可知，运动平台上三个球铰中心点的坐标可表示为式(2.14)。又由图 2-18 可知如下矢量关系：

$${}^t a_i = p + R_p \, {}^t a_i' \tag{2.38}$$

将式(2.14)和式(2.37)代入式(2.38)中并整理，可得运动平台上三个球铰中心点在固定基坐标系 O_{o3} - xyz 下的坐标为

$${}^t a_1 = \begin{bmatrix} p_x + r_t v_x \\ p_y + r_t v_y \\ p_z + r_t v_z \end{bmatrix} \tag{2.39}$$

$${}^t a_2 = \begin{bmatrix} p_x - \dfrac{r_t}{2} v_x - \dfrac{\sqrt{3}}{2} r_t w_x \\[3mm] p_y - \dfrac{r_t}{2} v_y - \dfrac{\sqrt{3}}{2} r_t w_y \\[3mm] p_z - \dfrac{r_t}{2} v_z - \dfrac{\sqrt{3}}{2} r_t w_z \end{bmatrix} \tag{2.40}$$

$${}^t a_3 = \begin{bmatrix} p_x - \dfrac{r_t}{2} v_x + \dfrac{\sqrt{3}}{2} r_t w_x \\[3mm] p_y - \dfrac{r_t}{2} v_y + \dfrac{\sqrt{3}}{2} r_t w_y \\[3mm] p_z - \dfrac{r_t}{2} v_z + \dfrac{\sqrt{3}}{2} r_t w_z \end{bmatrix} \tag{2.41}$$

分析 3-PRS 并联机构的结构特点，可以发现定长连杆只能绕着滑块上的转动副做垂直于转轴的摆动，而转动副的转轴与滑动副的驱动方向垂直，因此定长连杆末端的球铰只能在一个垂直于转动副转轴的固定平面内运动，于是可得如下约束关系式：

$${}^t a_{1z} = 0 \tag{2.42}$$

$${}^t a_{2z} = \sqrt{3} \, {}^t a_{2y} \tag{2.43}$$

$${}^t a_{3z} = -\sqrt{3} \, {}^t a_{3y} \tag{2.44}$$

将式(2.39)~式(2.41)的对应坐标点分别代入式(2.42)~式(2.44)可得

$$p_z + r_t v_z = 0 \tag{2.45}$$

$$p_z - \frac{1}{2} r_t v_z - \frac{\sqrt{3}}{2} r_t w_z = \sqrt{3} \left(p_y - \frac{1}{2} r_t v_y - \frac{\sqrt{3}}{2} r_t w_y \right) \tag{2.46}$$

$$p_z - \frac{1}{2} r_t v_z + \frac{\sqrt{3}}{2} r_t w_z = -\sqrt{3} \left(p_y - \frac{1}{2} r_t v_y + \frac{\sqrt{3}}{2} r_t w_y \right) \tag{2.47}$$

将式(2.45)~式(2.47)整理并化简可得

$$p_z = -r_t v_z \tag{2.48}$$

$$p_y = \frac{1}{2} r_t \left(v_y - w_z \right) \tag{2.49}$$

$$v_z = w_y \tag{2.50}$$

未知姿态角 φ 可以由式(2.50)解出，具体的表达式与选用的欧拉角描述方式有关。式(2.48)~式(2.50)就是从 3DOF 运动模拟器的三个独立自由度参数至运动平台位姿广义坐标的映射模型。在此基础上，便可进行进一步的运动学建模。

由图 2-18 中的矢量闭环可写出如下矢量方程：

$$^t l_i = p + R_p \, ^t a_i' - \, ^t q_i \, ^t e_i - \, ^t c_i \tag{2.51}$$

将等式(2.51)左右两边的元素进行调整，并令 $^t H_i = p + R_p \, ^t a_i' - \, ^t c_i$，于是可得

$$^t l_i = \, ^t H_i - \, ^t q_i \, ^t e_i \tag{2.52}$$

对等式(2.52)左右两边取平方，并整理可得

$$^t q_i^2 - 2 \, ^t q_i \, ^t H_i \cdot \, ^t e_i + \, ^t H_i \cdot \, ^t H_i - \, ^t L_i^2 = 0 \tag{2.53}$$

等式(2.53)实际上是关于 q_i 的一个一元二次方程，对其求解可得

$$^t q_i = \, ^t H_i \cdot \, ^t e_i \pm \sqrt{\left(\, ^t H_i \cdot \, ^t e_i \right)^2 - \, ^t H_i \cdot \, ^t H_i + \, ^t L_i^2} \tag{2.54}$$

从式(2.54)可以看出，在一个确定的位姿下，每个驱动量都有两个解，与 6DOF 机构类似，可当当 $^t l_i$ 与 $^t e_i$ 垂直时，$\left(\, ^t H_i \cdot \, ^t e_i \right)^2 - \, ^t H_i \cdot \, ^t H_i + \, ^t L_i^2 = 0$。只要保证在运动模拟器的运行过程中不发生 $^t l_i$ 与 $^t e_i$ 垂直的情况，式(2.54)中的根式不变号。当运动模拟器初始零位确定以后，即可确定式(2.54)中的 ± 号取值，只要机构在限定的工作空间内运动，这个符号的取值都不会改变。将初始零位下的运动平台末端广义位姿坐标 $X = \begin{bmatrix} 0 & 0 & 0 & 0 & 0 & 0 \end{bmatrix}^T$ 代入式(2.54)，并结合模拟器的初始零位机构状态，可知此时式(2.54)中的根式应该取正号，于是可得

$$^t q_i = \, ^t H_i \cdot \, ^t e_i + \sqrt{\left(\, ^t H_i \cdot \, ^t e_i \right)^2 - \, ^t H_i \cdot \, ^t H_i + \, ^t L_i^2} \tag{2.55}$$

式(2.55)建立了运动模拟运动平台位姿输出到驱动器输入量之间的对应关系，称为 3DOF 运动模拟器的运动学反解公式。

为了继续研究运动模拟器的速度关系，将等式(2.51)左右两边的元素进行调整变换可得

$$^t q_i \, ^t e_i = p + R_p \, ^t a_i' - \, ^t c_i - \, ^t l_i \tag{2.56}$$

将式(2.56)的两边同时对时间求导可得

$$'\dot{q}_i \, {}^t e_i = v + \omega \times \left(R_p \, {}^t a_i' \right) - {}^t \omega_{li} \times {}^t l_i \tag{2.57}$$

式中，${}^t\omega_{li}$ 为定长连杆 ${}^t B_i A_i$ 的角速度。定长连杆只能绕着滑块上的转动副做垂直于转轴的摆动，所以 ${}^t\omega_{li}$ 的方向必然垂直于连杆的方向向量 ${}^t l_i$，于是 ${}^t\omega_{li} \, {}^t l_i = 0$。利用这个关系，对式(2.57)两边点乘 ${}^t l_i$ 并整理可得

$$'\dot{q}_i = \frac{{}^t l_i}{{}^t l_i \, {}^t e_i} v + \frac{R_p \, {}^t a_i' \times {}^t l_i}{{}^t l_i \, {}^t e_i} \omega = \begin{bmatrix} \dfrac{{}^t l_i}{{}^t l_i \, {}^t e_i} \\[3mm] R_p \, {}^t a_i' \times \dfrac{{}^t l_i}{{}^t l_i \, {}^t e_i} \end{bmatrix}^{\mathrm{T}} \begin{bmatrix} v \\ \omega \end{bmatrix} \tag{2.58}$$

将式(2.58)推广到每个支链并写为矩阵形式，于是可得运动平台输出速度到驱动输入速度之间的传递关系为

$$'\dot{q} = G_a^{\mathrm{T}} \dot{X} \tag{2.59}$$

式中，$'\dot{q} = \begin{bmatrix} \dot{q}_1 & \dot{q}_2 & \dot{q}_3 \end{bmatrix}^{\mathrm{T}}$ 为三个驱动量的广义速度向量；$\dot{X} = \begin{bmatrix} v & \omega \end{bmatrix}^{\mathrm{T}}$ 为运动平台的输出速度；

$$G_a = \begin{bmatrix} \dfrac{{}^t l_1}{{}^t l_1 \, {}^t e_1} & \dfrac{{}^t l_2}{{}^t l_2 \, {}^t e_2} & \dfrac{{}^t l_3}{{}^t l_3 \, {}^t e_3} \\[4mm] R_p \, {}^t a_1' \times \dfrac{{}^t l_1}{{}^t l_1 \, {}^t e_1} & R_p \, {}^t a_2' \times \dfrac{{}^t l_2}{{}^t l_2 \, {}^t e_2} & R_p \, {}^t a_3' \times \dfrac{{}^t l_3}{{}^t l_3 \, {}^t e_3} \end{bmatrix}_{6 \times 3}$$

可以发现，G_a 并不是一个方阵，无法通过矩阵的求逆运算得到驱动输入速度到运动平台输出速度的映射，并且式(2.59)建立的运动学模型是从 6 个平台广义速度坐标到 3 个驱动量的广义速度坐标的变换，从而导致雅可比矩阵 G_a^{T} 不能求逆。之所以产生这样的结果是因为该 3DOF 并联机构中有 3 个机械结构约束作用约束了运动平台的 3 个自由度，从运动学的角度看，这 3 个约束实际上可以看成 3 个输入始终是 0 的驱动器，将这 3 个假想的驱动器加入，以便构建可做逆运算的雅可比矩阵。

设 3 个转动副的转轴方向为 r_1、r_2、r_3，由于转动副的约束，${}^t l_i$ 始终要与 r_i 垂直，于是可得以下约束方程：

$$\left(p + R_p \, {}^t a_i' - {}^t q_i \, {}^t e_i - {}^t c_i \right) \cdot r_i = 0 \tag{2.60}$$

注意到转动副的转轴与滑动副的驱动方向垂直，利用此关系对式(2.60)进行化简得

$$p \cdot r_i + \left(R_p \, {}^t a_i' \right) \cdot r_i - {}^t c_i \cdot r_i = q_i \left({}^t e_i \cdot r_i \right) = 0 \tag{2.61}$$

同时将等式(2.61)两边对时间求导得

$$v \cdot r_i + \omega \times \left(R_p \, {}^t a_i' \right) \cdot r_i = r_i \cdot v + \left(R_p \, {}^t a_i' \times r_i \right) \cdot \omega = 0 \tag{2.62}$$

将式(2.62)推广到每条支链并整理可得

$$\begin{bmatrix} 0 \\ 0 \\ 0 \end{bmatrix} = \begin{bmatrix} r_1 & R_p\ {}^t a_1' \times r_1 \\ r_2 & R_p\ {}^t a_2' \times r_2 \\ r_3 & R_p\ {}^t a_3' \times r_3 \end{bmatrix}_{3\times6} \begin{bmatrix} v \\ \omega \end{bmatrix} = G_s \dot{X} \tag{2.63}$$

进一步将式(2.63)与式(2.59)合并，于是可以得到运动平台输出速度到驱动输入速度之间的新传递关系为

$$ {}^t\dot{q} = \begin{bmatrix} {}^t\dot{q}_1 \\ {}^t\dot{q}_2 \\ {}^t\dot{q}_3 \\ 0 \\ 0 \\ 0 \end{bmatrix} = {}^t G^{\mathrm{T}} \begin{bmatrix} v \\ \omega \end{bmatrix} \tag{2.64}$$

式中，${}^t\dot{q} = \begin{bmatrix} {}^t\dot{q}_1 & {}^t\dot{q}_2 & {}^t\dot{q}_3 & 0 & 0 & 0 \end{bmatrix}^{\mathrm{T}}$ 为包含约束的广义驱动速度坐标，其前三个量依次为三个驱动滑块的驱动速度，后三个量始终为 0。

$$ {}^t G^{\mathrm{T}} = \begin{bmatrix} \dfrac{{}^t l_1}{{}^t l_1\ {}^t e_1} & R_p\ {}^t a_1' \times \dfrac{{}^t l_1}{{}^t l_1\ {}^t e_1} \\[2mm] \dfrac{{}^t l_2}{{}^t l_2\ {}^t e_2} & R_p\ {}^t a_2' \times \dfrac{{}^t l_2}{{}^t l_2\ {}^t e_2} \\[2mm] \dfrac{{}^t l_3}{{}^t l_3\ {}^t e_3} & R_p\ {}^t a_3' \times \dfrac{{}^t l_3}{{}^t l_3\ {}^t e_3} \\[2mm] r_1 & R_p\ {}^t a_1' \times r_1 \\ r_2 & R_p\ {}^t a_2' \times r_2 \\ r_3 & R_p\ {}^t a_3' \times r_3 \end{bmatrix}_{6\times6} $$

这个新的雅可比矩阵是方阵，可以进行求逆运算，于是可以得到驱动输入速度到运动平台输出速度的映射为

$$\dot{X} = {}^t J\ {}^t\dot{q} \tag{2.65}$$

式中，${}^t J = \left({}^t G^{\mathrm{T}} \right)^{-1}$，称为运动模拟器的速度雅可比矩阵。

3DOF 运动平台的正解模型并没有因自由度的减少而变得简单，因为它的三个约束关系也是要参与解算的，所以其正解的解析关系式计算量巨大，且耗时长久，而且存在多解，无法应用于高速的实时控制中。为了实现高速的计算，依旧采用数值法建立运动模拟器的运动学正解模型。由于其支链布置模式与 6DOF 运动模拟器十分类似，通过类似的推算，可以建立几乎一样的运动学正解模型，即

$$X_n = X_{n-1} - {}^t J(X_{n-1})(q_{n-1} - q) \tag{2.66}$$

式中，q 为给定的驱动量广义坐标；q_{n-1} 为利用上一步迭代得到的运动平台末端

位姿 X_{n-1} 通过反解模型求解得到的驱动量广义坐标；${}^t J(X_{n-1})$ 为在 X_{n-1} 定义的姿态下计算得到的运动平台速度雅可比矩阵，如图 2-21 所示。

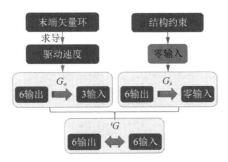

图 2-21　3 自由度机构的雅可比矩阵推导

对于开始迭代计算时运动平台广义坐标的迭代初始值 X_0 的选取，可以设置为并联机构的初始零位，即 $X_0 = \begin{bmatrix} 0 & 0 & 0 & 0 & 0 & 0 \end{bmatrix}^T$，或者将上一个控制周期内的运动平台位姿广义坐标作为迭代的初值。为了保证整个控制解算的精度，将 $q_{n-1} - q$ 的二范数小于 10^{-6} mm 作为迭代终止条件。编写计算程序并放在控制计算机上测试正解模型的运行效率，分析测试实验的结果可以发现，正解效率与 6DOF 运动模拟器基本相同。

2.6　九轴联动系统的运动协同建模与测试

由前文的研究可知，当半实物模拟系统进行两个飞行器的交会对接模拟实验时，需要 3DOF 运动模拟器和 6DOF 运动模拟器协同运动，共同完成测试实验任务。如何将空间六维相对运动分解为九自由度机构的运动，在准确模拟两个飞行器相对运动的前提下，充分发挥两个运动模拟器的自身特点，也是一个需要仔细研究的难点。

2.6.1　飞行器相对运动分解

实验的第一阶段是交会过程，相对运动的范围较大，需要两个运动模拟器协同运动，实验的第二阶段则完全由 6DOF 运动模拟器来执行。由运动模拟器的运动学特性可知，3DOF 运动模拟器只有三个方向的运动能力，即沿 x 轴方向的移动和绕 y、z 轴方向的转动；而 6DOF 运动模拟器的 x 轴方向运动空间相对较小，为了保证运动模拟器在实验的第二阶段(即对接碰撞阶段)中有足够的运动空间，在第一阶段中，6DOF 运动模拟器应尽量保证在其工作空间的底部运动。依照这些运动学上的限制，将两个飞行器的相对运动分解为两个运动模拟器相对于基坐标系的运动，使得每个机构都有能力完成分配的运动，并保证两个运动模拟器的相对运动状态与飞行器的相对运动相同。为了表述方便，本章引用齐次坐标矩阵的概念，每一个空间六维广义位姿 $X = \begin{bmatrix} p_x & p_y & p_z & \phi & \theta & \psi \end{bmatrix}$ 都与一个位姿齐次坐标矩阵 T 对应，广义位姿与齐次坐标矩阵的转化关系可参见机器人学，此处不再赘述。

在实验过程中，主动对接机构固定安装在 3DOF 运动模拟器的运动平台上，其对接面坐标系 O_{zd}-xyz 至运动平台坐标系 O_{p3}-xyz 的变换为固定关系，设 O_{zd}-xyz 在 O_{p3}-xyz 下的位姿齐次坐标矩阵为 $^{p3}T_{zd}$。被动对接机构固定安装在 6DOF 运动模拟器的运动平台上，其对接面坐标系 O_{bd}-xyz 至运动平台坐标系 O_{p6}-xyz 的变换为固定关系，设 O_{bd}-xyz 在 O_{p6}-xyz 下的位姿齐次坐标矩阵为 $^{p6}T_{bd}$。假设某一时刻捕获飞行器相对于目标飞行器的位置姿态齐次坐标矩阵为 $^{bd}T_{zd}$，在进行分解前，首先需要将此相对位姿转化为 3DOF 运动模拟器相对于 6DOF 运动模拟器的运动位姿矩阵 $^{p6}T_{p3}$，由坐标变换关系可知：

$$^{p6}T_{p3} = {}^{p6}T_{bd} \, {}^{bd}T_{zd} \left({}^{p3}T_{zd} \right)^{-1} \tag{2.67}$$

为了方便表述，进一步可将此位姿矩阵转化为位置和欧拉角组合的位姿广义坐标，即

$$X_a = \begin{bmatrix} p_{ax} & p_{ay} & p_{az} & \phi_a & \theta_a & \psi_a \end{bmatrix}^{\mathrm{T}}$$

由于 3DOF 运动模拟器只有 3 个自由度，首先分配其运动，使其实现相对运动中沿 x 轴方向的移动和绕 y、z 轴方向的转动。以 6DOF 运动模拟器的基坐标系 O_{o6}-xyz 作为计算参考坐标系，令 3DOF 运动平台在 O_{o6}-xyz 下的位姿广义坐标为

$$X_{p3} = \begin{bmatrix} p_{ax} & p_{uy} & p_{uz} & \phi_u & \theta_a & \psi_a \end{bmatrix}^{\mathrm{T}} \tag{2.68}$$

式中，p_{uy}、p_{uz} 以及 ϕ_u 可通过将 p_{ax}、θ_a、ψ_a 代入式(2.48)~式(2.50)计算得到。进一步可以通过 X_{p3} 得到 3DOF 运动平台在基坐标系下的位姿矩阵 $^{o6}T_{p3}$。由前面的工作可知，两个运动模拟器的相对安装位置是固定的，因此 3DOF 运动模拟器的基坐标系 O_{o3}-xyz 在 O_{o6}-xyz 下的位姿矩阵是固定的，设其为 $^{o6}T_{o3}$。于是 3DOF 运动平台在自身参考坐标系 O_{o3}-xyz 下的位姿可表示为

$$^{o3}T_{p3} = \left({}^{o6}T_{o3} \right)^{-1} {}^{o6}T_{p3} \tag{2.69}$$

在此基础上，求解 6DOF 运动平台在基坐标系下的位姿矩阵 $^{o6}T_{p6}$，以使两个运动平台的相对位姿为 $^{p6}T_{p3}$。由坐标变换关系可得

$$^{o6}T_{p6} = {}^{o6}T_{p3} \left({}^{p6}T_{p3} \right)^{-1} = {}^{o6}T_{p3} \, {}^{p3}T_{zd} \left({}^{bd}T_{zd} \right)^{-1} \left({}^{p6}T_{bd} \right)^{-1} \tag{2.70}$$

通过以上的分解，两个飞行器在某一时刻的相对运动 $^{bd}T_{zd}$ 被分解成两个运动模拟器分别相对于自身基坐标系下的运动 $^{o3}T_{p3}$ 和 $^{o6}T_{p6}$。将这两个位姿矩阵转化为

位姿广义坐标并代入两个运动模拟器的运动学反解模型中，就可以得到每个驱动器的驱动量，从而对运动模拟器进行协作控制。

2.6.2　协作控制方案及仿真

在进行交会和对接的连续实验过程中，首先需要两个运动模拟器协同运动，在到达实验的第二阶段时，3DOF 运动模拟器需要逐步减速并锁定在自身的初始零位位姿，之后完全由 6DOF 运动模拟器进行运动。整个实验过程可分为以下四个阶段。

(1) 启动加速阶段。地面测试实验开始时，两个飞行器有一个初始的相对运动状态，这个状态在不同的实验中都是随机设定的。两个运动模拟器需要从静止或者某个已知的运动状态开始，按照规划好的路径运动，在运动结束的时刻，运动模拟器的位置姿态、速度和加速度同时达到实验所要求的初始运动状态。称这个过程为离线规划，在离线规划路径的末端，运动模拟器需要在六维运动空间中同时达到位姿、速度和加速度等 18 个量的要求状态。

可见离线规划是一个十分复杂的过程，首先研究一维空间下的简单情况。为了使运动模拟器能够平滑地运动，不出现力冲击，必须要保证离线规划的速度、加速度曲线连续可导，依据这样的特性，本章采用五次多项式作为位移曲线对离线规划过程进行轨迹规划：

$$s(t) = c_0 + c_1 t + c_2 t^2 + c_3 t^3 + c_4 t^4 + c_5 t^5 \tag{2.71}$$

函数 $s(t)$ 表示在离线规划过程中，运动平台在这个一维空间中的位移与时间 t 的关系，其中 $c_i (i=0,1,\cdots,5)$ 为待定参数，需要通过离线规划的始末运动状态来求解。对式(2.71)关于时间 t 求导可得到离线规划过程中的速度曲线为

$$v(t) = s'(t) = c_1 + 2c_2 t + 3c_3 t^2 + 4c_4 t^3 + 5c_5 t^4 \tag{2.72}$$

再对式(2.72)关于时间 t 求导可得离线规划过程中的加速度曲线为

$$a(t) = s''(t) = 2c_2 + 6c_3 t + 12c_4 t^2 + 20c_5 t^3 \tag{2.73}$$

可见通过这样的多项式规划，离线规划过程中的位移、速度、加速曲线都是连续可导的，因此可以保证运动模拟器能够平滑地运动。

设离线规划开始时刻的时间为 t_0，此时运动初始状态的位置、速度、加速度分别为 s_0、v_0、a_0；设离线规划结束时刻的时间为 t_1，此时运动终点状态的位置、速度、加速度分别为 s_1、v_1、a_1。将它们代入式(2.71)～式(2.73)中可得如下 6 个方程，即

$$s(t_0) = s_0 , \quad s(t_1) = s_1$$
$$s'(t_0) = v_0 , \quad s'(t_1) = v_1$$
$$s''(t_0) = a_0 , \quad s''(t_1) = a_1$$

将它们整理成矩阵形式可得

$$
\begin{bmatrix} c_0 \\ c_1 \\ c_2 \\ c_3 \\ c_4 \\ c_5 \end{bmatrix} = \begin{bmatrix} 1 & t_0 & t_0^2 & t_0^3 & t_0^4 & t_0^5 \\ 0 & 1 & 2t_0 & 3t_0^2 & 4t_0^3 & 5t_0^4 \\ 0 & 0 & 2 & 6t_0 & 12t_0^2 & 20t_0^3 \\ 1 & t_1 & t_1^2 & t_1^3 & t_1^4 & t_1^5 \\ 0 & 1 & 2t_1 & 3t_1^2 & 4t_1^3 & 5t_1^4 \\ 0 & 0 & 2 & 6t_1 & 12t_1^2 & 20t_1^3 \end{bmatrix}^{-1} \begin{bmatrix} s_0 \\ v_0 \\ a_0 \\ s_1 \\ v_1 \\ a_1 \end{bmatrix} \tag{2.74}
$$

将离线规划的始末时刻 t_0、t_1 以及始末运动状态 s_0、v_0、a_0、s_1、v_1、a_1 代入式(2.74)中求解，即可得到多项式的 6 个待定参数 c_0、c_1、c_2、c_3、c_4、c_5。将这 6 个参数代入式(2.71)中，就得到了离线规划的位移函数 $s(t)$。

将这样的路径规划方法推广到六维空间中，将运动分解到六个维度上，即 x、y、z 三个方向的平移运动，以及以三个旋转姿态角所描述的三维旋转运动。每一维的运动均采用一个独立的五次多项式进行路径规划，利用式(2.71)和式(2.74)分别计算可得 6 条位移函数 $s_i(t)$ $(i=0,1,\cdots,5)$。称这 6 条位移曲线为离线规划的位姿曲线，每一时刻，位姿曲线中的 6 个位移量即构成一个空间六维广义位姿。需要注意的是，对于旋转运动的始末状态，必须使用欧拉角微分的速度、加速度，而不是通常定义的角速度、角加速度。接下来即可利用这样的规划方法对运动模拟器进行运动控制。

为了使得计算简便，首先规划两个飞行器从零位位姿到实验初始条件要求的位姿 ${}^{bd}_{1}T_{zd}$ 的运动轨迹。两个飞行器的零位位姿 ${}^{bd}_{0}T_{zd}$ 由两个运动模拟器的启动位置决定，由坐标变换关系可得

$$
{}^{bd}_{0}T_{zd} = \left({}^{p6}_{}T_{bd} \right)^{-1} \left({}^{o6}_{0}T_{p6} \right)^{-1} {}^{o6}_{}T_{o3} \; {}^{o3}_{0}T_{p3} \; {}^{p3}_{}T_{zd} \tag{2.75}
$$

式中，${}^{o3}_{0}T_{p3}$ 和 ${}^{o6}_{0}T_{p6}$ 为两个运动模拟器在实验开始时相对于各自基坐标系的准备位置。为了最大化利用运动模拟器的工作空间，在启动时刻，应该使 3DOF 运动平台运行到其工作空间的最上端，使 6DOF 运动平台运行到其工作空间的最下端。启动位置时，速度、加速度均为零，实验初始状态的加速度为零，而速度由实验工况给定，利用始末状态的位姿 ${}^{bd}_{0}T_{zd}$、${}^{bd}_{1}T_{zd}$ 以及速度、加速度、时间进行离线规划并计算位姿曲线。由于控制周期是 1ms，每隔 1ms 从规划位姿曲线上选取一个姿态，利用式(2.67)~式(2.70)分配两个运动模拟器的运动，最后通过运动学模型解算驱动信息从而进行运动控制。

(2) 交会实验阶段。此阶段中，由飞行器的交会导航控制系统控制两个飞行器的相对运动状态，这个系统会实时给出两个飞行器的相对位姿信息 ${}^{bd}T_{zd}$。继续利用式(2.67)~式(2.70)分配两个运动模拟器的运动即可。

(3) 减速锁定阶段。在交会实验将要结束，准备开始对接碰撞实验时，需要将 3DOF 运动平台锁定在自身的初始零位位姿，这就需要在对接开始之前令 3DOF

运动模拟器逐渐平滑减速。规定当 3DOF 运动模拟器在运行到与零位位置的距离为 D_L 时，减速锁定阶段开始。将此时刻 3DOF 运动模拟器相对于自身基坐标系 O_{o3}-xyz 下的运动状态作为减速锁定初始条件，利用五次多项式规划算法，令其在 t_L 时刻内达到零位位姿，同时速度、加速度均为零。每隔 1ms 从规划曲线上选取一个姿态 $^{o3}T_{p3}$，交由运动学模型解算 3DOF 运动模拟器的驱动信息。

此阶段中，两个飞行器的相对位姿信息 $^{bd}T_{zd}$ 仍由飞行器的交会导航控制系统实时给出。由式(2.69)变换可得 3DOF 运动平台在 O_{o6}-xyz 下的位姿矩阵 $^{o6}T_{p3}$ 为

$$^{o6}T_{p3} = {}^{o6}T_{o3}\,{}^{o3}T_{p3} \tag{2.76}$$

于是将这一时刻的 $^{o6}T_{p3}$ 和 $^{bd}T_{zd}$ 代入式(2.70)可得 6DOF 运动平台在 O_{o6}-xyz 下的位姿矩阵 $^{o6}T_{p6}$。

为了保证对接碰撞时实验系统的整体刚度，3DOF 运动模拟器必须在对接开始时完成锁定，因此必须要选择合理的 D_L 和 t_L，以保证 3DOF 平台锁定后，两个运动模拟器之间的距离还在对接初始条件之外。假设实验过程中可能出现的最大 x 轴方向相对速度为 v_{mx}，由五次多项式轨迹规划的特性可知，若使减速过程中的加速度和极限速度最小，并使位移曲线单调变化，减速时间应该选取 $t_L = 2D_L / v_{mx}$。这种情况下，在锁定过程中两个飞船之间的竖直距离拉进量最大为 $D_c = t_L \times v_{mx}$。锁定完成时，6DOF 平台最大上升量 $D_u = D_c - D_L$。设两个运动模拟器的运动平台处于零位位姿时，x 轴方向间距为 H；在实验开始时令 6DOF 运动模拟器向下运动的距离为 D_P；两个飞行器的对接初始位置条件中 x 方向分量的最大值为 D_d。必须选取合适的 D_L 以保证：

$$H + D_P + D_L - D_c > D_d \tag{2.77}$$

为安全起见，选取 D_L=100mm。实验过程中，可能出现的最大纵向速度为 350mm/s，于是减速时间 $t_L = 2D_L / v_{mx}$=0.57s。

(4) 对接碰撞阶段。此阶段完全由 6DOF 运动模拟器独立运动，飞行器的相对运动信息 $^{bd}T_{zd}$ 由飞行器的交会导航控制系统转交给半实物模拟系统中的飞行器碰撞动力学计算模块控制。由坐标变换关系可知，此时 6DOF 运动模拟器在 O_{o6}-xyz 下的位姿矩阵可由式(2.78)求得：

$$^{o6}T_{p6} = {}^{o6}T_{o3}\,{}^{p3}T_{zd} \left({}^{bd}T_{zd} \right)^{-1} \left({}^{p6}T_{bd} \right)^{-1} \tag{2.78}$$

为了更方便快速地测试捕获对接装置，测试实验往往跳过第一阶段，直接进行对接碰撞测试。在这种情况下，3DOF 运动模拟器直接锁定在零位位姿，仅由 6DOF 运动模拟器完成实验。对运动模拟器的控制可以分为如下两个阶段。

(1) 离线规划阶段。在此阶段中，6DOF 运动模拟器从静止状态加速运动从而达到对接碰撞实验所要求的初始条件。假设 6DOF 运动模拟器在实验开始时相对

于基坐标系 O_{o6}-xyz 的准备位置为 ${}_{0}^{o6}T_{p6}$，于是可以得到此时两个飞行器的初始相对位姿为

$$
{}_{0}^{bd}T_{zd} = \left({}^{p6}T_{bd} \right)^{-1} \left({}_{0}^{o6}T_{p6} \right)^{-1} {}^{o6}T_{o3}\, {}^{p3}T_{zd} \tag{2.79}
$$

采用五次多项式规划两个飞行器从初始位姿 ${}_{0}^{bd}T_{zd}$ 到实验初始条件 ${}_{1}^{bd}T_{zd}$ 的运动位姿曲线。每隔 1ms 从运动轨迹曲线上选取一个姿态 ${}^{bd}T_{zd}$，为了模拟再现飞船的相对运动，将 ${}^{bd}T_{zd}$ 代入式(2.78)中计算，即可得到 6DOF 运动模拟器在 O_{o6}-xyz 下的位姿矩阵。

(2) 对接碰撞阶段。此阶段与交会对接实验的第四阶段完全相同。飞行器的相对位姿信息 ${}^{bd}T_{zd}$ 由半实物模拟系统中的飞行器碰撞动力学计算模块给出，代入式(2.78)中求解 6DOF 运动模拟器的位姿即可。

为了实时监测运动模拟器的运行状态，直观地查看飞行器的相对运行状态，并验证整个运动规划控制算法的正确性，使用 MATLAB 及 LabVIEW 软件为半实物模拟系统搭建了虚拟现实系统如图 2-22 所示。图 2-22(a)为两个运动模拟器的实时运行状态演示窗口，图 2-22(b)为对应的两个飞行器相对运行状态的实时演示窗口。此外，该虚拟现实系统还可通过反射内存网和半实物模拟系统实时通信，起到实时监控和演示的作用。

 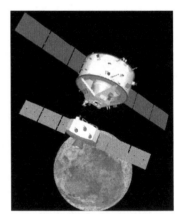

(a) 运动模拟器实时运行状态　　　　　　　　　　(b) 飞行器相对运行状态

图 2-22　交会对接实验的虚拟现实系统

使用该虚拟现实系统对这两种实验流程下运动模拟器的协作方案进行实验验证，可直观地验证其逻辑正确性。

第3章 模拟器的尺度设计关键点法

3.1 引　言

在完成构型之后，并联机构设计的第二个任务便是对机构尺度的设计。选取合适的尺寸使得机构可在指定的工作空间内按要求进行工作是并联机构尺度设计的首要任务。

由于六维运动难以用三维的图像形象地表达，传统的工作空间描述方法要么难以适应并联机构，要么描述的信息不够全面。对需求工作空间的描述方式不仅决定着指标抽象的难易程度，还会影响尺度设计的复杂度。在充分考虑碰撞测试实验的特点以及运动模拟器的运动特征的基础上，本章首先提出一种可全面描述六维运动信息，并且直观可视的工作空间描述方法，从而简化需求抽象以及尺度设计的难度，基于这种描述方式发现并证明一种运动学关键点特性，并利用该特性开展并联机构的尺度设计。

3.2　空间碰撞式对接模拟的运动空间参数建模

第 2 章通过对实验过程的分析得到了实验需求的运动空间，但是这些运动空间是相对于不同坐标系的，而且是两个运动模拟器的协作运动空间。为了指导机构几何参数的设计，还需要将这些运动空间进行更进一步的细化分析，如图 3-1 所示。

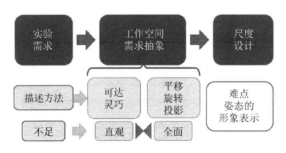

图 3-1　基于工作空间的尺度设计

六维运动空间的描述实际上是一个复杂的问题，目前还没有办法以人类可以理解的方式直观地用图形表示六维运动空间的范围。国际学者为了简化问题，通常将六维运动空间分为平移运动空间和旋转运动空间。平移运动空间是指运动平台在转动姿态固定的情况下，其中心点在空间中运动构成的三维运动空间；旋转运动空间是指运动平台的中心点固定在某一个位置的情况下，运动平台绕着该点旋转构成的三维运动空间。这样的描述方式将运动的维度缩减为三个，无法全面反映六维运动空间的实际特性。直接用这种描述方法定义的运动空间去考核机构的能力是不全面的。另外，用普通欧拉角也很难直观地描述旋转运动空间，与平移运动空间不同，若给定三个平移坐标的取值范围，就可以直观地了解平移运动空间的形状；但是若给定三个欧拉角的转动范围，人们还是很难知道运动平台在空间中的具体旋转情况，难以与具体的工程应用相结合。因此，迫切需要一种新的运动空间的描述方法，能同时包含六维的运动信息，既可以让人直观地了解其运动能力，又可以与具体的工程应用相结合。

通过以上分析，运动空间描述的难点主要在于对旋转姿态的可视化描述以及将旋转运动空间与平移运动空间的合理结合。研究对接过程可知，为了使主、被动对接机构能成功地对接在一起，必须保证它们的相对旋转姿态为零，也就是要使它们的轴线(对接面法线)对准重合，并且绕着轴线的自转角度为零。于是，主、被动对接机构的相对姿态可以用轴线的指向向量，以及对接机构绕轴线的自转角度 γ 来表示(图 3-2)。指向向量可以由两个角度来定义：指向向量与坐标轴 x 的夹角 θ，向量在 yz 平面内的投影与 z 轴的夹角 φ。研究这种特殊的姿态定义方式不难发现，采用一种特殊的旋转序列可以与这种姿态描述方法吻合。首先令对接机构沿着固定基坐标系的 x 轴旋转角度 $-\varphi$，接着使其绕着基坐标系的 z 轴旋转角度 θ，然后令其绕着基坐标系的 x 轴旋转角度 φ，此时对接机构的轴线就与 θ、φ 所定义的指向向量同向，为了继续实现对接机构绕轴线的自转角度，最后使对接机构绕着其自身的连体坐标系的 x 轴旋转角度 γ。这样的旋转序列所定义的旋转矩阵可以用如下方程来表示：

$$
\begin{aligned}
R &= \mathrm{Rot}(x,\varphi)\mathrm{Rot}(z,\theta)\mathrm{Rot}(x,-\varphi)\mathrm{Rot}(x,\gamma) \\
&= \begin{bmatrix} 1 & 0 & 0 \\ 0 & \cos\varphi & -\sin\varphi \\ 0 & \sin\varphi & \cos\varphi \end{bmatrix}
\begin{bmatrix} \cos\theta & -\sin\theta & 0 \\ \sin\theta & \cos\theta & 0 \\ 0 & 0 & 1 \end{bmatrix}
\begin{bmatrix} 1 & 0 & 0 \\ 0 & \cos\varphi & \sin\varphi \\ 0 & -\sin\varphi & \cos\varphi \end{bmatrix}
\begin{bmatrix} 1 & 0 & 0 \\ 0 & \cos\gamma & -\sin\gamma \\ 0 & \sin\gamma & \cos\gamma \end{bmatrix} \\
&= \begin{bmatrix} \cos\theta & -\cos(\varphi-\gamma)\sin\theta & -\sin\theta\sin(\varphi-\gamma) \\ \cos\varphi\sin\theta & \sin\varphi\sin(\varphi-\gamma)+\cos\varphi\cos\theta\cos(\varphi-\gamma) & \cos\varphi\cos\theta\sin(\varphi-\gamma)-\sin\varphi\cos(\varphi-\gamma) \\ \sin\varphi\sin\theta & \cos\theta\sin\varphi\cos(\varphi-\gamma)-\cos\varphi\sin(\varphi-\gamma) & \cos\varphi\cos(\varphi-\gamma)+\cos\theta\sin\varphi\sin(\varphi-\gamma) \end{bmatrix}
\end{aligned}
$$

$$(3.1)$$

这样的四步旋转序列可唯一定义物体的旋转姿态，这种描述方法可以十分清楚明了地表示对接机构在空间中的位姿，给定三个转角后，马上就可以形象直观地了解机构在空间中的轴线指向以及其绕自身轴线的自转角度(图 3-3)。此外，这样的描述方法十分贴近工程实际，对实际应用中机构的姿态描述以及运动控制都带来很大的便利。

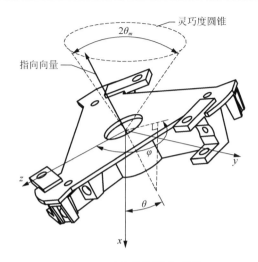

图 3-2 对接机构姿态意图

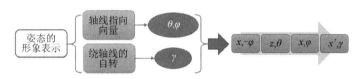

图 3-3 姿态的形象表示

进一步结合对接机构的相对运动来对这种描述方法进行研究，由前面的分析可知，对接机构的运动相对于轴线具有轴对称的特性，也就是说，φ 的取值范围为 $[-\pi,\pi)$。于是在定义对接机构的旋转运动范围时，可认为 φ 是可以任意取值的，只要定义 θ 和 γ 的取值范围即可。结合对接过程中对接机构的运动情况，可知对于其指向向量 θ 的取值是有限的，由于 φ 可以任意取值，所有可能出现的指向向量的集合可构成一个圆锥，假设这个圆锥的锥角为 $2\theta_m$，于是 θ 的取值范围为 $[0,\theta_m]$。此外在对接过程中，对接机构绕其轴线的自转角度也是有限的，设 γ 的取值范围为 $[-\gamma_m,\gamma_m]$。本书称 θ_m 为旋转运动空间的指向灵巧度(图 3-2)，γ_m 为旋转运动空间的自转灵巧度。

于是，旋转运动空间的全部特征信息用两个灵巧度就可以完全定义，这使得运动空间的描述维度降低了一维而同时又包含全部的三维运动信息，给接下来的研究带来巨大的便利。人们可以很容易地通过这样定义的运动空间理解机构的指向能力以及自转能力范围；借助这种方法，根据具体工程应用情况提出旋转运动空间变得十分容易。这种描述方法对于本书的 3DOF 运动模拟器尤为便利，其在这种描述方式下恰恰是自转灵巧度为零的机构，利用这种方法可直接给出运动平台的合理旋转姿态，而无需再利用第 2 章的运动学模型对姿态信息进行求解。

前文将旋转运动空间定义成两个灵巧度参数。根据第 2 章的分析，测试实验需求的平移运动空间都可以抽象为一个个圆柱体，与旋转运动空间一样具有轴对称特性，因此可以方便地将旋转运动空间与平移运动空间合理结合，共同描述六维运动空间。采用圆柱体作为运动空间描述的基本单元，设其高度为 $2H_c$、半径为 R_c，在圆柱体内每一点上的旋转运动空间都具有 θ_m 的指向灵巧度以及 γ_m 的自转灵巧度。利用这种描述方法，只需要四个参数就可以形象并且全面地描述六维运动空间。当实际工况比较复杂时，可以将需求的复杂运动空间抽象为若干个共轴线的圆柱体(图 3-4)，每个圆柱体都具有各自的指向灵巧度以及自转灵巧度。这样的运动空间描述方式与工程实际紧密结合，可大大降低设计指标的抽象难度。

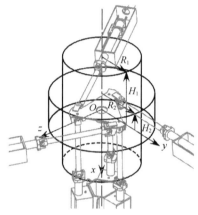

图 3-4 需求工作空间的抽象方法

由运动模拟器的构型过程可知，运动模拟器的运动能力也是轴对称的。根据运动模拟器的构型特点，容易看出运动平台法向的指向向量所对应的角度 φ 也是可以任意取值的，而角度 θ 以及运动平台绕自身轴线的自转范围也是有限的。类似地，分别称它们的最大值为运动模拟器的指向灵巧度与自转灵巧度。可见，这种运动空间的描述方法与运动模拟器的运动学特性十分符合。用这样的描述方法定义的运动空间指导机构尺寸的设计，可以简化设计难度，减少运动模拟器的性能浪费。

利用这种更为简明有效的运动空间描述方法，对第 2 章中研究的实验需求运动空间进行二次整理，并将它们转化为两个运动模拟器各自的需求工作空间，从而指导运动模拟器的尺度设计。第 2 章介绍了三组运动空间，分别如下所述。

(1) 交会运动空间。交会运动的模拟由两个运动模拟器共同协作来完成，需要将交会运动空间分配到两个运动模拟器上。根据第 2 章对两个运动模拟器协作方式的规划，可以得到 3DOF 运动模拟器的要求工作空间为高 2900mm、半径 0mm 的圆柱(即一条直线)，其指向灵巧度为 10°、自转灵巧度为 0°，圆柱的底面与运动模拟器的初始零位平齐。而 6DOF 运动模拟器的要求工作空间为高 100mm、半径 500mm 的圆柱，其指向灵巧度为 0°、自转灵巧度为 8°，圆柱的顶面与运动模拟器的初始零位平齐。

(2) 对接初始条件运动空间。在模拟系统开始进行对接模拟时，装有主动对接机构的 3DOF 运动模拟器锁定在一个固定的位置不动，6DOF 运动模拟器带着被动对接机构运动来模拟两个飞行器之间的相对运动。结合第 2 章的分析可知，对接初始条件范围可表示为一个高 200mm、半径 250mm 的圆柱，其指向灵巧度为 7°、自转灵巧度为 7°。称这个空间为运动空间 A，其描述的是主动对接机构相对于被动对接机构的运动，而 6DOF 运动模拟器模拟的是被动对接机构相对于主动对接机构的运动，因此还要将运动空间 A 进行转换。由于需要进行的是六维运动的转换，在复合转角的影响下，工作空间的变换并不是简单的平移和翻转。

设变换后的空间为运动空间 B，即被动对接机构的中心相对于主动对接机构的运动空间。假设主动对接机构在相对于被动对接机构所描述的运动空间 A 内运动到了点 P，那么点 P 是属于运动空间 A 内的点。令 ${}^{bd}P = \begin{bmatrix} x_{bd} & y_{bd} & z_{bd} \end{bmatrix}^{\mathrm{T}}$ 为 P 点在被动对接机构坐标系 O_{bd}-xyz 下的表述，假设此时主动对接机构相对于被动对接机构的旋转姿态角为 $\begin{bmatrix} \varphi & \theta & \gamma \end{bmatrix}$，则此时 O_{bd}-xyz 在主动对接机构坐标系 O_{zd}-xyz 下的位姿即属于要求解的工作空间。设 $O_{zd}O_{bd} = -P$ 在坐标系 O_{zd}-xyz 下表述为 ${}^{zd}P$，${}^{zd}P$ 就是运动空间 B 内一点在坐标系 O_{zd}-xyz 下的坐标。

由坐标变换理论易知，从坐标系 O_{zd}-xyz 到坐标系 O_{bd}-xyz 的齐次变换矩阵为

$$T = \begin{bmatrix} R & {}^{bd}P \\ 0 & 1 \end{bmatrix} \tag{3.2}$$

式中，R 为旋转变换矩阵，可将当前旋转姿态角代入式(3.1)计算得出。由坐标变换关系可知

$$T\left(-{}^{zd}P\right) = {}^{bd}P \tag{3.3}$$

进一步变换可得

$$ {}^{zd}P = T^{-1}\left(-{}^{bd}P\right) \tag{3.4}$$

利用 2.2 节中使用的六维空间离散化方法对运动空间 A 进行离散化，遍历选取所有的离散位置坐标 ${}^{bd}P$ 和姿态角 $\begin{bmatrix} \varphi & \theta & \gamma \end{bmatrix}$，并分别计算 ${}^{zd}P$，最终所有的计算结果可构成一组点云，这组点云就是要求的运动空间 B。使用 MATLAB 软件编程计算，可以得到变换后的运动空间点云如图 3-5 所示。该空间可以用高 220mm、半径 270mm 的圆柱近似描述，其指向灵巧度为 7°、自转灵巧度为 7°，圆柱顶面至运动模拟器的初始零位平面的竖直距离为 125mm。

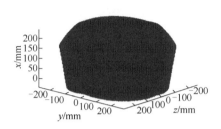

图 3-5　运动空间点云

(3) 碰撞运动空间。模拟系统进行相对碰撞模拟时，3DOF 运动模拟器固定不动，仅由 6DOF 运动模拟器来模拟两个飞行器之间的相对运动。第 2 章中对该运动空间的建模本来就是相对于主动对接机构坐标系的，因此不需要再进行变换。结合第 2 章的分析，考虑到碰撞运动的转角范围分布情况较为复杂，使用两个圆柱空间对其进行简化描述，第一个圆柱高 180mm、半径 240mm，其指向灵巧度为 7°、自转灵巧度为 7°。第二个圆柱高 160mm、半径 150mm，其指向灵巧度为 15°、自转灵巧度为 15°。圆柱的中面与运动平台的初始零位平面平齐。

除了以上三个运动空间外，系统还需要一个额外的离线规划(导航)运动空间。上述三个运动空间是实验要求的基本空间，由 2.6 节对模拟系统的规划控制方案可知，为达到实验需求的初始运动状态，运动模拟器需要通过离线规划进行加速。为了实现需求运动空间边界上的初始运动状态，运动模拟器往往需要在需求运动空间的外部空间进行离线规划，这就使得实际所需运动空间更大，如图 3-6 所示。因此，还需要对这部分额外所需的运动空间进行建模。

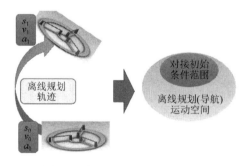

图 3-6　离线规划(导航)运动空间

碰撞模拟实验要求中提出的对接初始条件，它们的加速度均为零，而位置、姿态和速度则是在一定范围内任意取值的。将工作空间边界上的初始运动状态离散化，利用 MATLAB 软件编程并依次对这些离散状态进行离线规划，通过规划的位姿曲线可以发现，若每次开始离线规划时运动模拟器都处于初始的零位位姿，那么为了达到某些极限的对接初始条件，离线规划过程需要的额外运动空间会很大。为了限制机构尺寸以节约成本，应使离线规划所需的运动空间尽可能小。于是本章采用分段离线规划的方法，即首先使运动模拟器运动到对接初始点的正下方 30mm 处，然后采用离线规划实现对接初始条件。利用 MATLAB 软件对所有的对接初始条件进行分段离线规划，可得到最终所需的工作空间为高 250mm、半径 300mm 的圆柱，其指向灵巧度为 7°、自转灵巧度为 7°。

本节的讨论将需求的工作空间细分给两个运动模拟器，为了描述清晰，将两个运动模拟器的运动空间需求进行综合并罗列如表 3-1 所示。

表 3-1 运动模拟器的需求运动空间

运动模拟器	圆柱编号	高度/mm	直径/mm	指向灵巧度/(°)	自转灵巧度/(°)
3DOF	C0	2930	0	10	0
6DOF	C1	100	1000	0	8
	C2	250	600	7	7
	C3	180	300	15	15

3.3 碰撞模拟机构尺度与运动学特性的关系

由第 2 章对运动模拟器的参数分析可知，用于碰撞模拟的 6DOF 运动模拟器的基本尺寸参数为 r_a、r_b、θ_p 以及 L_i，它们可唯一确定 6DOF 运动模拟器的运动学特性。对这些尺寸参数的取值设计，首要任务是使运动模拟器能达到要求空间所定义的全部位姿，从而使运动模拟器能顺利执行实验任务。但这只是最基本的要求，尺度设计还应该使机构的运动学性能在整个工作空间内都具有较好的水平。并联机构的运动学性能一般使用其速度雅可比矩阵的特征值、条件数等参数进行评价，但是这些基于速度雅可比矩阵的评价指标一般求解较为复杂。

结合第 2 章的分析可知，连杆摆角过大不仅会导致球铰刚度变差，还会直接影响雅可比矩阵，进一步影响机构的运动学特性，甚至引发机构奇异，因此不希望连杆的摆角过大。另外，并联机构的运动学综合条件数计算量较大，若直接通过条件数设计尺寸会耗时长久、效率低下，考虑到定长连杆相对于基坐标系的方向以及定长连杆相对于运动平台坐标系的方向是雅可比矩阵的基本组成元素，因此可以通过连杆摆角的极值间接反映出机构条件数的特性。本节将对机构几何参数与连杆摆角的影响关系进行研究，并以此为依据指导尺寸参数的设计。而且通过这样的复杂计算公式，也难以找到尺寸参数与运动学特性的深层关系，研究式(2.24)中所建立的速度雅可比矩阵，分析其组成元素。矩阵 G 的前三行元素主要受 $l_i \cdot e_i$ 的影响，其值趋于 0 时，雅可比矩阵的元素将趋于无穷，而矩阵 G 的后三行元素还受 $a_i \times l_i$ 的影响，当 a_i 与 l_i 趋于平行时，其元素将趋于 0，这两种情况是使雅可比矩阵特性变差的根源，是直接影响运动模拟器运动学性能的因素。再研究

$l_i \cdot e_i$ 以及 $a_i \times l_i$ 两个算子，结合图 2-14 可以发现，$l_i \cdot e_i$ 完全由定长连杆相对于驱动器的摆动角度决定；而 $a_i \times l_i$ 完全由定长连杆相对于运动平台的摆动角度决定。

由于定长连杆没有绕自身轴线的转动，连杆相对于驱动器的摆动角度 α_{Bi} 可以看成连杆方向向量 l_i 和连杆初始位置向量 e_i 之间的夹角，根据定义可得

$$\cos \alpha_{Bi} = \frac{l_i \cdot e_i}{L_i} \tag{3.5}$$

在研究连杆相对于运动平台的摆动角度 α_{Ai} 时，其摆动的初始方向也要与运动平台固连，于是 α_{Ai} 的表达式可以表达为如下等式：

$$\cos \alpha_{Ai} = \frac{l_i \cdot (Re_i)}{L_i} \tag{3.6}$$

本书称 α_{Bi} 和 α_{Ai} 为连杆的摆角，当 α_{Bi}、α_{Ai} 达到 $90°$ 时，l_i 与 e_i 垂直，l_i 与 a_i 平行，此时机构的雅可比矩阵奇异。另外，α_{Bi}、α_{Ai} 的取值范围还决定着转动关节 A_i^s 与 B_i^s 的转动范围，球铰 A_i^s 与 B_i^s 是机构刚度最薄弱的地方，要加强球铰的刚度，势必要牺牲球铰的转动范围。此外，连杆的这两种摆角过大也是导致机构连杆干涉的直接原因。可见，连杆摆角 α_{Bi}、α_{Ai} 对于机构的运动学特性十分重要，是决定机构在某一位姿时运动学特性的直接因素。在接下来的研究中，将以这两个摆角为基础对运动模拟器的运动学性能进行间接评估。

利用 2.2 节使用的六维空间离散化方法对要求的工作空间进行离散化并作为校核计算空间。依次从四个基本尺寸参数中选取一个作为变化尺寸，令其取值从小到大逐渐增加，给其余的几何尺寸预选一个值作为固定量。尺寸参数每变化一次，就利用第 2 章的运动学模型以及式(3.5)、式(3.6)遍历计算校核计算空间的所有位姿上运动模拟器可能出现的连杆摆角的最大值，并绘制出各个基本尺寸参数与最大摆角的关系如图 3-7～图 3-10 所示。

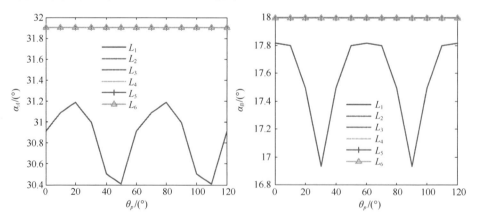

图 3-7　θ_p 与连杆最大摆角的关系

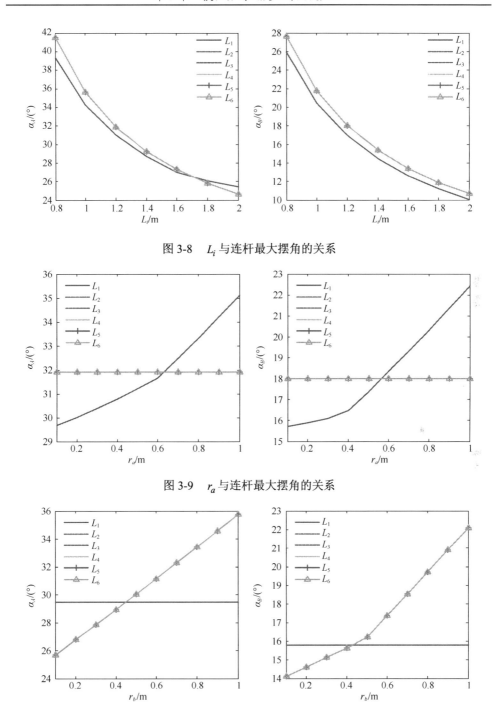

图 3-8　L_i 与连杆最大摆角的关系

图 3-9　r_a 与连杆最大摆角的关系

图 3-10　r_b 与连杆最大摆角的关系

从图 3-7 中可以看出，θ_p 对连杆摆角的最大值影响很小，实际上，图中的波动是由工作空间离散化时采样点不够密集造成的，通过后面的讨论可证明 θ_p 与连杆摆角无关。由图 3-8 可以看出，连杆的长度 L_i 对连杆摆角的影响较大，随着连杆长度的增加，连杆摆角的最大值逐渐减小，而摆角减小的速率也随之降低。为了提升球铰的刚度，同时保证运动学特性，本书希望摆角的最大范围小于 40°，因此连杆长度应该大于 1m。观察图 3.9 和图 3.10 可以发现，r_a、r_b 对连杆的摆角也有一定的影响，随着 r_a、r_b 的增加，连杆摆角的极值逐渐增大，它们的关系曲线上还有一个拐点，当 r_a、r_b 的取值大于这个拐点时，连杆摆角极值的增速明显增大，为了防止连杆摆角过大，r_a、r_b 的取值应该在图中的拐点左侧，因此它们的值应小于 0.6mm；此外，r_a 仅影响 1~3 号支链的连杆摆角，而 r_b 仅影响 4~6 号支链的连杆摆角。

以上关系图的建立是在其他尺寸参数固定而令单一尺寸参数变化的前提下计算完成的，这种尺寸参数与运动性能的关系是局部且片面的，只能反映尺寸参数变化时运动特性的变化趋势，并不能精确地引导尺度设计选取最优解。一般还需要在此方法的基础上套用最优化方法以寻找最优解。但是工作空间离散化的巨大位姿量会使这种计算方法非常耗时耗力，单是为了计算某一给定尺寸下的机构在整个工作空间内的运动特性，就需要十分巨大的计算量；而在初期的设计阶段，机构的各项尺寸参数需要做经常性的调整，甚至工作空间的尺寸都要变化，采用这种原始的离散化数值方法进行设计效率十分低下。另外，若校核计算空间内的点取得不够密集，会导致结果不够准确，对尺寸的设计有不利的影响。因此，急需一种通用、便捷的方法来进行尺度设计。

3.4　碰撞模拟机构的关键点

3.3 节对尺寸参数与运动模拟器的运动学性能之间的关系进行了大量的计算和研究，可以发现，传统的数值计算方法耗时耗力，难以应用于多参数的尺度设计，其全面性、快速性、准确性都受到很大的制约。对 3.3 节的计算结果进行研究可以发现，连杆摆角 α_{Bi}、α_{Ai} 以及驱动量 q_i 在整个需求工作空间内的最大值总是发生在某些特定的点上，而这些特定点的位置与机构的几何参数或者工作空间的尺寸都没有关系。本书称这些特定点为关键点，称机构的这种特性为关键点特性，如图 3-11 所示。这一重要的特性对于机构的尺度设计有十分重大的作用，要考核某一确定尺寸下的机构在整个需求工作空间内的运动特性，只需要校核这些关键点处的机构运动特性，就可以知道机构在整个工作空间中运动能力的极端状况，而无需再像 3.3 节那样通过复杂的数值计算来搜寻机构的极端运动能力。利用这种关键点特性，直接就能找到机构运动性能的极值，省去了大量烦琐的计算，而且计算结果要比传统的遍历计算精确得多。

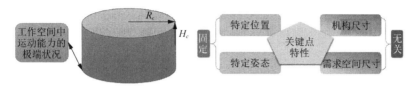

图 3-11　关键点特性

本节将借助拉格朗日乘子法对这种关键点特性进行理论上的证明。由于两组支链的布置方式不同，其关键点特性也不同，这里分别对它们进行讨论。为了建立一种通用的方法，首先将工作空间和运动模拟器的几何参数进行无量纲化。设工作空间圆柱的半径为 R_c，将所有的相关尺寸都除以 R_c，于是工作空间的无量纲半径为 1，无量纲高度为 $2H = 2H_c / R_c$(转角参数无需做无量纲化处理)。机构的几何参数也做同样的处理，对于一条支链，其连杆长度 $L = L_i / R_c$，运动平台铰链点分布半径为 a(对于第一组支链 $a = r_a / R_c$，对于第二组支链 $a = r_b / R_c$)，驱动器行程 $q = q_i / R_c$。

本书提出的 3-3 正交型并联机构具有广泛的应用，例如，作为生产线上的机械操作手臂，或者并联加工机床等，这些应用场合一般不需要机构具有自转灵巧度，因为其自转的功能是通过运动平台上安装的机械部件来完成的。为了使这种方法具有更广泛的应用，本章首先研究不考虑自转灵巧度时的关键点特性。

3.4.1　第一组支链的关键点特性研究

为了充分利用机构的轴对称特性，对每条支链的运动学特性重新建模。对于第一组支链，在基坐标系的原点 O_{o6} 上分别为支链 i $(i=1,2,3)$建立固定坐标系 $O_{ai}\text{-}xyz$；对应地，在运动平台中心处建立连体坐标系 $O_{a'i}\text{-}xyz$，并令其在零位位置时与 $O_{ai}\text{-}xyz$ 重合。为了简化问题且不失一般性，令 $O_{ai}\text{-}xyz$ 的 y 轴与向量 e_i 平行且指向驱动器，x 轴竖直向下。于是在新坐标系下可以得到 $e_i = \begin{bmatrix} 0 & -1 & 0 \end{bmatrix}^T$，$a_i' = \begin{bmatrix} 0 & 0 & -a \end{bmatrix}^T$，$c_i = \begin{bmatrix} 0 & L_i & -a \end{bmatrix}^T$。还可以根据图 2-14 得到机构在某一姿态下的矢量闭环方程：

$$p = c_i + q_i e_i + l_i - R a_i' \tag{3.7}$$

式中，$p = \begin{bmatrix} p_x & p_y & p_z \end{bmatrix}^T$ 为机构当前的位置向量；R 为机构当前的姿态矩阵，可通过式(3.1)计算得到，为了表述方便将 R 的矩阵元素用符号变量代替：

$$R = \begin{bmatrix} r_{11} & r_{12} & r_{13} \\ r_{21} & r_{22} & r_{23} \\ r_{31} & r_{32} & r_{33} \end{bmatrix} \tag{3.8}$$

假设 $l_i = \begin{bmatrix} l_x & l_y & l_z \end{bmatrix}^{\mathrm{T}}$，将其代入式(3.7)可得

$$l_x = -ar_{13} + p_x \tag{3.9}$$

$$l_y = -ar_{23} + p_y - L_i + q_i \tag{3.10}$$

$$l_z = -ar_{33} + a + p_z \tag{3.11}$$

由于向量 l_i 的模就是连杆的长度，所以 $l_x^2 + l_y^2 + l_z^2 = L_i^2$，于是可以得到如下等式：

$$l_y = \pm\sqrt{L_i^2 - l_x^2 - l_z^2} \tag{3.12}$$

由第 2 章的讨论可知，根式前的±号是以机构的奇异点为界限的，l_y 的符号在机构的整个运行过程中都不应该发生变化。将机构的初始零位位姿($p = 0$, $R = I$)代入式(3.10)以判断 l_y 的取值：

$$l_y = -a \times 0 + 0 - L_i - 0 = -L_i < 0 \tag{3.13}$$

显然，式(3.12)应该取负号。将式(3.12)代入式(3.10)中，便可得到支链的驱动量 q_i 为

$$q_i = ar_{23} - p_y + L_i - \sqrt{L^2 - \left(-ar_{13} + p_x\right)^2 - \left(-ar_{33} + a + p_z\right)^2} \tag{3.14}$$

利用式(3.9)、式(3.11)以及式(3.12)，可以将 l_i 表达为

$$l_i = \begin{bmatrix} -ar_{13} + p_x \\ -\sqrt{L_i^2 - l_x^2 - l_z^2} \\ -ar_{33} + a + p_z \end{bmatrix} \tag{3.15}$$

于是可得

$$l_i \cdot e_i = \sqrt{L_i^2 - \left(-ar_{13} + p_x\right)^2 - \left(-ar_{33} + a + p_z\right)^2} \tag{3.16}$$

$$l_i \cdot \left(Re_i\right) = m_y - \left(m_x + m_z\right) \tag{3.17}$$

式中，$m_y = r_{22}l_i \cdot e_i$，$m_x = -ar_{12}r_{13} + r_{12}p_x$，$m_z = -ar_{32}r_{33} + r_{32}a + r_{32}p_z$。将式(3.16)与式(3.17)代入式(3.5)与式(3.6)即可求得当前位姿下连杆的摆角。由式(3.14)、式(3.16)与式(3.17)可以发现，连杆摆角以及驱动量与尺寸参数 θ_p 没有关系，θ_p 并不影响机构的这些运动学特性，而对于第二组支链也能得到同样的结论。

由于需求工作空间是一个圆柱体，工作空间内的点必须满足以下约束方程：

$$p_y^2 + p_z^2 \leqslant R_c^2 \tag{3.18}$$

$$-H \leqslant p_x \leqslant H_c \tag{3.19}$$

假设工作空间的指向灵巧度为 θ_m，那么工作空间内的姿态角应满足以下关系：

$$0 \leqslant \theta \leqslant \theta_m \tag{3.20}$$

$$-\pi \leqslant \varphi \leqslant \pi \tag{3.21}$$

为了保证运动模拟器能够达到工作空间内的某个特定位姿，式(3.12)必须有实数解，也就是要保证其中根式内的元素大于零，这个约束关系可以表达为以下不等式：

$$L_i^2 > l_x^2 + l_z^2 = \left(-ar_{13} + p_x\right)^2 + \left(-ar_{33} + a + p_z\right)^2 \tag{3.22}$$

设不等式(3.22)右侧的值为 Γ，可见 Γ 的值越大，越接近无解，因此需要利用拉格朗日乘子法研究其在需求工作空间内的最大值。由式(3.22)可知，与 Γ 有关的姿态变量为 p_x、p_z、φ 以及 θ，通过式(3.18)～式(3.21)可得它们的约束方程为

$$\begin{cases} g_1 = p_y^2 + p_z^2 - 1 \\ g_2 = p_x - H \\ g_3 = -p_x - H \\ g_4 = \theta - \theta_m \\ g_5 = -\theta \end{cases} \tag{3.23}$$

于是关于 Γ 最大值的拉格朗日方程可以表示为

$$\begin{aligned} K = & -\Gamma - \lambda_1(g_1 + \omega_1^2) - \lambda_2(g_2 + \omega_2^2) - \lambda_3(g_3 + \omega_3^2) \\ & - \lambda_4(g_4 + \omega_4^2) - \lambda_5(g_5 + \omega_5^2) \end{aligned} \tag{3.24}$$

式中，λ_i、$\omega_i^2 (i=1,2,\cdots,5)$ 为拉格朗日乘子。可知当 K 的梯度为零时，Γ 将达到极值。K 关于所有姿态变量以及拉格朗日乘子的偏导数为

$$\begin{cases} \dfrac{\partial K}{\partial p_x} = 0, \dfrac{\partial K}{\partial p_y} = 0, \dfrac{\partial K}{\partial \varphi} = 0, \dfrac{\partial K}{\partial \theta} = 0 \\ \dfrac{\partial K}{\partial \lambda_k} = 0, \qquad\qquad k = 1, \cdots, 5 \\ \dfrac{\partial K}{\partial \omega_k} = -2\lambda_k \omega_k = 0, \qquad k = 1, \cdots, 5 \end{cases} \tag{3.25}$$

求解方程组(3.25)，找到 Γ 所有的极值点，并从中找到最大值，最后可得：当 $p_x = H, p_z = 1, \varphi = \pi/2, \theta = \theta_m$，或者 $p_x = -H, p_z = 1, \varphi = -\pi/2, \theta = \theta_m$ 时，Γ 达到最大值。将此结果代入式(3.22)可得

$$L_i^2 > \left(a\sin\theta_m + H\right)^2 + \left(-a\cos\theta_m + a + 1\right)^2 \tag{3.26}$$

可见，为了保证运动模拟器可以达到需求工作空间所定义的任意位姿，只需要选择适当的 a 和 L_i 令式(3.26)成立即可。于是这种情况下的位置关键点为 $(H, \varepsilon, 1)$ 和 $(-H, \varepsilon, 1)$，它们分别对应的姿态关键点为 $(\pi/2, \theta_m, 0)$ 和 $(-\pi/2, \theta_m, 0)$。其中 ε 表示这个坐标可以取任意值。

在尺度设计中，要知道在整个需求工作空间内所需要的最大驱动量，从而对驱动器进行设计，因此设计阶段还需要研究 q_i 在工作空间的最大值和最小值。设

等式(3.14)右侧的值为 Γ_q，于是关于 Γ_q 最小值的拉格朗日方程可以表示为

$$K = \Gamma_q - \lambda_1(g_1 + \omega_1^2) - \lambda_2(g_2 + \omega_2^2) - \lambda_3(g_3 + \omega_3^2)$$
$$- \lambda_4(g_4 + \omega_4^2) - \lambda_5(g_5 + \omega_5^2) \tag{3.27}$$

可以发现式(3.27)较为复杂，直接对其求偏导数并联合求解方程组较为困难。为了将难点分解，首先将 p_x 和 φ 看成已知量，然后将 K 分别对剩余的变量 p_y、p_z、θ 以及拉格朗日乘子求偏导，联立求解可得 q_i 关于变量 p_y、p_z 和 θ 的最小值发生在 $p_y = 1, p_z = 0, \theta = \theta_m$ 时，将此结果代入式(3.14)可得

$$q_i = \frac{-a(1 - c\theta_m)s(2\varphi)}{2} - 1 + L_i$$
$$- \sqrt{L_i^2 - (as\varphi s\theta_m + p_x)^2 - a^2(1 - c\theta_m)^2 s^4(\varphi)} \tag{3.28}$$

式中，s 表示 sin；c 表示 cos。为了使公式简明，后面将继续使用这种简化写法。

当 $|H| \geqslant |as\varphi s\theta_m|$ 时，很明显，当 $-p_x = as\varphi s\theta$ 时，式(3.28)达到最小值，将这个关系代入式(3.28)并对式(3.28)求关于 φ 的偏导数，可得

$$a(1 - c\theta_m)c(2\varphi) + \frac{2a^2(1 - c\theta_m)^2 c\varphi s^3(\varphi)}{\sqrt{L_i^2 - a^2(1 - c\theta_m)^2 s^4(\varphi)}} = 0 \tag{3.29}$$

求解式(3.29)可得令等式(3.29)成立的 φ 为

$$s\varphi = \frac{\pm\sqrt{L_i}}{\sqrt{2L_i + a(1 - c\theta_m)}} \tag{3.30}$$

于是，在这种情况下，使得 q_i 取最小值的位置关键点为 $(-a\Omega s\theta_m, -1, 0)$ 和 $(a\Omega s\theta_m, -1, 0)$，它们分别对应的姿态关键点为 $(\arcsin(\Omega), \theta_m, 0)$ 和 $(\arcsin(-\Omega), \theta_m, 0)$，其中 $\Omega = \dfrac{\pm\sqrt{L_i}}{\sqrt{2L_i + a(1 - c\theta_m)}}$。

当 $|H| < |as\varphi s\theta_m|$ 时，继续对式(3.28)使用拉格朗日乘子法，寻求其关于变量 p_x 和 φ 的最小值。通过求偏导并联立求解可得 $p_x = \pm H$，$\varphi = \mp\arcsin(T_1)$ 时，q_i 达到最小值。其中，T_1 是等式(3.31)的根：

$$D_5 x^5 + D_4 x^4 + D_3 x^3 + D_2 x^2 + D_1 x + D_0 = 0 \tag{3.31}$$

式中

$$D_5 = 4Ha(1 - c\theta_m)^2 s\theta_m$$
$$D_4 = 4(1 - c\theta_m)^2(H^2 - L_i^2 - a^2 c\theta_m)$$
$$D_3 = -4Ha(1 - c\theta_m)^2 s\theta_m - 2Has^3\theta_m$$

$$D_2 = \left(-4H^2 + 4L_i^2 + a^2s^2\theta_m\right)\left(1 - c\theta_m\right)^2 - H^2s^2\theta_m + a^2s^4\theta_m$$

$$D_1 = 4Has\theta_m\left(1 - c\theta_m\right)$$

$$D_0 = \left(1 - c\theta_m\right)\left(2H^2 - L_i^2 + L_i^2 c\theta_m\right)$$

由于式(3.31)是五次多项式，其共有五个根，将五个根分别代入式(3.28)并比较大小，选择使得 q_i 最小的根作为 T_1。于是在这种情况下，使得 q_i 取最小值的位置关键点为 $(-H,1,0)$ 和 $(H,1,0)$，它们分别对应的姿态关键点为 $\left(\arcsin(T_1),\theta_m,0\right)$ 和 $\left(-\arcsin(T_1),\theta_m,0\right)$。

为了寻找 q_i 在工作空间内的最大值，关于 Γ_q 最大值的拉格朗日方程可以表示为

$$K = -\Gamma_q - \lambda_1(g_1 + \omega_1^2) - \lambda_2(g_2 + \omega_2^2) - \lambda_3(g_3 + \omega_3^2)$$
$$- \lambda_4(g_4 + \omega_4^2) - \lambda_5(g_5 + \omega_5^2) \tag{3.32}$$

为了分解问题的难点，首先将 φ 看成已知量，然后把 K 分别对剩余的变量 p_x、p_y、p_z、θ 以及拉格朗日乘子求偏导，联立求解可得 q_i 关于变量 p_x、p_y、p_z 和 θ 的最大值发生在 $p_x = \pm H, p_y = -1, p_z = 0, \theta = \theta_m$ 时，将这些结果代入式(3.32)可得

$$q_i = \frac{-a\left(1 - c\theta_m\right)s(2\varphi)}{2} + 1 + L_i - \sqrt{L_i^2 - \left(as\varphi s\theta_m \pm H\right)^2 - a^2\left(1 - c\theta_m\right)^2 s^4(\varphi)} \tag{3.33}$$

为了计算式(3.33)的最大值，对其取关于 φ 的偏导数，经过求解可得与式(3.31)同样的结果，选取式(3.31)的五个根中使得 q_i 最大的根作为 T_2。于是，在这种情况下，使得 q_i 取得最大值的位置关键点为 $(H,-1,0)$ 和 $(-H,-1,0)$，它们分别对应的姿态关键点为 $\left(\pi - \arcsin(T_2),\theta_m,0\right)$ 和 $\left(-\arcsin(T_2),\theta_m,0\right)$。

接下来研究连杆摆角 α_{Bi} 在工作空间内的最大值，由其定义可知，$l_i \cdot e_i$ 越小则 α_{Bi} 越大，结合式(3.16)，可以推导出关于 $l_i \cdot e_i$ 的最小值的拉格朗日方程为

$$K = -\sqrt{L_i^2 - \left(-ar_{13} + p_x\right)^2 - \left(-ar_{33} + a + p_z\right)^2}$$
$$- \lambda_1(g_1 + \omega_1^2) - \lambda_3(g_3 + \omega_3^2) - \lambda_4(g_4 + \omega_4^2) - \lambda_5(g_5 + \omega_5^2) \tag{3.34}$$

将 K 分别对变量 p_x、p_y、p_z、φ、θ 以及拉格朗日乘子求偏导，联立求解可得使 α_{Bi} 取得最大值的位置关键点为 $(H,0,1)$ 和 $(-H,0,1)$，它们分别对应的姿态关键点为 $(\pi/2,\theta_m,0)$ 和 $(-\pi/2,\theta_m,0)$。将这些关键点代入式(3.16)并整理可得 α_{Bi} 的最大值为

$$\alpha_{Bi}\big|_{\max} = \arccos\left(\sqrt{L_i^2 - \left(as\theta_m + H\right)^2 - \left(-ac\theta_m + a + 1\right)^2}\Big/L_i\right) \tag{3.35}$$

摆角 α_{Ai} 在工作空间内的最大值比较复杂，由其定义可知，$l_i \cdot (Re_i)$ 越小则 α_{Ai} 越大，结合式(3.17)，可以推导出关于 $l_i \cdot (Re_i)$ 的最小值的拉格朗日方程为

$$K = -r_{22}\sqrt{L_i^2 - \left(-ar_{13} + p_x\right)^2 - \left(-ar_{33} + a + p_z\right)^2}$$
$$- ar_{12}r_{13} + r_{12}p_x - ar_{32}r_{33} + r_{32}a + r_{32}p_z$$
$$- \lambda_1(g_1 + \omega_1^2) - \lambda_3(g_3 + \omega_3^2) - \lambda_4(g_4 + \omega_4^2) - \lambda_5(g_5 + \omega_5^2) \tag{3.36}$$

为了化解问题的难点，首先将 φ 看成已知量，然后把 K 分别对剩余的变量 p_x、p_y、p_z、θ 以及拉格朗日乘子求偏导，联立求解可得 q_i 关于变量 p_x、p_y、p_z 和 θ 的最大值发生在 $p_x = \pm H, p_y = 0, p_z = 1, \theta = \theta_m$ 时。将这些结果代入式(3.36)并对 φ 求偏导数，会得到一个关于 φ 的十分复杂的方程，求解这个方程组十分没有效率，此时可以利用更加快捷的数值法求解 α_{Ai} 的最大值，也就是使 φ 从 $-\pi$ 逐渐变化到 π，代入式(3.17)计算以寻求 α_{Ai} 的最大值。虽然这里需要使用数值法搜索最大值，但是搜索变量的数目已经从六个减少到了一个，可以大大加速计算效率。因此，在这种情况下，使得 α_{Ai} 取得最大值的位置关键点为 $(H,0,1)$ 和 $(-H,0,1)$，它们对应的姿态关键点为 $(v,\theta_m,0)$，其中 v 代表这个数值需要使用数值法遍历搜寻。

3.4.2 第二组支链的关键点特性研究

对于第二组支链，与 3.4.1 节相同，在基坐标系的原点 O_{o6} 上分别为支链 $i(i=4,5,6)$ 建立固定坐标系 O_{ai} - xyz；对应地，在运动平台上建立连体坐标系 $O_{a'i}$ - xyz。为了简化问题且不失一般性，令 O_{ai} - xyz 的 x 轴竖直向下，z 轴与驱动器轴线相交且背向驱动器。于是在新坐标系下可以得到 $e_i = \begin{bmatrix} -1 & 0 & 0 \end{bmatrix}^T$，$a_i' = \begin{bmatrix} 0 & 0 & -a \end{bmatrix}^T$ 以及 $c_i = \begin{bmatrix} L_i & 0 & -a \end{bmatrix}^T$。同样，将已知参数代入式(3.7)中可得

$$l_x = -ar_{13} + p_x - L_i + q_i \tag{3.37}$$
$$l_y = -ar_{23} + p_y \tag{3.38}$$
$$l_z = -ar_{33} + a + p_z \tag{3.39}$$

同样利用向量 l_i 的定长关系可得如下等式：

$$l_x = \pm\sqrt{L_i^2 - l_y^2 - l_z^2} \tag{3.40}$$

与第一组支链类似，利用初始零位位置可以确定式(3.40)应该取负值，将其代入式(3.38)的左侧并整理可以得到支链的驱动量 q_i 为

$$q_i = ar_{13} - p_x + L_i - \sqrt{L_i^2 - \left(-ar_{23} + p_y\right)^2 - \left(-ar_{33} + a + p_z\right)^2} \tag{3.41}$$

利用式(3.38)～式(3.40)，可以将 l_i 表达为

$$l_i = \begin{bmatrix} -\sqrt{L_i^2 - l_y^2 - l_z^2} \\ -ar_{23} + p_y \\ -ar_{33} + a + p_z \end{bmatrix} \tag{3.42}$$

进一步可得

$$l_i \cdot e_i = \sqrt{L_i^2 - \left(-ar_{23} + p_y\right)^2 - \left(-ar_{33} + a + p_z\right)^2} \tag{3.43}$$

$$l_i \cdot \left(Re_i\right) = m_{2x} - \left(m_{2y} + m_{2z}\right) \tag{3.44}$$

式中，$m_{2x} = r_{11}l_i \cdot e_i$，$m_{2y} = -ar_{21}r_{23} + r_{21}p_y$，$m_{2z} = -ar_{31}r_{33} + r_{31}a + r_{31}p_z$。

首先要保证运动模拟器能够达到需求工作空间所定义的所有位姿，因此式(3.40)必须有实数解，于是可以得到以下关系式：

$$L_i^2 > \left(-ar_{23} + p_y\right)^2 - \left(-ar_{33} + a + p_z\right)^2 \tag{3.45}$$

设不等式(3.45)右侧的值为 Γ，利用拉格朗日乘子法研究其最大值，Γ 的拉格朗日方程可以表示为

$$\begin{aligned} K = &-\Gamma - \lambda_1(g_1 + \omega_1^2) - \lambda_2(g_2 + \omega_2^2) - \lambda_3(g_3 + \omega_3^2) \\ &- \lambda_4(g_4 + \omega_4^2) - \lambda_5(g_5 + \omega_5^2) \end{aligned} \tag{3.46}$$

将 K 分别对变量 p_y、p_z、φ、θ 以及拉格朗日乘子求偏导，联立求解可得使得 Γ 取最大值的位置关键点为 $(\varepsilon, 0, 1)$，对应的姿态关键点为 $(\pi/2, \theta_m, 0)$ 和 $(-\pi/2, \theta_m, 0)$，其中 ε 表示这个坐标可以取任意值。将这些关键点代入式(3.45)可以得到保证运动模拟器满足需求工作空间的基本约束方程为

$$L_i^2 > \left(-ac\theta_m + a + 1\right)^2 \tag{3.47}$$

为了找到使驱动器的驱动量达到最大的位姿，首先研究 q_i 在工作空间的最小值。设等式(3.41)右侧的值为 Γ_q，于是关于 Γ_q 最小值的拉格朗日方程可表示为

$$\begin{aligned} K = &\Gamma_q - \lambda_1(g_1 + \omega_1^2) - \lambda_2(g_2 + \omega_2^2) - \lambda_3(g_3 + \omega_3^2) \\ &- \lambda_4(g_4 + \omega_4^2) - \lambda_5(g_5 + \omega_5^2) \end{aligned} \tag{3.48}$$

将 K 分别对变量 p_x、p_y、p_z、φ、θ 以及拉格朗日乘子求偏导，联立求解可得使得 Γ_q 取最小值的关键点。与第一组支链的情况类似，这里依旧分为两种情况，当 $a(1 - c\theta_m) < 1$ 时，位置关键点为 $\left(H, 0, a(c\theta_m - 1)\right)$，对应的姿态关键点为 $(-\pi/2, \theta_m, 0)$；当 $a(1 - c\theta_m) \geqslant 1$ 时，位置关键点为 $(H, 0, 1)$，对应的姿态关键点为 $(-\pi/2, \theta_m, 0)$。将这些关键点代入式(3.41)中可以得到 q_i 最小值的表达式为

$$q_i|_{\min} = \begin{cases} -as\theta_m - H, & a(1 - c\theta_m) \leqslant 1 \\ -as\theta_m - H + L - \sqrt{L^2 - \left(-ac\theta_m + a + 1\right)^2}, & a(1 - c\theta_m) > 1 \end{cases} \tag{3.49}$$

为了研究 q_i 在工作空间的最大值，关于 Γ_q 最大值的拉格朗日方程可表示为

$$\begin{aligned} K = &-\Gamma_q - \lambda_1(g_1 + \omega_1^2) - \lambda_2(g_2 + \omega_2^2) - \lambda_3(g_3 + \omega_3^2) \\ &- \lambda_4(g_4 + \omega_4^2) - \lambda_5(g_5 + \omega_5^2) \end{aligned} \tag{3.50}$$

将 K 分别对变量 p_x、p_y、p_z、φ、θ 以及拉格朗日乘子求偏导，联立求解可得

使 Γ_q 取最大值的位置关键点为 $(-H,0,1)$，对应的姿态关键点为 $(\pi/2,\theta_m,0)$。将这些关键点代入式(3.41)中可以得到 q_i 最大值的表达式为

$$q_i|_{\max}=as\theta_m+H+L-\sqrt{L^2-\left(-ac\theta_m+a+1\right)^2} \tag{3.51}$$

由前面分析可知，为了找到摆角 α_{Bi} 在工作空间内的最大值，需要寻找 $l_i\cdot e_i$ 的最小值，结合式(3.43)，可以推导出关于 $l_i\cdot e_i$ 的最小值的拉格朗日方程为

$$\begin{aligned}K=&-\sqrt{L_i^2-\left(-ar_{23}+p_y\right)^2-\left(-ar_{33}+a+p_z\right)^2}\\&-\lambda_1(g_1+\omega_1^2)-\lambda_3(g_3+\omega_3^2)-\lambda_4(g_4+\omega_4^2)-\lambda_5(g_5+\omega_5^2)\end{aligned} \tag{3.52}$$

将 K 分别对变量 p_y、p_z、φ、θ 以及拉格朗日乘子求偏导，联立求解可以推导出使得 $l_i\cdot e_i$ 取最小值的位置关键点为 $(\varepsilon,0,1)$，对应的姿态关键点为 $(-\pi/2,\theta_m,0)$。将这些关键点代入式(3.43)并整理可以得到 α_{Bi} 最大值的表达式为

$$\alpha_{Bi}|_{\max}=\arccos\left(\sqrt{L_i^2-\left(-ac\theta_m+a+1\right)^2}\Big/L_i\right) \tag{3.53}$$

由前面分析可知，摆角 α_{Ai} 在工作空间内达到最大值时 $l_i\cdot(Re_i)$ 达到最小值，结合式(3.44)，可以推导出关于 $l_i\cdot(Re_i)$ 最小值的拉格朗日方程为

$$\begin{aligned}K=&-r_{11}\sqrt{L_i^2-\left(-ar_{23}+p_x\right)^2-\left(-ar_{33}+a+p_z\right)^2}\\&-ar_{21}r_{23}+r_{21}p_y-ar_{31}r_{33}+r_{31}a+r_{31}p_z\\&-\lambda_1(g_1+\omega_1^2)-\lambda_3(g_3+\omega_3^2)-\lambda_4(g_4+\omega_4^2)-\lambda_5(g_5+\omega_5^2)\end{aligned} \tag{3.54}$$

将 K 分别对变量 p_y、p_z、φ、θ 以及拉格朗日乘子求偏导，联立求解可以推导出使 $l_i\cdot(Re_i)$ 取最小值的位置关键点为 $(\varepsilon,0,1)$，对应的姿态关键点为 $(\pi/2,\theta_m,0)$。将这些关键点代入式(3.44)并整理可以得到 α_{Ai} 最大值的表达式为

$$\alpha_{Ai}|_{\max}=\arccos\left(\left(c\theta_m\sqrt{L_i^2-\left(-ac\theta_m+a+1\right)^2}-s\theta_m\left(-ac\theta_m+a+1\right)\right)\Big/L_i\right) \tag{3.55}$$

3.4.3 机构的关键点特性

将 3.4.1 节与 3.4.2 节得到的关键点特性整理成表格，以方便尺度设计时进行校核。表 3-2 中，有些特性类别对应着两组关键点，这些点是等价的，在设计校核计算中，只需要任选其一进行计算即可。位置关键点和姿态关键点是成对的，它们共同决定了运动平台在空间中的六维位姿信息。需要注意的是，由于前面对支链的关键点特性的描述是基于支链固定坐标系 O_{ai}-xyz 的，表 3-2 中所列的关键点坐标是在前面所建立的支链坐标系 O_{ai}-xyz 下描述的，但特性表达式与支链参考坐标系无关。

表 3-2　工作空间关键点特性

特性类别	关键点坐标(位置+姿态)		特性表达式	
	支链组 1	支链组 2	支链组 1	支链组 2
工作空间保障	$(H,\varepsilon,1)\left(\dfrac{\pi}{2},\theta_m,0\right)$ $(-H,\varepsilon,1)\left(-\dfrac{\pi}{2},\theta_m,0\right)$	$(\varepsilon,0,1)\left(\dfrac{\pi}{2},\theta_m,0\right)$ $(\varepsilon,0,1)\left(-\dfrac{\pi}{2},\theta_m,0\right)$	式(3.26)	式(3.47)
驱动量最小值	当 $\|H\|\geqslant\|a\Omega s\theta_m\|$ 时： $(-a\Omega s\theta_m,-1,0)\left(\arcsin(\Omega),\theta_m,0\right)$ $(a\Omega s\theta_m,-1,0)(\arcsin(-\Omega),\theta_m,0)$ 当 $\|H\|\leqslant\|a\Omega s\theta_m\|$ 时： $(-H,1,0)(\arcsin(T_1),\theta_m,0)$ $(H,1,0)(-\arcsin(T_1),\theta_m,0)$	当 $a(c\theta_m-1)\leqslant 1$ 时： $(H,0,a(c\theta_m-1))$ $\left(-\dfrac{\pi}{2},\theta_m,0\right)$ 当 $a(c\theta_m-1)>1$ 时： $(H,0,1)\left(-\dfrac{\pi}{2},\theta_m,0\right)$	需求解式(3.31)	式(3.49)
驱动量最大值	$(H,-1,0)(\pi-\arcsin(T_2),\theta_m,0)$ $(-H,-1,0)(-\arcsin(T_2),\theta_m,0)$	$(-H,0,1)\left(\dfrac{\pi}{2},\theta_m,0\right)$	需求解式(3.31)	式(3.51)
α_{Bi} 最大值	$(H,0,1)(\pi/2,\theta_m,0)$ $(-H,0,1)(-\pi/2,\theta_m,0)$	$(\varepsilon,0,1)\left(-\dfrac{\pi}{2},\theta_m,0\right)$	式(3.35)	式(3.53)
α_{Ai} 最大值	$(H,0,1)(\nu,\theta_m,0)$ $(-H,0,1)(\nu,\theta_m,0)$	$(\varepsilon,0,1)\left(\dfrac{\pi}{2},\theta_m,0\right)$	—	式(3.55)

由于需求工作空间以及运动模拟器的性能都具有轴对称的特性，所以每组内部的三条支链具有相同的特性。在实际的设计中，只需要从两组支链中各选一条进行尺度设计即可。结合支链的布置可以发现，支链 1 坐标系 O_{a1}-xyz 的 y 轴正好与基坐标系 O_{o6}-xyz 的 y 轴平行，两个坐标系实际上是重合的；而支链 6 坐标系 O_{a6}-xyz 的 z 轴实际上与基坐标系 O_{o6}-xyz 的 y 轴反向，它的 y 轴与 O_{o6}-xyz 的 z 轴同向，两个坐标系的 x 轴同向。由于组内的支链是等效的，而支链 1 和 6 的坐标系与基坐标系的轴线正好平行，所以选取支链 1 和 6 作为设计校验支链。

将支链 1 和 6 的关键点坐标变换到基坐标系 O_{o6}-xyz 下：支链 1 的关键点无需变换，直接从表 3-2 中选取即可；支链 6 的关键点需要将表 3-2 中的坐标绕 x 轴旋转 $90°$。去除等效的关键点，在基坐标系下的位置关键点可总结为 5 个，即 $(H,0,1)$，$(H,1,0)$，$(a\Omega s\theta_m,-1,0)$，$(-H,-1,0)$，$\left(H,-a(c\theta_m-1),0\right)$，在尺度设计中，只需要在这 5 个关键点处考核机构的运动学特性即可，如图 3-12 所示。

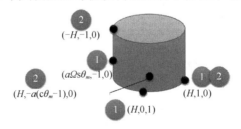

图 3-12　工作空间内的位置关键点

为了验证结果的正确性，利用数值方法计算需求工作空间内各点处的运动学性能极值，并将这些极值在工作空间内的分布绘制成图像。由于图形众多，这里只展示摆角 α_{Ai} 在工作空间内的分布如图 3-13 和图 3-14 所示。从图中可知，支链 1 和 6 的连杆摆角最大值分别发生在 $(H,0,1)$ 和 $(-H,-1,0)$ 处，与前面推导结果一致。

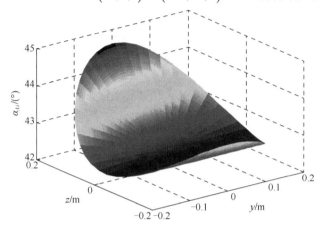

图 3-13　工作空间内 1 号支链的摆角 α_{Ai} 分布

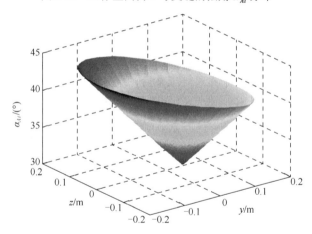

图 3-14　工作空间内 6 号支链的摆角 α_{Ai} 分布

当需求工作空间具有自转灵巧度时，极值求解问题变得十分复杂，姿态关键点的坐标需要通过求解复杂的高次方程来得到，这样就失去了便捷高效的特点，因此暂不对这些具体的约束关系式进行深入的研究。虽然工作空间的自转灵巧度会导致姿态关键点的坐标发生偏移，但是偏移量很小，仍然在前面不考虑自转灵巧度时的五自由度空间的关键点附近。因此，只需要在原有的对应姿态关键点附近进行数值搜索即可找到机构的运动学特性的极限，大大缩小了搜寻范围；当精度要求不高时，也可直接沿用五自由度空间的关键点进行设计。

通过本节的计算推导可以发现，正是得益于 3.2 节所提出的具有轴对称特性的工作空间描述方法，使得机构的关键点特性得以被发现。若是按照常规欧拉角的转动范围去定义姿态的范围，其空间范围不仅难以理解，而且形状不规则，与工程实际相距甚远，在这样的不规则范围下，这种机构内在的关键点特性也难以体现。

此外，本章得出的这些关键点特性并不限于圆柱体工作空间，还可以是球体、三棱柱等，只要给定工作空间是轴对称图形即可，根据工作空间的几何形状修改式 (3.23) 中的三维坐标约束方程，即可按照本节方法逐步求解得到对应形体的关键点。

3.5　基于关键点特性的尺度设计

由第 1 章可知，目前基于工作空间的尺度设计方法基本都是借助于优化方法或者通过计算机构自身工作空间来进行的。这些方法计算量巨大，求解复杂，难以方便地应用。本节将利用关键点法提出一种新的设计方法，从而避免进行优化搜索或者对模拟器自身工作空间的复杂计算。

3.4 节通过数学方法寻找并论证了给定工作空间中的一些重要的关键点特性。若给定尺寸的运动模拟器在这些关键点处能满足设计要求的运动学能力，那么机构在整个给定工作空间内的任意位姿上都可以满足该运动学能力要求。因此，只需要检测几个位姿点处的运动学性能，就可以马上判断出运动模拟器的尺寸是否在整个工作空间内满足设计需求。此外，利用表 3-2 中的特性表达式，甚至可以直接看到模拟器的尺寸参数对于运动学能力的影响，从而快速确定尺寸。这些关键特性对于运动模拟器的尺度设计十分有帮助，可以大大提高尺度设计的效率和准确性。如图 3-15 所示，基于这种关键点特性的一般性设计方法可以总结如下。

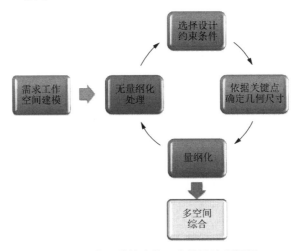

图 3-15　基于关键点的尺度设计流程框图

(1) 需求工作空间建模。对工作任务进行研究，分析其所需要的运动及转动能力，使用 3.2 节介绍的工作空间描述方法近似描述需求的运动空间。若需求运动空间较为复杂，可以将其划分为多个同轴线的工作空间圆柱，这种情况下，每个圆柱都有各自的关键点，因此需要对每个圆柱执行接下来的第(2)~(5)步，最后将所有结果综合整理。

(2) 无量纲化处理。将所有相关的尺寸参数(不包括角度)除以圆柱的半径。

(3) 直接选用 3.4 节中总结的五个关键点作为设计约束条件，或者根据需求选择：如果仅需要保证工作空间所有姿态可达，选择表 3-2 中工作空间保障关键点或者特性表达式作为设计约束条件；如果需要限制连杆摆角的范围，选择表 3-2 中 α_{Bi} 最大值和 α_{Ai} 最大值对应的关键点或者特性表达式作为设计约束条件。

(4) 确定几何尺寸。利用第(3)步中的约束条件，可以得到运动模拟器尺寸参数的取值范围。出于经济性的考虑，可以在这个范围中选择使得机构体积最小的尺寸作为设计结果；或者将这个选值范围作为新的设计条件，利用进一步的动力学指标进行进阶的尺度优化设计。

(5) 量纲化。将第(4)步中确定好的运动模拟器无量纲尺寸参数乘以圆柱半径。

(6) 确定驱动范围。如果有多个工作空间圆柱，首先需要对第(5)步中的所有结果取并集。利用表 3-2 中驱动量最大/小值对应的关键点或者特性表达式并结合最终的机构参数，对所有的工作空间圆柱计算所需驱动量的范围，对所有的结果取并集得到驱动范围。

单纯依靠运动学并不能得到唯一确定的尺度设计结果，而是满足条件的一系列几何尺寸的取值范围。因此，本章首先按照使机构整体尺寸最小的原则预先确定一组尺寸参数：r_a =400mm、r_b = 400mm、L_i =1200mm。在第 4 章中，将以此为基础并通过动力学特性对机构尺寸做进一步的设计。然后把经过动力学设计后的结果反代入这里进行验算，并求解最终的驱动行程和连杆摆角范围。

由前面对运动空间的分析和计算可知，机构自身工作空间的计算十分复杂，使用数值法进行计算时，一旦机构尺寸发生变化，就要重新对其工作空间进行计算，因此这种数值计算方法难以用于尺度设计。另外，利用数值方法求解得到的机构自身工作空间由于其六维运动的复杂性，在实际的工程应用中也没有太大价值。本节利用机构关键点特性提出的尺度设计方法，无需对机构自身工作空间进行研究，即可保证需求工作空间被机构自身工作空间所包含，计算高效且结果精确；而且还能根据设计指标保证机构在需求工作空间全域内的运动学性能；并且可便捷地计算出机构为了达到工作空间要求时，驱动器所需的总行程以及运动关节所需的最大转角。

3.6　碰撞模拟机构的干涉与条件数分析

由 3.4 节的讨论可知，θ_p 对于机构的运动学性能没有影响，但是其对机构干涉问题的影响却很大。从机构结构可以看出，θ_p 的取值直接影响水平、竖直两组支链在末端运动平台上布置的铰点间的距离，决定着两组支链在空间中的布置间隔，进而影响运动过程中连杆之间的干涉。在机构运动过程中，任意两个连杆之间的距离小于连杆直径时，连杆就会发生碰撞，这是绝对不允许的情况。为了保证在机构运动过程中连杆不碰撞，还要为异常失控情况预留足够的安全制动距离，因此希望连杆间最短距离尽可能大。本节将通过研究 θ_p 与连杆之间最短距离的关系，选取合适的 θ_p 以使连杆间最短距离最大化。

由于支链分为两组，组内的支链布置与 θ_p 无关，而且组内支链相距很远，在给定的工作空间内不会发生干涉，只需要研究两组支链之间的干涉问题即可。由于机构是轴对称布置的，只需要研究 1、4 号支链以及 1、6 号支链之间的干涉问题。为了研究连杆之间的干涉，将运动模拟器的连杆看成定长的线段，分别计算两两线段之间的最短距离，并取其中的最小值作为机构当前姿态下连杆间的最短距离。

利用 2.2 节使用的六维空间离散化方法对要求的工作空间进行离散化并作为校核计算空间。由于机构是呈 120° 轴对称布置的，所以 θ_p 对于机构的影响是以 120° 为周期的，这里只需计算其 0～120° 的值即可。令 θ_p 的取值逐渐变化，其每变化一次，就遍历计算校核计算空间以搜寻连杆间的最短距离。最终可绘制出 θ_p 和连杆间最短距离的关系如图 3-16 所示。由图 3-16 可以看出，θ_p 取 30° 时，连杆间最短距离最大，此时机构的各个支链最不容易发生碰撞。

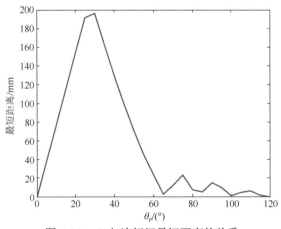

图 3-16　θ_p 与连杆间最短距离的关系

由第 2 章的运动学建模过程可知，6-PSS 机构的力雅可比矩阵为

$$G = \begin{bmatrix} \dfrac{l_1}{l_1 e_1} & \dfrac{l_2}{l_2 e_2} & \dfrac{l_3}{l_3 e_3} & \dfrac{l_4}{l_4 e_4} & \dfrac{l_5}{l_5 e_5} & \dfrac{l_6}{l_6 e_6} \\[2mm] Ra_1' \times \dfrac{l_1}{l_1 e_1} & Ra_2' \times \dfrac{l_2}{l_2 e_2} & Ra_3' \times \dfrac{l_3}{l_3 e_3} & Ra_4' \times \dfrac{l_4}{l_4 e_4} & Ra_5' \times \dfrac{l_5}{l_5 e_5} & Ra_6' \times \dfrac{l_6}{l_6 e_6} \end{bmatrix} \quad (3.56)$$

而速度雅可比矩阵为 $J = (G^{\mathrm{T}})^{-1}$。衡量并联机构在某一姿态下是否奇异，可用雅可比的条件数来判断，而奇异类型可由雅可比矩阵的行列式 $|J|$ 来判断。当 $|J| = 0$ 时，机构处于边界奇异，或者称为反解奇异，此时 $|G|$ 趋于 ∞。当 $|J|$ 趋于 ∞ 时，并联机构将处于失控奇异，或者称为正解奇异，此时 $|G| = 0$。

分析式(3.56)可知，使 $|G|$ 趋于 ∞ 的情况为定长连杆与驱动导轨垂直(即 $l_i \perp e_i$)，这种情况在前面已经进行了分析，通过前面介绍的尺度设计方法可以完全避免这种奇异。考虑到本机构 3-3 正交对称布置的特点，使 $|G| = 0$ 的情况最容易发生在 l_i 与 a_i 平行的情况，而机构在初始位置时，l_i 与 a_i 正好垂直，处于离奇异位姿最远的状态，因此只要机构的自转灵巧度不大于 $40°$，机构发生奇异的风险很小，而且前面提出的尺度设计方法由于可精准判断连杆的摆动角度，可有效避免 6DOF 机构发生各类奇异问题。以 $\theta_p = 30°$、$r_a = 400\mathrm{mm}$、$r_b = 400\mathrm{mm}$、$L_i = 1200\mathrm{mm}$ 作为机构的尺寸参数，利用数值方法遍历计算需求工作空间内的机构雅可比矩阵条件数，并绘制其在工作空间内分布情况如图 3-17 所示。可见，在需求工作空间内，条件数的最大值仅为 2.3，运动性能良好，完全没有奇异的问题。

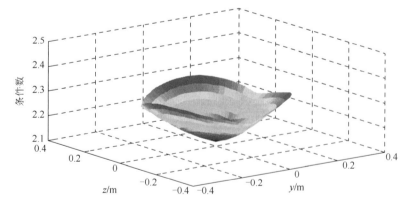

图 3-17　6DOF 机构在需求工作空间横截面上的条件数分布

3.7　交会模拟机构的尺度设计

用于交会模拟的 3DOF 机构的尺度设计要简单很多，由第 2 章对运动模拟器的参数分析可知，可唯一确定 3DOF 运动模拟器的基本尺寸参数为 r_t、r_e 以及 $'L_i$，如图 3-18 所示。由于其只有一个移动自由度，可将其工作空间看成一个线段，只需要校核其在工作空间两个端点上的性能是否满足要求即可。

图 3-18　3DOF 机构的尺度设计

由于 3-PRS 机构的特点，其连杆之间显然不会发生干涉，但是要考察运动平台与导轨之间的干涉。由于机构是完全轴对称的，为了分析方便，同时不失一般性，以 1 号支链为例进行研究。对于 1 号支链，运动平台的三个位置参数中，只有 p_y 会使运动平台靠近导轨，利用式(3.1)及式(2.49)可知：

$$p_y = \frac{1}{2} r_t \cos(2\varphi)(\cos\theta - 1) \tag{3.57}$$

而为了保证运动平台与驱动轴线不干涉必须满足以下关系式：

$$r_e > \left| r_t \cos\theta + p_y \right|_{\max} = r_t \tag{3.58}$$

可见，r_e 只要大于 r_t 即可，此外，由于机械零件都是有一定体积的，还需要留有一定的余量。

由第 2 章中对 3DOF 运动模拟器进行的运动学建模过程可知，3DOF 运动模拟器的力雅可比矩阵为

$$G = \begin{bmatrix}
\dfrac{l_1}{l_1 e_1} & Ra_1' \times \dfrac{l_1}{l_1 e_1} \\[2mm]
\dfrac{l_2}{l_2 e_2} & Ra_2' \times \dfrac{l_2}{l_2 e_2} \\[2mm]
\dfrac{l_3}{l_3 e_3} & Ra_3' \times \dfrac{l_3}{l_3 e_3} \\[2mm]
r_1 & Ra_1' \times r_1 \\[1mm]
r_2 & Ra_2' \times r_2 \\[1mm]
r_3 & Ra_3' \times r_3
\end{bmatrix}^{\mathrm{T}}_{6\times 6} \tag{3.59}$$

而速度雅可比矩阵为 $J = \left(G^{\mathrm{T}} \right)^{-1}$。为了保证机构不发生奇异，必须保证 $|G| \neq 0$ 且不趋于无穷大。分析式(3.59)可知，使得机构奇异的几种情况为：l_i 与 e_i 垂直、l_i 与 a_i 平行以及 a_i 与 r_i 平行。由于 3DOF 机构的运动平台没有自转灵巧度，所以 a_i 与 r_i 不可能平行。机构的两种奇异情况如图 3-19 所示。

(a) l_i 与 e_i 垂直   (b) l_i 与 a_i 平行

图 3-19　3DOF 机构的两种奇异状态

考虑到运动平台在 y、z 方向上没有独立的移动自由度而仅有伴随移动，l_i 与 e_i 垂直的情况很难发生，除非 $'L_i$ 小于或等于运动平台边缘至导轨轴线的最大距离。同样以 1 号支链为例，为了避免此种奇异，只需要满足式(3.60)即可。

$$'L_1 > r_e - \left| r_t \cos\theta + p_y \right|_{\min} = r_e - \frac{1}{2} r_t \left(3\cos\theta_m - 1 \right) \tag{3.60}$$

式中，θ_m 为需求的指向灵巧度。当 l_1 与 a_1 平行时，由几何关系可得

$$\left('L_1 + r_t \right)\cos\theta = r_e + p_y \tag{3.61}$$

为了避免此种情况的发生，由式(3.61)可知，$'L_1$ 应该满足以下不等式：

$$'L_1 > \left| \frac{r_e + p_y}{\cos\theta} \right|_{\max} - r_t = \frac{r_e - \frac{1}{2} r_t \left(3\cos\theta_m - 1 \right)}{\cos\theta_m} \tag{3.62}$$

显然，式(3.62)比式(3.60)更苛刻，因此只需要令 $'L_i$、r_t 和 r_e 满足式(3.58)和式(3.62)即可。在本课题的具体设计中，由于 3DOF 机构的运动平台上要安装较大的实验设备，为了便于设备安装且避免铰链和设备的干涉，令运动平台的半径 $r_t = 400\mathrm{mm}$。根据以上关系式，并为机构干涉留出足够的安全余量，选择 $r_e = 600\mathrm{mm}$、$'L_i = 400\mathrm{mm}$。计算此尺寸参数下，3DOF 运动模拟器在整个工作空间内的条件数，其最大值仅为 4.1。

第 4 章　基于动态响应的尺度优化设计

4.1　引　　言

第 3 章根据运动模拟器的运动学特性对机构进行了尺度设计，但部分尺寸参数只能确定一个取值范围。根据半实物模拟系统的设计需求可知，模拟器要具有非常好的动态响应特性以逼真地对碰撞过程进行模拟，因此需要模拟器具有较高的固有频率；另外，模拟器的刚度也会直接影响碰撞的模拟效果，若系统刚度过低，则模拟出的碰撞力会偏小，对碰撞运动的模拟就会不准确。结合弱碰撞各向随机的特性，如何使模拟器在整个工作空间内的刚度和固有频率都尽可能高是尺度设计面临的又一个难点。

本章将首先对运动模拟器的等效刚度、固有频率进行建模，研究它们与机构尺寸参数之间的内在联系；然后依据这些关系以及第 3 章提出的关键点法对尺寸参数进行优化设计，从而保证运动模拟器在整个需求工作空间内的动态响应。由于模拟系统对交会模拟机构的动态特性没有较高的要求，本章仅对碰撞模拟机构进行研究。

4.2　模拟器的等效惯性参数建模

为了求解运动模拟器末端输出的固有频率，首先要计算出运动模拟器在其输出运动平台上的等效惯性参数和等效刚度。为方便计算，在运动模拟器的各个刚体部件上建立连体坐标系，令连体坐标系的原点与刚体部件的质心重合，设刚体在该连体坐标系下的惯性张量为 ^{A}I，连体坐标系的原点在固定坐标系 O_{06}-xyz 中的位置向量为 $P = \begin{bmatrix} x & y & z \end{bmatrix}$，从连体坐标系到固定坐标系的姿态变换矩阵为 R，则由平行轴定理和相似变换可知，该刚体在固定坐标系下的惯性张量为

$$^{o}I = R\left(^{A}I + mP\right)R^{T} \tag{4.1}$$

式中

$$P = \begin{bmatrix} y^2 + z^2 & -xy & -xz \\ -xy & x^2 + z^2 & -yz \\ -xz & -yz & x^2 + y^2 \end{bmatrix} \tag{4.2}$$

而该刚体在固定坐标系下绕着连体坐标系原点转动的惯性张量为

$$^{o}I = R\,^{A}IR^{T} \tag{4.3}$$

以上惯量转换公式用于求取不同位姿下，运动模拟器的各个部件在固定坐标系 O_{o6}-xyz 下的惯性张量。

在前面的机构运动学分析中已经计算出了运动模拟器各个运动部件的运动速度、角速度，本节首先基于这些运动学模型依次计算 6DOF 运动模拟器各个构件的动能，然后利用能量守恒定理来推导运动平台上的等效质量惯量。根据运动模拟器的运动学模型可知，运动模拟器的全部运动部件为运动平台、6 个连杆以及 6 个驱动滑块，分别对它们进行建模分析，如图 4-1 所示。

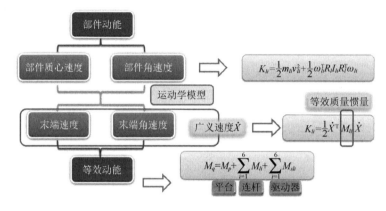

图 4-1　等效质量惯量的建模

4.2.1　运动平台的等效质量惯量

依据前面的运动学模型可知，运动模拟器的输出速度就是运动平台连体坐标系 O_{p6}-xyz 相对于基坐标系 O_{o6}-xyz 的运动，其广义速度可表示为 $\dot{X} = \begin{bmatrix} v & \omega \end{bmatrix}^{\mathrm{T}}$。设运动平台的质量为 m_p，在质心坐标系下的转动惯量为 I_p。

为了正确计算运动构件的动能，需要在统一的坐标系下描述该构件的速度、角速度、质量以及转动惯量。运动平台质心连体坐标系 O_{pck}-xyz 的坐标原点与运动平台的质心重合，设运动平台质心在运动平台连体坐标系 O_{p6}-xyz 下的位置矢量为 r'_{cmp}，可依据坐标轴的方向得到质心标系 O_{pck}-xyz 到 O_{p6}-xyz 的姿态变换矩阵为 R_{pc}。由运动平台的广义速度的定义可知，对其运动描述的基点是 O_{p6}，角速度 ω 描述的是运动平台绕点 O_{p6} 的转动，但是运动平台转动惯量 I_p 是在质心坐标系下描述的，为了正确计算运动平台的转动动能，对运动平台的速度与惯量的描述必须基于同一个运动基点。为了使计算方便，用柯尼希定理计算刚体动能，因此必须选取质心 O_{pck} 为运动描述的基点，于是要将运动平台的运动转化为质心坐标系 O_{pck}-xyz 相对于基坐标系 O_{o6}-xyz 的运动。依据空间刚体动力学可知，运动平

台的质心 O_{pck} 处的广义速度可表示为

$$\dot{X}_p = \begin{bmatrix} v + \omega \times r_{cmp} & \omega \end{bmatrix}^\mathrm{T} \tag{4.4}$$

式中，$r_{cmp} = Rr'_{cmp}$，R 为运动平台当前的旋转姿态矩阵。

于是可很容易写出运动平台的平移动能为

$$K_{pt} = \frac{1}{2} m_p \left(v - r_{cmp} \times \omega \right)^2 \tag{4.5}$$

根据前面对惯性张量的变换分析，可以得到运动平台在固定坐标系 $O_{o6}\text{-}xyz$ 下绕质心点 O_{pck} 转动的转动惯量为 $RR_{pc}I_pR_{pc}^\mathrm{T}R^\mathrm{T}$。于是可以计算得到运动平台的转动动能为

$$K_{pr} = \frac{1}{2} \omega^\mathrm{T} RR_{pc} I_p R_{pc}^\mathrm{T} R^\mathrm{T} \omega \tag{4.6}$$

由于运动基点是质心，根据柯尼希定理，将运动平台的平移动能(式(4.5))以及转动动能(式(4.6))相加即可得到其总动能为

$$K_p = \frac{1}{2} m_p \left(v - r_{cmp} \times \omega \right)^2 + \frac{1}{2} \omega^\mathrm{T} RR_{pc} I_p R_{pc}^\mathrm{T} R^\mathrm{T} \omega \tag{4.7}$$

为了便于进行推导变换，可将叉乘运算写为矩阵形式，即

$$(r \times) = \begin{bmatrix} 0 & -r_z & r_y \\ r_z & 0 & -r_x \\ -r_y & r_x & 0 \end{bmatrix} \tag{4.8}$$

将式(4.8)代入式(4.7)并重新整理，以便将运动平台的输出速度 v 和 ω 提出，最终可将运动平台的总动能表示为关于运动平台广义输出速度 $\begin{bmatrix} v & \omega \end{bmatrix}^\mathrm{T}$ 的形式，即

$$\begin{aligned} K_p &= \frac{1}{2} m_p \left(v - (r_{cmp} \times) \omega \right)^2 + \frac{1}{2} \omega^\mathrm{T} RR_{pc} I_p R_{pc}^\mathrm{T} R^\mathrm{T} \omega \\ &= \frac{1}{2} m_p \left(\left[I_{3\times3} - \left(r_{cmp} \times \right) \right] \begin{bmatrix} v \\ \omega \end{bmatrix} \right)^2 + \frac{1}{2} \begin{bmatrix} v \\ \omega \end{bmatrix}^\mathrm{T} \begin{bmatrix} 0 & 0 \\ 0 & RR_{pc} I_p R_{pc}^\mathrm{T} R^\mathrm{T} \end{bmatrix} \begin{bmatrix} v \\ \omega \end{bmatrix} \\ &= \frac{1}{2} \begin{bmatrix} v \\ \omega \end{bmatrix}^\mathrm{T} M_p \begin{bmatrix} v \\ \omega \end{bmatrix} \end{aligned}$$

式中

$$M_p = m_p \begin{bmatrix} I_{3\times3} \\ -\left(Rr'_{cmp} \times \right) \end{bmatrix} \left[I_{3\times3} - \left(Rr'_{cmp} \times \right) \right] + \begin{bmatrix} 0 & 0 \\ 0 & RR_{pc} I_p R_{pc}^\mathrm{T} R^\mathrm{T} \end{bmatrix} \tag{4.9}$$

根据能量守恒定理，M_p 即运动平台在基坐标系下等效到 O_{p6} 处的质量、惯量矩阵。

4.2.2　连杆的等效质量惯量

由于连杆是对称结构，可认为其质心与几何中心重合。在第 $i(i=1,2,\cdots,6)$ 个连杆的几何中心处建立连体坐标系 $O_{lci}\text{-}xyz$，定义其 z 轴与连杆的方向向量 l_i 同向，其 x 轴为基坐标系 $O_{o6}\text{-}xyz$ 的 x 轴与 $O_{lci}\text{-}xyz$ 的 z 轴的叉积，其 y 轴由右手定则确定。于是从坐标系 $O_{lci}\text{-}xyz$ 到基坐标系 $O_{o6}\text{-}xyz$ 的姿态变换矩阵 R_l 可以表示为

$$R_l = \left[\begin{matrix} l_{xi} & \dfrac{l_i}{L} \times l_{xi} & \dfrac{l_i}{L} \end{matrix} \right] \tag{4.10}$$

式中，$l_{xi} = \begin{bmatrix} 1 & 0 & 0 \end{bmatrix}^T \times \dfrac{l_i}{L}$。

由 2.5 节中对运动模拟器建立的运动学模型以及式(2.26)和式(2.27)可知，连杆的质心在固定基坐标系下的广义速度可表示为 $\dot{X}_{li} = \begin{bmatrix} v_{li} & \omega_{li} \end{bmatrix}^T$。设第 i 个连杆的质量为 m_{li}，其在质心坐标系 $O_{lci}\text{-}xyz$ 下的转动惯量为 I_{li}。根据 4.2.1 节对动能的计算方法以及惯性张量的变换方式，可类似地推导出第 i 个连杆的动能为

$$K_{li} = \frac{1}{2} m_{li} v_{li}^2 + \frac{1}{2} \omega_{li}^T R_l I_{li} R_l^T \omega_{li} \tag{4.11}$$

为了推导出连杆等效到运动模拟器输出端的动能，应该将其动能 K_{li} 表示为关于运动平台广义输出速度 $\dot{X}$ 的表达式，于是需要根据运动学模型将式(4.11)变换为 $K_{li} = \dfrac{1}{2} \dot{X}^T M_{li} \dot{X}$ 的形式。令 Λ_i 为雅可比矩阵 G 的第 i 列(式(2.24))：

$$\Lambda_i = \begin{bmatrix} \dfrac{l_i}{l_i e_i} \\ Ra_i' \times \dfrac{l_i}{l_i e_i} \end{bmatrix} \tag{4.12}$$

于是可以首先将第 i 条支链的滑块驱动速度表示为关于 $\dot{X}$ 的函数：

$$\dot{q}_i = \Lambda_i^T \dot{X} \tag{4.13}$$

将式(4.13)代入连杆的角速度公式(2.27)并化简可得

$$\begin{aligned} \omega_{li} &= \frac{1}{\left| l_i \right|^2} \left(l_i \times \right) \left(v - \left(Ra_i' \times \right) \omega - \Lambda_i^T \dot{X} e_i \right) \\ &= \frac{1}{\left| l_i \right|^2} \left(l_i \times \right) \left(\begin{bmatrix} I_{3\times3} & -\left(r_{cmp} \times \right) \end{bmatrix} - e_i \Lambda_i^T \right) \dot{X} \\ &= \Gamma_{\omega i} \dot{X} \end{aligned}$$

式中，$\Gamma_{\omega i} = \dfrac{1}{\left| l_i \right|^2} \left(l_i \times \right) \left(\begin{bmatrix} I_{3\times3} & -\left(r_{cmp} \times \right) \end{bmatrix} - e_i \Lambda_i^T \right)$。将式(4.13)代入定长连杆的速度公式(2.26)并化简可得

$$v_{li} = \Lambda_i^{\mathrm{T}} \dot{X} e_i - \frac{1}{2} l_i \times \omega$$

$$= \left(e_i \Lambda_i^{\mathrm{T}} - \frac{1}{2} (l_i \times) \Gamma_{\omega i} \right) \dot{X}$$

$$= \Gamma_{vi} \dot{X}$$

式中，$\Gamma_{vi} = e_i \Lambda_i^{\mathrm{T}} - \frac{1}{2} (l_i \times) \Gamma_{\omega i}$。将以上变换后的连杆速度、角速度代入式(4.11)并化简整理可得

$$K_{li} = \frac{1}{2} m_{li} \left(\Gamma_{vi} \dot{X} \right)^{\mathrm{T}} \left(\Gamma_{vi} \dot{X} \right) + \left(\Gamma_{\omega i} \dot{X} \right)^{\mathrm{T}} R_i I_{li} R_l^{\mathrm{T}} \left(\Gamma_{\omega i} \dot{X} \right)$$

$$= \frac{1}{2} \begin{bmatrix} v \\ \omega \end{bmatrix}^{\mathrm{T}} M_{li} \begin{bmatrix} v \\ \omega \end{bmatrix}$$

式中

$$M_{li} = \Gamma_{\omega i}^{\mathrm{T}} R_{li} I_{li} R_{li}^{\mathrm{T}} \Gamma_{\omega i} + \Gamma_{vi}^{\mathrm{T}} \Gamma_{vi} m_{li} \tag{4.14}$$

于是，M_{li} 就是定长连杆在基坐标系下对运动模拟器末端输出的等效质量、惯量矩阵。

4.2.3　滑块的等效质量惯量

在 4.2.2 节的推导过程中，将 $i(i=1,2,\cdots,6)$个滑块沿导轨的驱动速度表示成关于运动平台广义输出速度 $\dot{X}$ 的表达式(4.13)，设第 i 个运动支链中滑块的质量为 m_{sli}，由于滑块只能做直线往复运动，所以滑块只具有平移动能，于是可容易地计算得到其总动能，并转化为关于平台广义输出速度 $\dot{X}$ 的表达式：

$$K_{sli} = \frac{1}{2} m_{sli} \dot{q}_i^2$$

$$= \frac{1}{2} m_{sli} \dot{X} \left(\Lambda_i \Lambda_i^{\mathrm{T}} \right) \dot{X}$$

于是滑块在基坐标系下的等效质量、惯量矩阵可表示为

$$M_{sli} = m_{sli} \Lambda_i \Lambda_i^{\mathrm{T}} = m_{sli} \begin{bmatrix} \dfrac{l_i}{l_i e_i} \\ Ra_i' \times \dfrac{l_i}{l_i e_i} \end{bmatrix} \begin{bmatrix} \dfrac{l_i}{l_i e_i} \\ Ra_i' \times \dfrac{l_i}{l_i e_i} \end{bmatrix}^{\mathrm{T}} \tag{4.15}$$

将各个运动部件的等效质量惯量矩阵(4.9)、(4.14)、(4.15)相加，便可得到模拟器系统在基础坐标系下等效到运动平台末端输出的等效质量、惯量矩阵为

$$M_q = M_p + \sum_{i=1}^{6} M_{li} + \sum_{i=1}^{6} M_{sli} \tag{4.16}$$

4.3　模拟器的等效刚度参数建模

分析运动模拟器机械系统的组成及特点可以发现，其系统刚度可分为驱动刚度以及传动刚度两大部分。驱动刚度是指运动模拟器并联支链中的驱动系统的刚度，得益于该 6DOF 机构的特点，可采用电机通过联轴器直连丝杠的驱动方式，减少了中间传递环节，可大大提高驱动系统的刚度和精度。对于这样的驱动系统，影响其刚度的因素主要有电机控制刚度、联轴器刚度、丝杠刚度、螺母刚度、轴承刚度等，而其他机械部件的刚度远大于这些因素，可看成刚体，这些刚度因素串联在驱动系统中，共同影响着驱动滑块末端的输出刚度，如图 4-2 所示。

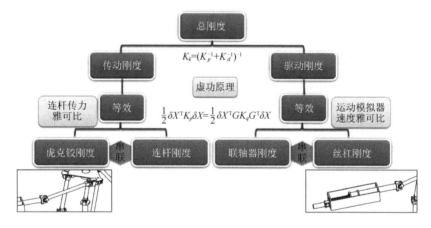

图 4-2　等效刚度的建模

对于机构尺度设计阶段的研究，机构尺寸的改变并不会引起电机、联轴器、螺母、轴承等机械元件改变，因而不会影响它们的刚度。为了表述方便，将第 $i(i=1,2,\cdots,6)$ 个驱动器中，这些机械元件总刚度表示为 K_{tfi}，这是一个定值，并不随着机构尺寸参数的改变而变化。但是机构尺寸参数的改变会影响驱动行程的长度，从而改变丝杠的长度，进而影响丝杠的刚度。设丝杠的刚度为 K_{tsi}，其与尺寸参数的关系将在 4.4 节介绍。于是第 i 个驱动器的输出刚度可表示为

$$K_{ti} = \frac{1}{\dfrac{1}{K_{tfi}} + \dfrac{1}{K_{tsi}}} = \frac{K_{tfi} K_{tsi}}{K_{tsi} + K_{tfi}} \tag{4.17}$$

设第 i 条支链中驱动部件的刚度为 K_i，于是运动模拟器在驱动空间上的等效刚度矩阵可表示为

$$K_q = \begin{bmatrix} K_{t1} & & & & & \\ & K_{t2} & & & & \\ & & K_{t3} & & & \\ & & & K_{t4} & & \\ & & & & K_{t5} & \\ & & & & & K_{t6} \end{bmatrix} \tag{4.18}$$

设模拟器的驱动系统在基坐标系下对末端的等效刚度矩阵为 K_p，在外力作用下，驱动系统变形量为 δq，驱动系统变形所引起的运动平台位姿广义坐标的微小偏移量为 $\delta X = \begin{bmatrix} \delta p_q^{\mathrm{T}} & \delta \Theta_q^{\mathrm{T}} \end{bmatrix}^{\mathrm{T}}$，由虚功原理可知：

$$\frac{1}{2}\delta X^{\mathrm{T}} K_p \delta X = \frac{1}{2}\delta q^{\mathrm{T}} K_q \delta q \tag{4.19}$$

由前面建立的运动学模型可知 $\dot{q} = G^{\mathrm{T}}\dot{X}$，将其表示为微分形式即 $\delta q = G^{\mathrm{T}}\delta X$，将此关系代入式(4.19)中可得

$$\frac{1}{2}\delta X^{\mathrm{T}} K_p \delta X = \frac{1}{2}\delta X^{\mathrm{T}} G K_q G^{\mathrm{T}}\delta X \tag{4.20}$$

于是可得模拟器驱动系统在基坐标系下对末端输出的等效刚度矩阵的表达式为

$$K_p = G \begin{bmatrix} \dfrac{K_{tf1}K_{ts1}}{K_{ts1}+K_{tf1}} & & & & & \\ & \dfrac{K_{tf2}K_{ts2}}{K_{ts2}+K_{tf2}} & & & & \\ & & \dfrac{K_{tf3}K_{ts3}}{K_{ts3}+K_{tf3}} & & & \\ & & & \dfrac{K_{tf4}K_{ts4}}{K_{ts4}+K_{tf4}} & & \\ & & & & \dfrac{K_{tf5}K_{ts5}}{K_{ts5}+K_{tf5}} & \\ & & & & & \dfrac{K_{tf6}K_{ts6}}{K_{ts6}+K_{tf6}} \end{bmatrix} G^{\mathrm{T}}$$

$$\tag{4.21}$$

　　运动模拟器机械系统的传动刚度是指运动模拟器从驱动器输出到末端运动平台输出之间的机械支链的刚度，这些机械部件中刚度较低的部分为连杆和球铰，为了简化问题抓住关键因素，将运动模拟器的其他构件均看成刚体。

　　对于第 $i(i=1,2,\cdots,6)$ 条支链，其连杆的两端均用球铰与其他部件连接，是一个二力杆，可将其看成一个拉压弹簧，设其刚度为 K_{li}。球铰的变形主要都源于连杆的压力，可将其看成与定长连杆串联的拉压弹簧。设球铰的刚度为 K_{hi}，于是该支链的传动刚度可表示为

$$K_{Li} = \frac{1}{\dfrac{2}{K_{hi}} + \dfrac{1}{K_{li}}} = \frac{K_{hi} K_{li}}{2K_{li} + K_{hi}} \tag{4.22}$$

为了研究支链的传动刚度对于末端输出等效刚度矩阵，首先要研究传动支链的变形与运动模拟器末端运动平台位姿变化的关系。设 δL_i 为在外力作用下连杆以及两个球铰沿着连杆方向的微小变形量，δp_r 为支链变形所引起的运动平台位置变化量，$\delta \Theta_r$ 为支链变形所引起的运动平台位姿变化量。由于这里要研究的是支链变形对运动模拟器输出的影响，所以将驱动器的变形量作为已知量包含在 q_i 中。由前面的运动学模型可以得到运动模拟器的单支链矢量闭环为

$$p + Ra_i' - l_i - c_i - q_i e_i = 0 \tag{4.23}$$

变形后，各矢量仍需要满足式(4.23)，于是将各个变形量代入式(4.23)中可得

$$p + \delta p_r + Ra_i' + \delta \Theta_r \times (Ra_i') - \delta \Theta_l \times \frac{(L_i + \delta L_i)}{L_i} l_i - \frac{(L_i + \delta L_i)}{L_i} l_i - c_i - q_i e_i = 0 \tag{4.24}$$

式中，$\delta \Theta_l$ 为支链长度变化引起的连杆姿态变形量。将式(4.23)代入式(4.24)并整理可得

$$\delta p_r + \delta \Theta_r \times (Ra_i') - \delta \Theta_l \times \frac{(L_i + \delta L_i)}{L_i} l_i - \frac{\delta L_i}{L_i} l_i = 0 \tag{4.25}$$

对式(4.25)两边同时点乘 l_i 并整理可得

$$\delta L_i = \delta p_r \cdot \frac{l_i}{L_i} + \delta \Theta_r \cdot \frac{Ra_i' \times l_i}{L_i} = \begin{bmatrix} \dfrac{l_i}{L_i} \\[3mm] Ra_i' \times \dfrac{l_i}{L_i} \end{bmatrix}^{\mathrm{T}} \begin{bmatrix} \delta p_r \\[2mm] \delta \Theta_r \end{bmatrix} \tag{4.26}$$

把式(4.26)扩展成矩阵形式可得

$$\begin{bmatrix} \delta L_1 & \delta L_2 & \delta L_3 & \delta L_4 & \delta L_5 & \delta L_6 \end{bmatrix}^{\mathrm{T}} = G_l^{\mathrm{T}} \begin{bmatrix} \delta p_r \\ \delta \Theta_r \end{bmatrix} \tag{4.27}$$

式中

$$G_l = \begin{bmatrix} \dfrac{l_1}{L_1} & \dfrac{l_2}{L_2} & \dfrac{l_3}{L_3} & \dfrac{l_4}{L_4} & \dfrac{l_5}{L_5} & \dfrac{l_6}{L_6} \\[3mm] Ra_1' \times \dfrac{l_1}{L_1} & Ra_2' \times \dfrac{l_2}{L_2} & Ra_3' \times \dfrac{l_3}{L_3} & Ra_4' \times \dfrac{l_4}{L_4} & Ra_5' \times \dfrac{l_5}{L_5} & Ra_6' \times \dfrac{l_6}{L_6} \end{bmatrix}$$

设传动系统在基坐标系下对于末端输出的等效刚度矩阵为 K_d，由虚功原理可知：

$$\frac{1}{2} \delta X^{\mathrm{T}} K_d \delta X = \frac{1}{2} \begin{bmatrix} \delta L_1 & \delta L_2 & \delta L_3 & \delta L_4 & \delta L_5 & \delta L_6 \end{bmatrix} K_T \begin{bmatrix} \delta L_1 & \delta L_2 & \delta L_3 & \delta L_4 & \delta L_5 & \delta L_6 \end{bmatrix}^{\mathrm{T}} \tag{4.28}$$

式中

$$
K_T = \begin{bmatrix} K_{L1} & & & & & \\ & K_{L2} & & & & \\ & & K_{L3} & & & \\ & & & K_{L4} & & \\ & & & & K_{L5} & \\ & & & & & K_{L6} \end{bmatrix}
$$

将式(4.27)代入式(4.28)并整理可得

$$
\frac{1}{2}\delta X^{\mathrm{T}} K_d \delta X = \frac{1}{2}\delta X^{\mathrm{T}} G_l K_T G_l^{\mathrm{T}} \delta X \tag{4.29}
$$

于是根据式(4.29)可得运动模拟器的传动系统在基坐标系下对于末端输出的等效刚度矩阵的表达式为

$$
K_d = G_l \begin{bmatrix} \dfrac{K_{h1}K_{l1}}{2K_{l1}+K_{h1}} & & & & & \\ & \dfrac{K_{h2}K_{l2}}{2K_{l2}+K_{h2}} & & & & \\ & & \dfrac{K_{h3}K_{l3}}{2K_{l3}+K_{h3}} & & & \\ & & & \dfrac{K_{h4}K_{l4}}{2K_{l4}+K_{h4}} & & \\ & & & & \dfrac{K_{h5}K_{l5}}{2K_{l5}+K_{h5}} & \\ & & & & & \dfrac{K_{h6}K_{l6}}{2K_{l6}+K_{h6}} \end{bmatrix} G_l^{\mathrm{T}}
$$

$$
\tag{4.30}
$$

通过前面的研究得到了运动模拟器的驱动系统和传动系统对于末端输出的等效刚度，在此基础上，继续研究机构的整体刚度。假设运动模拟器在外力 $F_{\text{load}} = \begin{bmatrix} F^{\mathrm{T}} & M^{\mathrm{T}} \end{bmatrix}^{\mathrm{T}}$ 的作用下，其运动平台的微小偏移量为 $\begin{bmatrix} \delta p^{\mathrm{T}} & \delta \Theta^{\mathrm{T}} \end{bmatrix}^{\mathrm{T}}$，令 K_k 表示运动模拟器的整体刚度，于是可得

$$
\begin{bmatrix} \delta p \\ \delta \Theta \end{bmatrix} = K_k^{-1} F_{\text{load}} \tag{4.31}
$$

另外，运动平台的微小偏移量可以表示为驱动系统变形引起的偏移量和传动系统变形引起的偏移量的线性叠加，即

$$
\begin{bmatrix} \delta p \\ \delta \Theta \end{bmatrix} = \begin{bmatrix} \delta p_q \\ \delta \Theta_q \end{bmatrix} + \begin{bmatrix} \delta p_r \\ \delta \Theta_r \end{bmatrix} = K_p^{-1} F_{\text{load}} + K_d^{-1} F_{\text{load}}
$$

$$
= \left(K_p^{-1} + K_d^{-1} \right) F_{\text{load}}
$$

于是可得运动模拟器的整体等效刚度矩阵的表达式为

$$K_k = \left(K_p^{-1} + K_d^{-1} \right)^{-1} \tag{4.32}$$

4.4　固有频率及尺度综合的参数建模

4.2 节和 4.3 节通过逐步推导和计算得到了运动模拟器在基坐标系下对于末端输出的等效质量惯量矩阵(4.16)，以及等效刚度矩阵(4.32)，由振动理论可得

$$K_p \varphi = \omega^2 M_q \varphi \tag{4.33}$$

式中，φ 为主振型；ω 为自由振动频率。令 $\lambda = \omega^2$，则式(4.33)可表示为

$$(K_p - \lambda M_q)\varphi = 0 \tag{4.34}$$

由式(4.34)可知，要使 φ 有非零解，必须满足：

$$\left| K_p - \lambda M_q \right| = 0 \tag{4.35}$$

求解式(4.35)可得 6 个正特征值，于是可得运动模拟器系统的固有频率模型：

$$\left| K_p - \left(2\pi \right)^2 ff^{\mathrm{T}} M_q \right| = 0 \tag{4.36}$$

式中

$$f = \begin{bmatrix} f_1 & f_2 & f_3 & f_4 & f_5 & f_6 \end{bmatrix}^{\mathrm{T}}$$

由前文介绍可知，为了使平台具有良好的动态响应特性，真实再现模拟碰撞过程，运动模拟器需要具有高刚度、高固有频率等特性，因此需要继续对尺寸参数进行合理设计以使机构的刚度和固有频率尽可能高。由前面所建立的运动学模型可知，唯一确定 6DOF 运动模拟器的基本尺寸参数为 r_a、r_b、θ_p 以及 L_i。这些尺寸参数的取值不同，会使运动平台在相同的位姿下，连杆的摆动角度不同，从而影响运动模拟器在相同位姿下的雅可比矩阵，进而影响运动模拟器在相同位姿下对于末端输出的等效质量惯量矩阵和等效刚度矩阵，最终影响运动模拟器系统的固有频率，如图 4-3 所示。

图 4-3　尺寸参数的附加影响

除此之外，运动模拟器各部件的质量惯量以及刚度还会直接受基本尺寸参数的影响，进而对运动模拟器的等效质量惯量和等效刚度产生影响。本章称这些影

响为附加影响，并对这些尺寸参数的附加影响关系进行建模。

r_a、r_b 和 θ_p 都是运动平台上的尺寸参数，它们虽然影响支链在空间中的布置，但不会对支链内部构件的质量惯量以及刚度产生影响。θ_p 只影响铰链点的布置，对于运动平台的体积、形状影响很小。另外，运动平台由于刚度很大，在这里被视为刚体，因此可认为 θ_p 对运动模拟器的整体刚度没有附加影响。r_a、r_b 会影响运动平台的半径，这两个值中较大的一个最终决定着运动平台的外径大小。为了减少运动模拟器在运动过程中的惯量，运动平台的刚性结构需要做镂空轻量化处理，其结构十分复杂，难以用数学公式表达其质量和惯量。第 3 章根据运动学对运动模拟器的尺寸参数进行了一次预设计，可根据第 3 章的尺度设计结果对运动平台进行一次结构设计，并使用三维图形软件对其建模并计算其质量和惯量。运动平台的预选尺寸中，r_a 与 r_b 相等，用 r_{mp} 代表它们的设计值，假设在 r_{mp} 尺寸作用下，通过结构设计并利用三维软件建模计算得到的运动平台质量和惯量为 m_{p0} 和 I_{p0}。r_a、r_b 仅影响运动平台的半径而不影响其厚度，又考虑进阶的优化设计只需要对尺寸参数做小范围内的调整，因此可近似认为当 r_a、r_b 变化时，运动平台的质量惯量与 r_a、r_b 中较大值的平方为线性关系，于是可得运动平台的质量和惯量为

$$m_p = \left(\frac{\max\left(r_a, r_b\right)}{r_{mp}} \right)^2 m_{p0} \tag{4.37}$$

$$I_p = \left(\frac{\max\left(r_a, r_b\right)}{r_{mp}} \right)^2 I_{p0} \tag{4.38}$$

式(4.37)和式(4.38)反映了尺寸参数 r_a、r_b 在小范围内变化时，运动平台质量惯量影响的近似关系。而在实际中由于运动平台结构的复杂性，它们的影响并没有这么大；此外，运动平台的质量惯量对于系统等效质量惯量的影响也较小，因此也可近似地认为运动平台的质量及惯量在小范围内不受 r_a、r_b 的影响。

L_i 是连杆长度参数，会直接影响连杆的质量惯量及刚度。设连杆材料的杨氏模量为 E_I、密度为 ρ_l、连杆的外径为 d_a、内径为 d_b，于是可得第 $i(i=1,2,\cdots,6)$ 条支链中连杆的质量 m_{li} 及其拉压刚度 K_{li} 的表达式为

$$m_{li} = \frac{\pi\left(d_a^2 - d_b^2\right)}{4} L_i \rho_l \tag{4.39}$$

$$K_{li} = \frac{\pi\left(d_a^2 - d_b^2\right) E_I}{4 L_i} \tag{4.40}$$

由于连杆是细长的，在研究其转动惯量时可将其当做细棒处理，于是连杆绕着过其质心且垂直于连杆轴线的转轴旋转时，其转动惯量为

$$I_{lc} = \frac{1}{12} m_{li} L_i = \frac{1}{48} \pi \left(d_a^2 - d_b^2 \right) L_i^2 \rho_l \tag{4.41}$$

由于连杆被当做细棒处理，连杆绕其自身轴线的惯量为零。若按照圆柱计算，则其绕自身轴线的惯量可表示为

$$I_{lz} = \frac{1}{8} m_{li} \left(d_a^2 + d_b^2 \right) \tag{4.42}$$

将杆长 $L_i = 1200\text{mm}$、外径 $d_a = 70\text{mm}$、内径 $d_b = 30\text{m}$ 代入式(4.41)和式(4.42)中比较，可以发现 I_{lc} 比 I_{lz} 高了两个数量级，完全可以将 I_{lz} 忽略，说明假设合理。于是连杆在质心坐标系 O_{lci} - xyz 下的惯性张量矩阵 I_{li} 可表示为

$$I_{li} = \begin{bmatrix} \frac{1}{48} \pi \left(d_a^2 - d_b^2 \right) L_i^2 \rho_l & & \\ & \frac{1}{48} \pi \left(d_a^2 - d_b^2 \right) L_i^2 \rho_l & \\ & & 0 \end{bmatrix} \tag{4.43}$$

运动模拟器的尺寸参数变化时，还会引起驱动器所需的最大行程发生变化，进而改变丝杠的长度，并最终使丝杠的刚度和惯量发生变化。设第 $i(i=1,2,\cdots,6)$ 条支链中丝杠的长度为 L_{tsi}，其与驱动行程的关系为

$$L_{tsi} = q_{imax} - q_{imin} + L_{ssa} \tag{4.44}$$

式中，q_{imax} 和 q_{imin} 表示运动模拟器为满足需求工作空间所需要的驱动量的最大值和最小值，它们的差值即实际所需的驱动量。尺寸参数变化时，q_{imax}、q_{imin} 可由第 3 章提出的关键点法快速确定。在工程实际中，滑块螺母的体积需要占用一定的长度空间，同时丝杠的长度还要留有一定的安全余量，因此丝杠的长度必须比实际需要的驱动量长。设这些额外需求的长度为 L_{ssa}，这个值是定值，并不随着需求驱动量的改变而变化。设丝杠材料的杨氏模量为 E_I、丝杠轴螺纹小径为 d_{ts}、于是丝杠的刚度可表示为

$$K_{tsi} = \frac{\pi d_{ts}^2 E_I}{4 \left(q_{imax} - q_{imin} + L_{ssa} \right)} \tag{4.45}$$

行程对丝杠质量惯量的影响与 L_i 对连杆质量惯量的影响关系完全相同，由于丝杠在工作中只有绕其旋转轴线的转动，只需要计算其绕轴线转动的转动惯量即可。设丝杠材料的密度为 ρ_{ts}，于是丝杠的转动惯量可表示为

$$I_{tsi} = \frac{1}{32} d_{ts}^4 \pi \rho_{ts} \left(q_{imax} - q_{imin} + L_{ssa} \right) \tag{4.46}$$

运动模拟器的尺寸参数变化时，若其在需求工作空间内运行，连杆摆角的最大值会发生变化，从而影响球铰的最大转动范围，最终导致球铰的刚度 K_{hi} 发生变化。但实际上，进阶优化设计中尺寸参数只在小范围内变化，对于连杆摆角的

影响较小,而且对球铰的设计还需要留有一定余量,并不会恰巧与需求转角相等,因此可认为 K_{hi} 在小范围内不受尺寸参数的影响。

通过本节的讨论,建立了尺寸参数对于运动模拟器的质量惯量和刚度的附加影响模型:式(4.37)~式(4.40)、式(4.43)~式(4.46)。当尺寸参数改变时,应该首先计算这些附加影响,然后代入 4.2 节和 4.3 节建立的模型中计算运动模拟器的等效质量惯量矩阵及等效刚度,最后利用式(4.36)求解系统的固有频率。需要注意的是,对式(4.45)及式(4.46)的计算,还需要首先利用第 3 章中提出的关键点法来计算运动模拟器在需求工作空间内的总驱动行程。

4.5　基于动态响应及关键点的尺度优化

前面通过对运动模拟器动力学性能的研究建立了机构尺寸参数与运动模拟器系统的刚度、固有频率的关系模型。本节将利用这个关系模型对运动模拟器的尺寸参数进行优化设计。需要注意的是,上述关系模型所对应的是机构在某一特定位姿下的系统刚度和固有频率,对于以往的"强"碰撞式对接机构的测试系统,只在一个较小的范围内有高动态响应的需求,而对于弱碰撞式半实物模拟系统,由于其实验特点,在碰撞运动空间中的任意一处位姿上都要具有良好的动态响应性能。因此,本阶段的尺度设计需要保证碰撞运动空间中每一个位姿上的系统刚度和固有频率都满足设计需求。

基于弱碰撞式模拟实验的特点,本章选取整个碰撞运动工作空间内刚度和固有频率的最差值作为运动模拟器整体性能的评判依据。由第 3 章的分析可知,碰撞运动空间由工作空间圆柱 C_2 和 C_3 组成。利用 2.2 节使用的六维空间离散化方法对 C_2 和 C_3 运动空间进行离散化并作为校核计算空间。由其构建过程可知,离散位姿点的数目十分庞大。对于一组确定的机构尺寸,首先利用关键点法计算需求的总驱动行程,然后依次从离散的校核计算空间内遍历选取位姿点,并利用本章建立的模型计算每一个位姿处运动模拟器的系统刚度和固有频率,最后选取工作空间中刚度和固有频率的最小值作为机构在当前尺寸参数下的性能评价指标。

可见,对于某一特定尺寸的运动模拟器,要计算其刚度、固有频率的评价指标所需要的运算量十分巨大。另外,需要设计的基本尺寸参数有 4 个,建立评价指标和机构尺寸参数之间的高维关系图谱需要的计算量则更为巨大,几乎不可能实现。因此,本节首先以第 3 章预选的机构尺寸为基础,计算单个尺寸参数变化时评价指标的变化图谱,通过研究它们的影响关系来寻求设计问题的突破口。根据第 3 章的分析选取 r_a=400mm、r_b=400mm、L_i=1200mm、θ_p=30° 作为设计初值。

首先分析尺寸参数 θ_p 对刚度及固有频率的影响,通过第 3 章的分析可知,由于机构采用轴对称布置，θ_p 的取值范围为 0～120°，令 θ_p 从 0 开始逐渐增大，并利用本节开头介绍的方法分别为每一个 θ_p 的取值计算运动模拟器在碰撞运动空间内刚度和固有频率的评价指标。利用 MATLAB 软件进行编程计算，可得绘制出 θ_p 和碰撞运动空间内固有频率、刚度的关系图如图 4-4 所示。

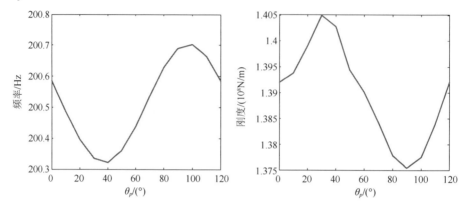

图 4-4　　θ_p 与运动模拟器的固有频率及刚度指标的关系

由图 4-4 可见，θ_p=100° 时固有频率的评价指标达到最大，θ_p=30° 时刚度的评价指标达到最大。但从图中可以发现，实际上 θ_p 的取值变化对固有频率的影响非常小，只有不到 0.3% 的波动；θ_p 的取值变化对刚度影响也不大，只有不到 2% 的波动。因此，可认为 θ 对于刚度、固有频率指标无影响，继续沿用第 3 章为避免连杆干涉的设计结果，即令 θ_p=30°。

继续分析尺寸参数 r_a、r_b 对刚度及固有频率的影响。r_a、r_b 决定着运动平台的尺寸，由于实际中球铰的放置需要一定的空间，运动平台不可能无限制得小。又由第 3 章的分析可知，r_a、r_b 大于 600mm 以后会导致连杆摆角急剧增大，所以此处令 r_a、r_b 分别从 200mm 逐渐增加到 700mm，并计算运动模拟器在碰撞运动空间内的刚度、固有频率评价指标。于是可绘制出 r_a、r_b 与固有频率、刚度指标的关系如图 4-5 和图 4-6 所示。

分析 r_a 与固有频率、刚度的关系曲线(图 4-5)可以发现，当 $r_a<r_b$ 时，r_a 增大的同时固有频率随之增加得非常快；而当 $r_a>r_b$ 以后，固有频率的增加速率迅速变缓。

分析 r_b 与刚度、固有频率的关系曲线(图 4-6)可以发现，当 $r_b<r_a$ 时，r_b 增大的同时固有频率、刚度随之增加得非常快；当 $r_b>r_a$ 以后，固有频率、刚度增加得非常缓慢。可见，r_a、r_b 对运动模拟器刚度、固有频率的影响关系具有木桶效应，即运动模拟器的刚度、固有频率由 r_a 和 r_b 中较小的一个决定。从动力学的角度看，r_a、r_b 的取值应该尽量大，而从第 3 章中运动学的角度看，r_a、r_b 的取值又应该尽可能小。结合此处的木桶效应可知，为了高效地利用资源，应该令 $r_b=r_a$。

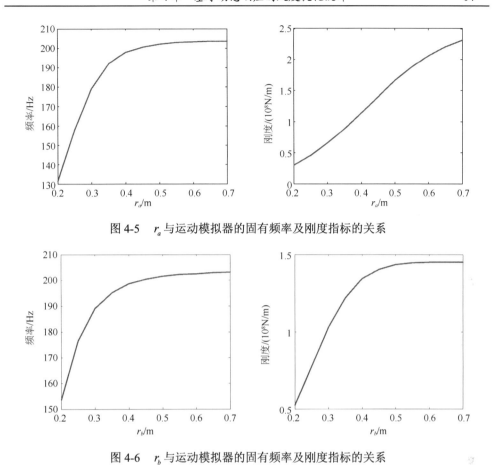

图 4-5　r_a 与运动模拟器的固有频率及刚度指标的关系

图 4-6　r_b 与运动模拟器的固有频率及刚度指标的关系

分析尺寸参数中连杆的长度 L 对固有频率及刚度的影响，令 L 从 500mm 逐渐增加到 2000mm，并计算运动模拟器在碰撞运动空间内的固有频率、刚度评价指标。于是可得绘制出 L 与固有频率、刚度指标的关系如图 4-7 所示。

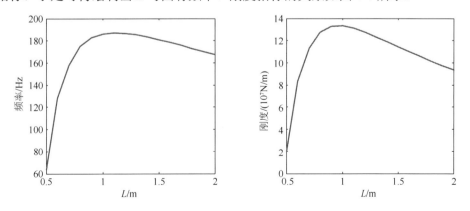

图 4-7　L 与运动模拟器的固有频率及刚度指标的关系

观察图 4-7 可以看出，连杆的长度 L 与运动模拟器的刚度及固有频率的关系存在拐点，当 L 从 500mm 逐渐增加到 1000mm 左右时，连杆长度的增加可使连杆摆角的极值减小，从而改善雅可比矩阵，最终提升运动模拟器的刚度及固有频率。但是当 L 进一步增大后，摆角极值减小的速率放缓，连杆长度增加所引起的连杆刚度降低则开始起主导作用，导致机构的刚度及固有频率降低。

综合以上的分析可以得到如下结论：θ_p 对运动模拟器的系统刚度、固有频率几乎没有影响，固对其维持第 3 章的设计结果；r_a、r_b 对运动模拟器系统刚度、固有频率的影响具有木桶效应，固令 $r_b = r_a$ 以高效利用资源。最终需要进行设计的尺寸参数只剩下两个，即 r_a 和 L，这使设计维度大大降低，在此基础上对这两个尺寸参数进行优化设计，可极大地加速设计计算过程，如图 4-8 所示。

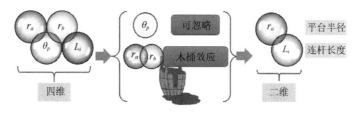

图 4-8　尺寸优化的降维分析

由 4.1 节～4.4 节的建模过程可知，r_a、L 对运动模拟器的刚度及固有频率的影响关系十分复杂，难以对它们使用一些经典的优化算法，考虑到变量的数目只有两个，而且从图 4-5～图 4-7 可看出刚度及固有频率的变化不是十分复杂，没有过多的拐点，因此本章采用单纯形法对这两个参数进行设计以寻求使得固有频率和刚度最大的解。

首先以第 3 章的尺度设计为基础，设置优化算法的迭代初值，即令 r_a =400mm、L =1200mm。当这两个值发生变化时，首先根据第 3 章中的关键点法确定运动模拟器在所有需求运动空间中所需的最大驱动行程；然后利用本章的模型计算运动模拟器在碰撞运动空间中的刚度及固有频率评价指标；最后代入单纯形法中判断尺寸参数改变的方向。

经过优化解算可以得到当 $r_a = r_b = 420$mm、$L = 1000$mm 时，机构的固有频率最大，图 4-9 显示了具体的迭代过程。最后，将这些尺寸参数代入第 3 章所提出的关键点模型中，即可直接求得最终所需的驱动行程和最大连杆摆角，从而指导驱动单元以及运动关节的设计。

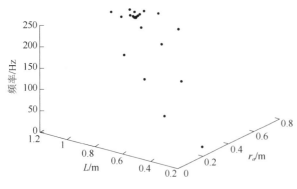

图 4-9　单纯形法优化过程

在后续的第 5 章和第 8 章对模拟系统的频响实验中可以发现，运动模拟器在碰撞运动空间内性能最差的位姿上进行 15Hz 的高频响应实验时，幅值衰减在 0.5dB 以内，相位差在 30° 以内，优于国内外现有系统的带宽，且运动模拟器在整个碰撞运动空间内的频响特性都较为平均。

4.6　模拟器的结构设计

通过第 3 章以及本章前面的工作，本节根据弱碰撞测试实验的特点和需求，最终确定了运动模拟器的基本尺寸参数，有了这些唯一确定运动模拟器运动学特性的尺寸参数，接下来就可以开展运动模拟器的结构设计，并着手加工制造。图 4-10 是模拟系统的总体尺寸示意，其总高将近 7m。

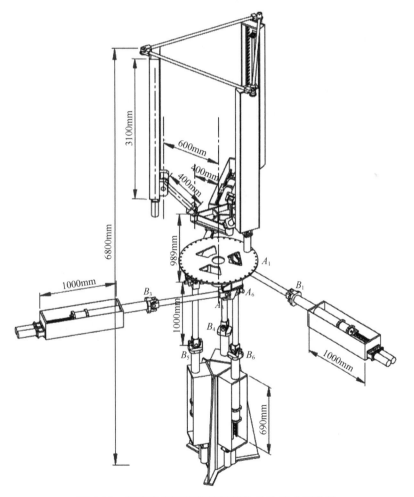

图 4-10　弱碰撞半实物模拟系统的总体尺寸示意图

运动模拟器的结构设计是以基本尺寸参数为基础，以高刚度、低质量惯量为目标，对运动模拟器的各个机械元件进行具体的尺寸和结构设计，这些具体的结构设计必须保证运动模拟器的基本尺寸参数不被改变，同时还要保证由第 3 章计算得到的驱动总行程以及关节转角范围。

图 4-11 展示了 6DOF 运动模拟器各个主要机械部件的结构三维示意图。为了增强驱动系统的刚度和动态响应特性，本章采用了一种冗余容错驱动系统，这是作者研究团队早先的一项研究成果，该系统通过特殊的连接装置，实现了多电机的联合驱动，具有高动态响应特性、无低速爬行、大负载、高刚度、高精度等优点。结合具体的实际应用需求，本课题为每个驱动器都采用了两个电机联合输出的驱动方案，于是整个 6DOF 运动模拟器共使用了 12 个电机。

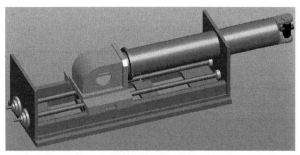

(a) 驱动器

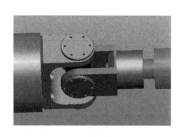

(b) 球铰

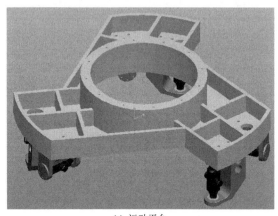

(c) 运动平台

(d) 连杆

图 4-11　6DOF 运动模拟器的机械部件结构图

图 4-11(a)是采用了这种多电机驱动技术的单个驱动器的具体结构示意图。由前面建立的运动学模型可知，运动模拟器在初始零位位置时，连杆的方向与驱动器的驱动方向平行，而为了保证运动模拟器的各向同性，连杆在初始零位位置时，朝着各个方向的摆动能力必须要均衡。因此，不能使连杆在摆动过程中和导轨发生干涉，于是将滑块设计为长筒，以使连杆与滑块的连接关节在任意驱动量下均

可避开导轨，从而使连杆的摆动不受导轨的影响。由图 4-11(a)可以看出，滑块的设计十分牢固，可有效保障驱动系统的刚度。滑块的末端通过球铰与连杆连接，为了增强球铰的刚度，并保证球铰的转动范围，本课题对球铰采用虎克铰与转动副串联的结构形式，转动副的转轴与连杆中轴线重合。图 4-11(b)展示了运动模拟器的球铰结构，图中虎克铰两个旋转轴线的交点就是滑块上球铰的中心点 B_i(参见 2.4 节中的定义)，转动副的转轴自然也通过 B_i 点。对于驱动器的结构尺寸设计必须要保证：在初始零位位置时，B_i 点的位置(此时与 C_i 点重合)满足式(2.11)，驱动器的驱动方向满足式(2.12)。

由第 2 章的运动学建模过程可知，连杆两端的转动关节没有必要全部为球铰，否则会引入连杆绕自身中轴线转动的局部自由度；另外，考虑到本课题采用虎克铰与转动副串联的形式构成球铰，因此本章将转动副设置在连杆中，令其转轴与连杆中轴线重合，而连杆的两端则通过两个虎克铰分别与驱动滑块和运动平台连接。连杆的结构形式如图 4-11(d)所示。对于连杆的结构设计，必须要保证连杆两端两个虎克铰中心点之间的距离为 L_i。

连杆的另一端通过虎克铰与运动平台连接，这个虎克铰两个旋转轴线的交点就是运动平台上铰链的中心点 A_i，对于运动平台的具体结构设计，必须要保证运动平台上的铰链点 A_i 在运动平台连体坐标系 O_{p6}-xyz 下的位置满足式(2.10)。图 4-11(c)展示了运动平台的具体三维结构。

图 4-12 展示了 3DOF 运动模拟器各个主要机械部件的结构三维示意图。由于 3DOF 运动模拟器没有高动态响应、高精度等苛刻需求，对于其直线驱动器仍然采用传统的单电机驱动系统。为了增强系统刚度，电机和丝杠通过联轴器直连。通过前文的运动学建模过程可知，与 6DOF 运动模拟器不同，3DOF 运动模拟器在初始零位位置时，其连杆与导轨方向并不平行，而它们平行则意味着运动平台会与导轨发生干涉，由 3.7 节的尺度设计即可避免这种情况发生。因此，无需通过延长滑块来使导轨避开连杆的摆动。图 4-12(a)对 3DOF 运动模拟器的驱动器具体结构进行了三维展示。3DOF 运动模拟器的驱动器通过转动副与连杆连接，转动副转轴的中心点就是 2.4 节中定义的 ${}'B_i$。对驱动器的结构尺寸设计必须要保证：在初始零位位置时，${}'B_i$ 点的位置(此时与 ${}'C_i$ 点重合)满足式(2.15)，驱动器的驱动方向满足式(2.13)。

由于 3DOF 机构只要求具有高刚度，而没有高频响的需求，所以需要极大地加强其结构强度而无需过多考虑自重问题，其具体结构如图 4-12(b)所示。连杆的一端通过转动副和滑块相连，另一端通过球铰和运动平台相连。球铰为三个转动副串联，它们的转轴交于一点，这点就是 2.4 节中定义的 ${}'A_i$。对连杆的结构设计必须要保证 ${}'B_i$ 与 ${}'A_i$ 之间的距离为 ${}'L_i$。图 4-12(c)展示了运动平台及球铰的具体

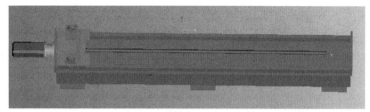

(a) 驱动器

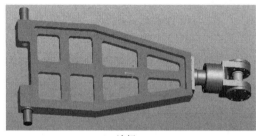

(b) 连杆

(c) 运动平台

图 4-12　3DOF 运动模拟器的机械部件结构图

三维结构，对于运动平台的具体结构设计，必须要保证铰链点 $'A_i$ 在其连体坐标系 $O_{p3}\text{-}xyz$ 下的位置满足式(2.14)。

　　本节以前文尺度设计的结果为基础，依据运动模拟器的具体需求，并利用三维建模软件对运动模拟器的各个部件进行结构设计，然后通过强度校核、制图、加工制造以及现场装配，最终完成半实物模拟系统的机构设计和制造。图 4-13 为半实物模拟系统的实机照片。

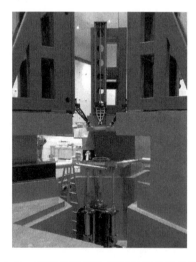

图 4-13　弱碰撞半实物模拟系统的实机照片

第 5 章　模拟器的驱动与传动系统设计

5.1　引　　言

经过前面所做的工作，作为弱碰撞半实物模拟系统核心的两个运动模拟器经历了从无到有的设计过程，其机构构型、机构尺寸以及具体结构逐步确立，然而这还不是机构设计的终点。由于弱碰撞各向随机的特性，碰撞模拟机构需要在碰撞运动空间内的任意一处位姿上都具有很强的加速能力。因此，必须对碰撞模拟机构的驱动与传动系统进行合理的设计。由于工作空间计算的复杂性，计算具体的驱动能力需求并对驱动与传动系统进行设计是将要面对的又一个难点。

前面已经介绍过，为了增强驱动与传动系统的刚度和动态响应特性，本课题采用了双电机冗余容错驱动技术，这是作者研究团队早先的一项研究成果。于是对驱动与传动系统的设计就成为：依据工况需求计算驱动能力要求并对电机及丝杠进行选型。本章首先建立运动模拟器的动力学模型，并以此为基础依照实验需求对电机和丝杠进行选型。由于交会模拟机构对动态性能没有特殊要求，运行过程平稳且速度缓和，其驱动能力需求的计算及电机选型较为简单，本章中不进行讨论。

5.2　模拟器的动力学建模

对运动模拟器驱动传动系统的设计，首先要知道运动模拟器在实际工程应用环境中工作时，驱动器所需要的各项驱动能力：最大转矩、最高转速以及最大输出功率等。要保证运动模拟器具有很强的加速能力，驱动电机是否能提供足够的转矩以满足瞬时的最大转矩需求至关重要。只有电机的输出转矩能够实时满足运动模拟器在驱动端的需求转矩时，运动模拟器才能逼真地对碰撞过程中的高加速运动进行模拟。

因此，本章的首要任务就是根据碰撞测试实验的需求计算出驱动器可能需要的极限转矩。为了进行合理正确的计算，必须首先建立运动模拟器的动力学模型。为了对运动模拟器进行适合本章需求的动力学建模，需要研究运动模拟器的驱动力与运动平台的位移、速度、加速度之间的关系，从而推导出描述运动模拟器的驱动力、负载及加速度的动力学方程。以分析力学为基础的机械系统动力学建模方法有很多，典型的有拉格朗日法、牛顿-欧拉法、凯恩法以及虚功原理法等。

相比于串联机构，并联机构的闭环结构及运动学约束的内在特性导致其动力学模型的建立更加复杂。考虑到牛顿-欧拉法概念清晰、便于分析机构参数与力之间的关系，且运算量小，适合实时解算控制，本章采用牛顿-欧拉法对运动模拟器进行动力学建模。

首先对运动模拟器的各个独立运动部件建立牛顿-欧拉方程。对运动平台进行受力分析如图 5-1 所示，其中 F_{load} 和 M_{load} 分别为固定坐标系下运动模拟器受到的外力和外力矩，F_{CAi} $(i=1,2,\cdots,6)$ 为运动平台所受到的来自各支链中连杆的约束力，g 为重力在固定坐标系 O_{o6}-xyz 下的矢量表达。设运动平台动坐标系 O_{p6}-xyz 的原点 O_{p6} 在固定坐标系下的速度、加速度、角速度和角加速度分别为 v、$\dot{v}$、ω 和 $\dot{\omega}$。由空间刚体运动学可知，运动平台质心 O_{pck} 处的角速度和角加速度与运动平台坐标系原点 O_{p6} 处相同，但速度和加速度变为

$$v_c = v + \omega \times r_{cmp} \tag{5.1}$$

$$\dot{v}_c = \dot{v} + \dot{\omega} \times r_{cmp} + \omega \times \left(\omega \times r_{cmp} \right) \tag{5.2}$$

于是根据牛顿运动定律，运动平台的牛顿方程可表示为

$$F_{\text{load}} + \sum_{i=1}^{6} F_{CAi} + m_p g = m_p \dot{v}_c \tag{5.3}$$

式中，m_p 为运动平台的质量，可根据第 4 章中结构设计为运动平台建立的三维模型直接测量而来。进一步，运动平台的欧拉方程可表示为

$$M_{\text{load}} + \sum_{i=1}^{6} \left(R\left(a_i' - r_{cmp}' \right) \times F_{CAi} \right) = I_{po} \dot{\omega} + \omega \times \left(I_{po} \omega \right) \tag{5.4}$$

式中，I_{po} 为运动平台在固定坐标系下绕质心坐标系原点 O_{pck} 的惯性张量矩阵，由第 4 章的分析可知

$$I_{po} = R R_{pc} I_p R_{pc}^{\text{T}} R^{\text{T}} \tag{5.5}$$

而式(5.5)中的 I_p 为运动模拟器在质心坐标系 O_{pck}-xyz 下的惯性张量矩阵，可根据结构设计中所建立的运动平台三维模型直接测量而来；R_{pc} 则为从质心坐标系 O_{pck}-xyz 到运动平台连体坐标系 O_{p6}-xyz 的姿态变换矩阵。

由于每条支链的组成均相同，为了描述方便且不失一般性，对第 i $(i=1,2,\cdots,6)$ 条支链中的连杆进行受力分析如图 5-2 所示，其中 F_{CBi} 为连杆与驱动器之间的约束力。由于定长连杆两端均通过球铰与其他部件相连，所以没有约束力矩。连杆的牛顿方程可由其受力情况得出：

$$m_{li} g - F_{CAi} - F_{CBi} = m_{li} \dot{v}_{li} \tag{5.6}$$

式中，m_{li} 为连杆的质量，可由式(4.39)计算得到，或者利用第 4 章中结构设计为连杆建立的三维模型直接测量而来。

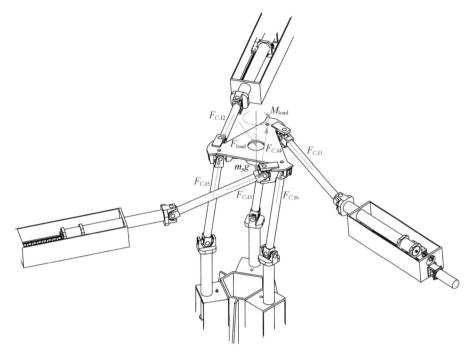

图 5-1　运动平台受力分析图

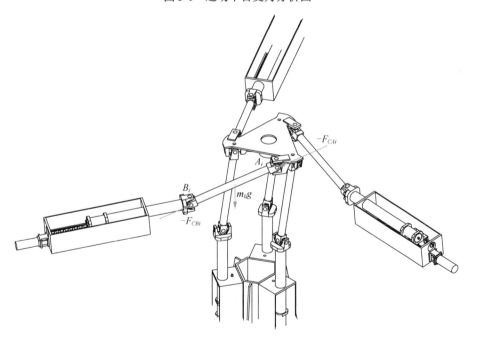

图 5-2　连杆受力分析图

为了便于计算和消除中间量，对球铰中心点 B_i 取矩，以 B_i 为旋转中心建立连杆的欧拉方程：

$$\frac{1}{2}l_i \times m_{li}g - l_i \times F_{CAi} - \frac{1}{2}l_i \times m_{li}\dot{v}_{li} = I_{lbi}\dot{\omega}_{li} + \omega_{li} \times (I_{lbi}\omega_{li}) \tag{5.7}$$

式中，I_{lbi} 为连杆在固定坐标系下绕球铰中心点 B_i 的惯性张量矩阵，可通过式(4.1)计算得到：

$$I_{lbi} = R_i\left(I_{li} + \frac{m_{li}}{4}\begin{bmatrix} L^2 & 0 & 0 \\ 0 & L^2 & 0 \\ 0 & 0 & 0 \end{bmatrix}\right)R_l^{\mathrm{T}} \tag{5.8}$$

而式(5.8)中的 I_{li} 为连杆在其质心坐标系 $O_{lci}\text{-}xyz$ 下的惯性张量矩阵，则可通过式(4.43)计算得到，或者直接根据第 4 章中结构设计为连杆建立的三维模型测量而来。

对第 i ($i=1,2,\cdots,6$)条支链中的驱动滑块进行受力分析如图5-3所示，其中 F_{Ai} 为驱动系统对于滑块的驱动力，其方向始终沿着驱动器的驱动方向 e_i。由于驱动部件只能沿着驱动方向做直线往复运动，所以其牛顿方程可根据沿着驱动轴线的力平衡关系得到：

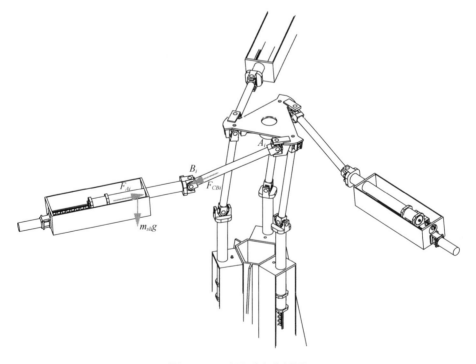

图 5-3　驱动器受力分析图

$$m_{sli}g \cdot e_i + F_{CBi} \cdot e_i + F_{Ai} = m_{sli}\ddot{q}_i \tag{5.9}$$

式中，m_{sli} 为滑块的质量，可利用结构设计中为滑块建立的三维模型直接测量而来。由于驱动滑块没有旋转运动，不需要对其建立欧拉方程。

为了建立运动模拟器的驱动力与外载荷之间的动力学关系，需要逐步消除前面为各个独立运动部件所建立的牛顿-欧拉方程中未知的内部约束力。首先通过式(5.6)和式(5.9)进行整理，消除内部约束力 F_{CBi}，最终可得到驱动力 F_{Ai} 与约束力 F_{CAi} 之间的关系：

$$F_{Ai} = \left(m_{li}\dot{v}_{li} - m_{li}g + F_{CAi}\right) \cdot e_i + m_{sli}\ddot{q}_i - m_{sli}g \cdot e_i \tag{5.10}$$

将式(5.10)推广到 6 条支链上，并整理成矩阵形式可得

$$F_A = U + F_C \tag{5.11}$$

式中

$$F_A = \begin{bmatrix} F_{A1} & F_{A2} & F_{A3} & F_{A4} & F_{A5} & F_{A6} \end{bmatrix}^{\mathrm{T}}$$

$$F_C = \begin{bmatrix} F_{CA1} \cdot e_1 & F_{CA2} \cdot e_2 & F_{CA3} \cdot e_3 & F_{CA4} \cdot e_4 & F_{CA5} \cdot e_5 & F_{CA6} \cdot e_6 \end{bmatrix}^{\mathrm{T}}$$

$$U = \begin{bmatrix} U_1 & U_2 & U_3 & U_4 & U_5 & U_6 \end{bmatrix}^{\mathrm{T}}$$

$$U_i = \left(m_{li}\dot{v}_{li} - m_{li}g\right) \cdot e_i + m_{sli}\ddot{q}_i - m_{sli}g \cdot e_i$$

对式(5.7)进行变量分离，提取出内部约束力并整理可得

$$W_i = l_i \times F_{CAi} \tag{5.12}$$

式中

$$W_i = \frac{1}{2}l_i \times m_{li}g - \frac{1}{2}l_i \times m_{li}\dot{v}_{li} - I_{lbi}\dot{\omega}_{li} - \omega_{li} \times \left(I_{lbi}\omega_{li}\right)$$

为了使式(5.12)向式(5.11)的形式靠拢，以便进行对剩余中间变量 F_{CAi} 的消除，用驱动方向向量 e_i 同时叉乘式(5.12)的两边，并应用二重向量积化简公式进行整理可得

$$e_i \times W_i = e_i \times \left(l_i \times F_{CAi}\right) = \left(F_{CAi} \cdot e_i\right)l_i - \left(l_i \cdot e_i\right)F_{CAi} \tag{5.13}$$

进一步对式(5.13)两边同时除以 $l_i \cdot e_i$ 并进行变形整理可得

$$F_{CAi} = \frac{\left(F_{CAi} \cdot e_i\right)l_i}{l_i \cdot e_i} - \frac{e_i \times W_i}{l_i \cdot e_i} \tag{5.14}$$

将式(5.14)代入式(5.3)和式(5.4)中并化简整理可得

$$F_L = GF_C \tag{5.15}$$

式中

$$F_L = \begin{bmatrix} -F_{\text{load}} + m_p\dot{v}_c - m_p g + \sum_{i=1}^{6} \dfrac{e_i \times W_i}{l_i \cdot e_i} \\[4mm] -M_{\text{load}} + I_{po}\dot{\omega} + \omega \times \left(I_{po}\omega\right) + \sum_{i=1}^{6}\left(R\left(a_i' - r_{cmp}'\right) \times \left(\dfrac{e_i \times W_i}{l_i \cdot e_i}\right)\right) \end{bmatrix}$$

$$G = \begin{bmatrix} \dfrac{l_1}{l_1 e_1} & \dfrac{l_2}{l_2 e_2} & \dfrac{l_3}{l_3 e_3} & \dfrac{l_4}{l_4 e_4} & \dfrac{l_5}{l_5 e_5} & \dfrac{l_6}{l_6 e_6} \\[3mm] Ra_1' \times \dfrac{l_1}{l_1 e_1} & Ra_2' \times \dfrac{l_2}{l_2 e_2} & Ra_3' \times \dfrac{l_3}{l_3 e_3} & Ra_4' \times \dfrac{l_4}{l_4 e_4} & Ra_5' \times \dfrac{l_5}{l_5 e_5} & Ra_6' \times \dfrac{l_6}{l_6 e_6} \end{bmatrix}$$

通过以上步骤的变换整理,式(5.11)和式(5.15)将未知内部约束力 F_{CAi} 分离成为相同的形式 F_C ,于是可将式(5.15)代入式(5.11)中,消去 F_C 并整理可得

$$F_A = U + G^{-1} F_L \tag{5.16}$$

式(5.16)即运动模拟器的动力学开式方程,利用此式可以求得运动模拟器在给定工况下运行时,直线驱动滑块上所需的驱动力变化情况。

利用前面建立的动力学模型,可以求解计算出运动模拟器在某个姿态和瞬时工况下滑块上需要的直线驱动力。为了对本课题所采用的电机丝杠驱动传动系统进行设计,还需要进一步根据滑块上所需的驱动力来计算驱动电机需要提供的极限扭矩。前面已经介绍过,为了提升系统的刚度,采用电机通过联轴器与丝杠直连的驱动形式。电机带动丝杠转动并推动滑块运行时,还要额外克服电机转子、丝杠以及联轴器旋转所带来的惯性力,因此还需要将驱动传动系统中电机转子、丝杠和联轴器的转动惯量折算成等效到滑块输出端的等效质量。由于电机转子通过联轴器与丝杠直连,它们的转速始终相同,所以可将三者的转动惯量作为一个整体进行计算,若采用单电机-丝杠系统驱动,则可由能量守恒定理得到以下关系式:

$$\frac{1}{2} m_s \dot{q}_i^2 = \frac{1}{2} I_s \omega_s^2 \tag{5.17}$$

式中, I_s 为电机转子、丝杠及联轴器绕轴线转动时的转动惯量; m_s 为丝杠折算到滑块上的等效质量; $\dot{q}_i$ 为滑块驱动速度; ω_s 为电机/丝杠转动角速度。采用双电机-丝杠系统驱动时,以双驱动系统的极端情况进行计算,即两个电机同速转动,于是式(5.17)中的 I_s 应为两套电机转子、丝杠及联轴器的转动惯量之和。对式(5.17)进行变换整理可得给定工况下驱动传动系统在滑块上的等效质量为

$$m_s = I_s \frac{\omega_s^2}{\dot{q}_i^2} \tag{5.18}$$

假设丝杠的导程为 p_s ,通过动力学公式(5.16)得到滑块某一时刻的驱动力为 F_{Ai} ,通过运动学模型(式(2.24)及式(2.29))求解得到的滑块的速度和加速为 $\dot{q}_i$ 和 $\ddot{q}_i$ 。于是根据丝杠系统的传动原理可以得到电机的转动角速度为

$$\omega_s = \frac{2\pi \dot{q}_i}{p_s} \tag{5.19}$$

电机扭矩通过丝杠转化为直线驱动力并驱动滑块做直线运动时,还要克服驱动传

动系统等效到滑块输出端的惯性力，于是需求的电机扭矩 T_m 可表示为

$$T_m = \frac{p_s}{2\pi}\left(F_{Ai} + \ddot{q}_i m_s\right) = \frac{p_s}{2\pi}F_{Ai} + \frac{2\pi}{p_s}\ddot{q}_i I_s \tag{5.20}$$

进一步可得电机在这一时刻的瞬时功率为

$$P_m = T_m \omega_s = F_{Ai}\dot{q}_i + \left(\frac{2\pi}{p_s}\right)^2 \dot{q}_i \ddot{q}_i I_s \tag{5.21}$$

5.3　模拟器的机电一体化数字样机

为了更真实地反映在电机控制系统与运动模拟器机械系统共同作用下运动模拟器的动力学性能，本节使用 MATLAB 软件中的 Simulink 以及 SimMechanics 模块对运动模拟器的控制和机械系统进行一体化仿真建模。

SimMechanics 内嵌于 MATLAB 的 Simulink 模块中，是对控制器和机械对象系统进行跨领域研究的分析环境。SimMechanics 为多体动力学机械系统提供了直观有效的建模分析手段，可直接构建复杂的多刚体机械系统，并对其施加力或定义运动，可精确地进行机械系统的运动学和动力学分析。同时作为内嵌模块，SimMechanics 还可与 Simulink 模块无缝连接，利用 Simulink 强大的控制系统建模功能，可在同一个环境中对控制器和受控机械系统进行建模。另外，通过 SimMechanics 自身集成化的图形界面或借助 Simulink 的虚拟现实模块(Virtual Reality Toolbox)，还可进行机械系统的可视化动画仿真显示。

利用 SimMechanics 工具箱搭建 6DOF 并联运动模拟器的机械系统模型如图 5-4 所示。图中，每个方块都代表一个刚体或者铰链约束，刚体的质量惯量参数、铰链点的位置信息等均通过参数定义，可以方便地更改，便于进行机构尺寸参数的调整和设计。

将第 4 章中结构设计为运动模拟器各个独立运动的机械部件所建立的三维模型输入 SimMechanics 中，并和 SimMechanics 模型中的对应实体模块进行关联，就可以通过 SimMechanics 自身集成化的图形界面得到运动模拟器机械系统的仿真动画效果如图 5-5 所示。与 2.6 节中利用 LabVIEW 软件搭建的虚拟现实系统(图 2-22)不同，本节用 SimMechanics 搭建的机械系统数字样机主要用于进行动力学方面的仿真计算，是在设计阶段进行更加精准的分析计算时使用的，其动画显示只是辅助功能。而 2.6 节中搭建的虚拟现实系统则无法用以进行动力学仿真，但是其运行速度快，渲染能力强，而且可以和控制系统软件无缝连接，因此用于半实物模拟实验系统的运行状态实时演示中，并能方便地对控制算法进行逻辑验证。

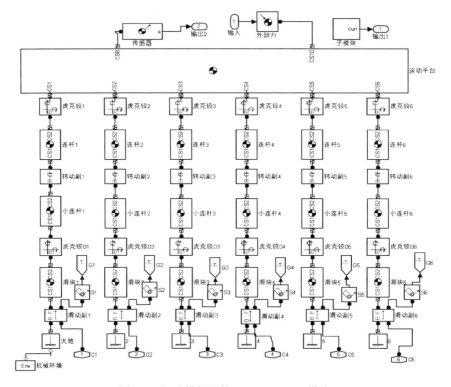

图 5-4　运动模拟器的 SimMechanics 模块

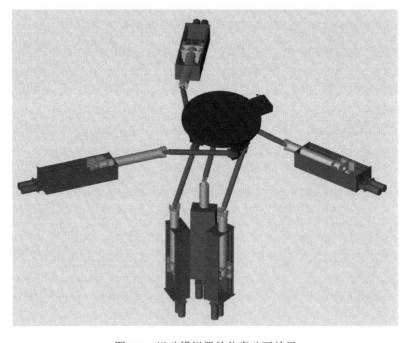

图 5-5　运动模拟器的仿真动画效果

利用 Simulink 的强大建模功能，还可方便地为运动模拟器每条支链的驱动电机及驱动器控制系统建立数字样机模型如图 5-6 所示。

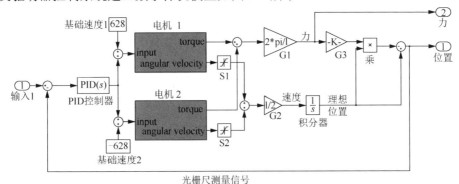

图 5-6　驱动器电机控制系统 Simulink 模块

将运动模拟器的 SimMechanics 机械系统模型与 Simulink 电机控制系统模型分别打包成子模块，一并置入 Simulink 中。将电机系统模型的输出端接入机械系统模型的驱动输入端，于是就可以通过电机控制系统对运动模拟器的机械系统模型进行驱动控制仿真。然后将机械系统模块内部的传感器信号接入电机系统模型的反馈输入端使电机获得驱动反力以及滑块位置信息。经过这样的连接便可组成运动模拟器的机电一体化仿真系统，如图 5-7 所示。

为了模拟运动模拟器在实验工况下的运动情况，如图 5-8 所示，首先利用 Simulink 编写 Trajectory Planning 模块，该模块是运动模拟器的上层运动控制模块，可根据实验工况给出运动模拟器的运动状态，规划运动平台的运动轨迹，包括运动平台的位移、速度、加速度等信息。此模块实际上充当了半实物模拟系统中的动力学解算模块的角色。然后，根据前面建立的运动学模型建立运动学反解 (Inverse Kinematics) 模块。将 Trajectory Planning 模块得到的运动平台轨迹信息输入 Inverse Kinematics 模块中，通过解算得到运动模拟器 6 个支链上的滑块驱动位移、速度和加速度。最后将这些驱动信息连接到运动模拟器的电机系统模型的控制信号输入端，通过机电一体化仿真系统进行联合仿真，可模拟出运动模拟器在实验工况下运行时，驱动电机的转矩、转速和功率。

任意选取一条运动平台的运行轨迹，同时交由 5.2 节建立的动力学数学模型以及 Simulink 数字样机进行动力学解算，分别计算电机的驱动转矩，将两种模型的计算结果绘制成曲线，如图 5-9 所示，并进行对比以相互验证两个模型的准确性。可见，通过两个模型分别计算得到的电机驱动转矩变化情况基本吻合，由此可证明两种算法的正确性。由于 Simulink 数字样机更加贴近实际，包含电机响应等因素，而 5.2 节的数学模型的计算结果是纯理想情况下的电机需求扭矩，所以二者的结果会有细微的差别。

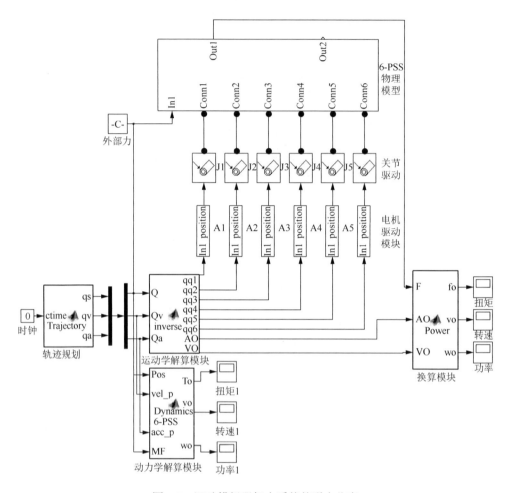

图 5-7　运动模拟器机电系统的联合仿真

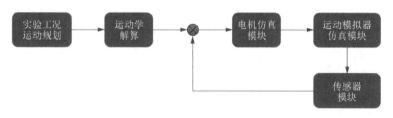

图 5-8　机电一体化系统的仿真流程图

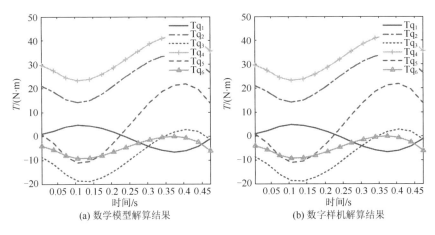

(a) 数学模型解算结果　　　　　　　　　(b) 数字样机解算结果

图 5-9　电机驱动转矩变化曲线

5.4　模拟器的驱动能力需求分析

5.4.1　空间碰撞测试实验的工况分析

为了真实地模拟碰撞运动，必须要保证运动模拟器能对碰撞运动过程中的极端运动情况进行真实再现。根据弱碰撞测试实验的特点和需求可知，实验过程中有下列几种可能的极端工况会使速度、加速度或碰撞力达到最大。

工况 1：根据碰撞实验的速度要求，在碰撞运动空间内，运动模拟器末端的速度需要在 x、y、z 方向上分别达到 -350mm/s、500mm/s、500mm/s 的峰值，角速度在各个方向上达到 $5°$/s，此时加速度为 0，模拟器运动平台上可能会受到的外载荷最大值为 5000N 和 500N·m。

工况 2：在碰撞运动空间内，运动模拟器末端的速度需要达到 x、y、z 三个方向均为 200mm/s 的复合速度，角速度在各个方向上达到 $5°$/s。该工况下加速度为 0，模拟器动平台上可能会受到的外载荷最大值为 5000N 和 500N·m。

工况 3：碰撞运动空间内，运动模拟器末端的速度需要达到 x、y、z 三个方向均为 200mm/s 的复合速度，角速度在各个方向上达到 $5°$/s。此时加速度为 $2g$，模拟器运动平台上不受外载荷。

工况 4：碰撞运动空间内，运动模拟器末端的速度需要达到 x、y、z 三个方向均为 200mm/s 的复合速度，角速度在各个方向上达到 $5°$/s。此时加速度为 $2g$，模拟器运动平台上可能会受到的外载荷最大值为 5000N 和 500N·m。根据碰撞实验的性质，运动平台所模拟的加速度是由碰撞力产生的，此种情况下运动平台所受外力与运动平台的加速度同方向，所以此工况的驱动能力要求要小于工况 3，在计算极端驱动情况时可以不予考虑。

根据弱碰撞测试实验的特点，运动模拟器在碰撞运动空间内的任意位姿处，均有可能面临以上几种极端工况。因此，必须要对碰撞运动空间内所有可能出现的位姿进行校核计算，从而确定驱动器需要的极端驱动能力。为了保证计算的全面性和准确性，首先利用 2.2 节中使用的六维空间离散化方法对碰撞运动空间的 C_2 和 C_3 两个圆柱空间进行离散化并作为校核空间。然后用类似的方法，将三种工况也进行离散化，可以得到速度、加速度和载荷的随机组合离散工况。依次从校核空间内遍历选取离散的位姿，对于每一个位姿，依次从离散工况中遍历选取工况点，可形成位姿-工况点。位姿-工况点的数目是离散位姿总数目与离散工况总数目的乘积，其数目十分庞大。

由前面的动力学模型可知，驱动运动模拟器运行所需的驱动能力不仅和模拟器本身的结构、质量特性以及工况有关，还和驱动部件中丝杠的导程及驱动系统的转动惯量有关。由于运动模拟器的加速度性能要求非常高，电机转子以及丝杠的转动惯量不容忽视，必须将其考虑进去。因此，要选择一款能力匹配的电机，必须同时进行丝杠的选型。而电机、丝杠的选型是相互影响的，无法通过一次计算直接找到最优的组合，对电机、丝杠的选取也是一个逐步迭代的过程。

5.4.2　丝杠端需求驱动能力计算

首先抛开电机转子带来的影响，单独研究不同的丝杠对所需的驱动转矩的影响关系。由于模拟实验需要较高的位置精度，必须选用精密滚珠丝杠。选定一个精密丝杠生产商，研究其产品手册，根据极限转速、最大行程等要求预选几个导程为 8mm、12mm、16mm、20mm 的丝杠。接下来利用动力学模型依次对前面得到的所有离散位姿-工况点进行校核计算，并分析在不同工况、不同导程下电机所需要的驱动力矩情况。

利用前面方法建立的离散位姿-工况校验点的数目十分庞大，计算非常耗时，考虑到本节主要是为了观察规律，不需要精确计算，为了提高效率，在对工作空间离散化时，减少位置点的密度，而姿态点的密度保持不变。即在运动模拟器性能较差的工作空间边界上均匀选取 12 个位置点，并逐步组成离散位姿点、离散位姿-工况点。利用本章的动力学模型计算运动模拟器在这些位姿-工况点下瞬时的动力学特性，将每个位置点处电机的输出功率、转矩和转速的最大值取出并绘制成图谱。选择一些有代表性的排列如图 5-10 和图 5-11 所示。

通过这些计算分析的结果可以看到：工况 1 所需要的驱动速度最大，而工况 3 所需要的驱动转矩最大。随着丝杠导程的增大，最大驱动速度随之降低，而最大驱动力矩则随之增大，此外工况 1、2 的最大驱动功率基本不变，但是工况 3 的最大驱动功率降低。这是因为丝杠导程不同，则折算到丝杠上的需求加速度也不同，于是电机、丝杠加速转动时消耗的瞬时功率也不同，而工况 1、2 中加速为 0，导致它们所需的驱动功率与丝杠的导程无关。

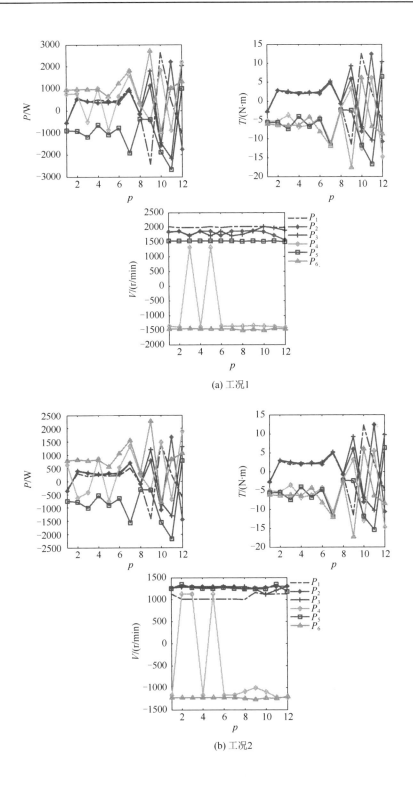

(a) 工况1

(b) 工况2

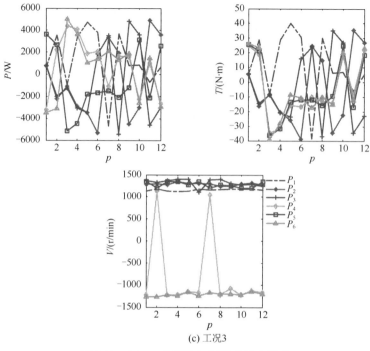

(c) 工况3

图 5-10 16mm 导程丝杠的驱动能力需求

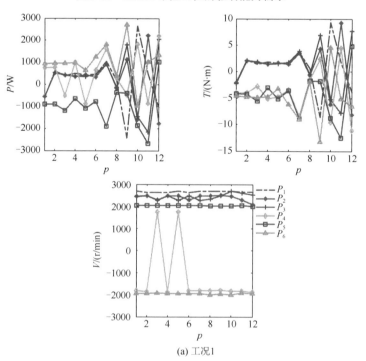

(a) 工况1

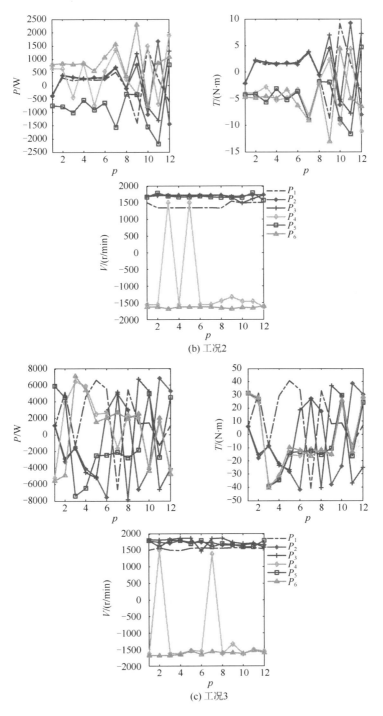

(b) 工况2

(c) 工况3

图 5-11 12mm 导程丝杠的驱动能力需求

通过以上分析可以发现，丝杠导程的变化会引电机所需的最大驱动功率、最大驱动力矩产生变化，最终影响电机的选型。为了同时对电机和丝杠进行选择以达到最佳的驱动能力配比，必须要避免两者的相互影响，抓住更为本质的因素。由前面动力学建模过程可知，滑块端所需的驱动速度和驱动力只和运动模拟器的动态特性及工况有关，为了在选型时抓住问题的本质，可首先计算出滑块上所需要的最大驱动能力，然后以此为基础对电机和丝杠进行选型设计，从而降低计算的复杂度。

5.4.3　滑块端需求驱动能力计算

首先确定滑块上需求的最大速度，从而校验丝杠、电机各自所允许的极限速度是否符合要求。由于速度计算不需要涉及动力学模型，利用运动学模型对所有的离散位姿-工况点进行校验计算，找到滑块在各个工况下可能出现的最大速度。通过计算可以发现，在工况 1 下，滑块所需的驱动速度最大，为 561mm/s。根据该最大需求速度以及式(5.19)可绘制出丝杠导程与电机最大需求转速之间的关系如图 5-12 所示。

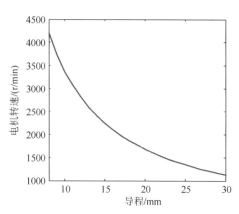

图 5-12　丝杠导程与电机最大转速之间的关系

接下来分析滑块端所需求的最大驱动力，根据前面的分析，工况 3 所需要的驱动功率最大。根据前面的方法，对碰撞运动空间和工况 3 进行离散化，并组成离散的位姿-工况校验点，利用动力学模型依次计算每个位姿-工况点上滑块端所需要的驱动能力，最后可得到滑块上所需要的最大驱动能力状况如表 5-1 所示。

表 5-1　滑块上所需要的最大驱动能力

最大加速度 /(m/s²)	最大驱动力 /N	最大驱动力对应的速度 /(m/s)	最大速度 /(m/s)	最大驱动功率 /W
21	8051	0.385	0.561	3099.635

5.5　模拟器驱动与传动系统选型

由前文的分析可知，运动模拟器的伺服电机需要具有较好的低速稳定性、高峰值力矩、低转子惯量、高控制精度等特点，根据这些要求选定一个电机供应商，并研究其产品手册。依据 5.4 节计算得到的丝杠端所需要的驱动功率、驱动扭矩和驱动速度的最大范围作为筛选标准，初步选择符合条件的电机。预选的两款电机的主要性能参数如表 5-2 所示。

表 5-2　预选电机性能参数

电机型号	最高转速/(r/min)	3000 转扭矩/(N·m)	峰值扭矩/(N·m)	转子惯量/(g·m²)
FP1714	3500	15.5	109.8	6.02
FP3314	2500	27.5	189	12.01

考虑到运动模拟器的各项要求，丝杠必须具有高刚度的特性，由驱动器所需的驱动总行程可知，丝杠的长度要在 1200mm 以上。如果丝杠直径过小，丝杠会特别细长，并导致轴向拉压刚度过低，因此应该尽量选择直径较大的丝杠。查阅丝杠生产商的产品手册，高精度、大直径的丝杠只有一个系列，此系列丝杠的直径在 30mm 左右，转动惯量为 $1.29 \times 10^{-3}(\text{kg} \cdot \text{m}^2)$，根据最大速度的要求预选导程为 16mm、20mm 以及 36mm 的丝杠。

将预选的电机、丝杠分别进行任意组合，然后把滑块上所需要的最大驱动能力代入 5.2 节中的动力学模型，分别计算在不同的组合下电机上实际所需的驱动能力。于是可以得到在不同电机、丝杠的组合下，电机所需的驱动能力如表 5-3 所示。

表 5-3　驱动能力需求表

电机型号	导程/mm	最大加速度/(rad/s²)	最大转矩/(N·m)	转矩最大时速度/(r/min)	最大转速/(r/min)	功率/W
FP1714	16	8246.68	82.01	1481.25	2167.50	12721.34
FP1714	20	6597.34	74.91	1185.00	1734.00	9295.61
FP1714	36	3665.19	73.76	658.33	963.33	5085.11
FP3314	16	8246.68	131.49	1481.25	2167.50	20396.50
FP3314	20	6597.34	114.49	1185.00	1734.00	14207.72
FP3314	36	3665.19	95.75	658.33	963.33	6601.19

分析对比表 5-2 和表 5-3，对于预选丝杠和电机的任意组合，需求的最大转矩和速度均没有超出电机的驱动能力。通过对比还可以发现，FP3314 的驱动峰值转矩超过需求很多，可更轻松地驱动运动模拟器，但由于其自身惯量很大，需要消耗更多的能量。对于需要高速响应的机械系统，并不希望电机自身的惯量过大，

过大的惯量不仅会拖慢系统的响应速度，还会消耗更多的能量，因此选择 FP1714 作为驱动电机。

假设丝杠导程是连续的，通过解算，还可以得到导程和最大驱动力、最大功率之间的关系如图 5-13 和图 5-14 所示。

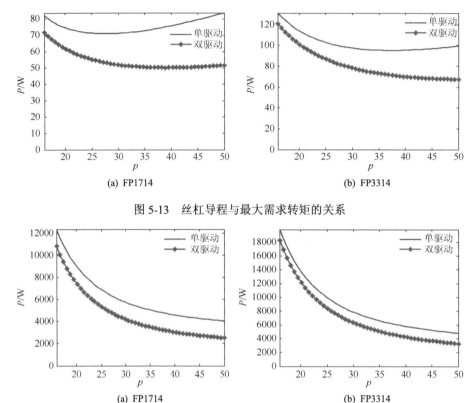

(a) FP1714   (b) FP3314

图 5-13　丝杠导程与最大需求转矩的关系

(a) FP1714   (b) FP3314

图 5-14　丝杠导程与最大需求功率的关系

由图 5-14 可知，丝杠导程越大，需要的峰值功率越小。由图 5-13 又可看到，对于 FP1714 电机，随着导程增加，需求的峰值扭矩先降低而后增加，这是因为导程刚开始增加时，驱动系统的等效惯量会迅速降低从而使得需求扭矩减小，但导程继续增大后，丝杠的减速比降低而引起的扭矩增加将占主导因素。丝杠导程为 25mm 时需要的峰值扭矩最小，但是并没有这个导程的丝杠，因此最好选择导程为 20mm 或者 36mm 的丝杠。

由于需要的丝杠很长，仅从转矩、功率的角度对丝杠选型还不够全面，还必须要对丝杠进行强度校核，从而使驱动系统能够坚固耐用。要进行强度校核，首先要确定丝杠的支撑方式。考虑到丝杠长度大，且要求转速很高，对于丝杠的支撑方式应选择固定-支撑或者固定-固定的形式。固定-固定的方式虽然可以大大提高丝杠轴向的拉压刚度，但是其构造比较复杂，对零件精度、安装精度的要求都很高，而且加工、安装过程中产生的误差会导致丝杠偏载，反而会影响丝杠的性能。综合考虑，对丝杠的支撑方式选取固定-支撑的方式。

首先进行许用轴向载荷的校验。滚珠丝杠在其转动轴线方向上被施加载荷时，必须保证丝杠不发生挫曲或者拉压屈服。导致丝杠发生挫曲的临界载荷可以用式(5.22)求得。为确保安全，式中对计算结果乘以安全系数 0.5。

$$F_{sp} = \frac{\eta_p \pi^3 E_s d_s^4}{64 l_s^2} \times 0.5 \tag{5.22}$$

式中，F_{sp} 为挫曲临界载荷；E_s 为杨氏模量($2.06 \times 10^5 \text{N/mm}^2$)；$l_s$ 为丝杠的总长度(mm)；d_s 为丝杠轴螺纹小径(mm)；η_p 是与丝杠支撑方式有关的常量，由于本章采用了固定-支撑的方式，这里 η_p 的值为 2。查阅手册可知，16mm、20mm、36mm 导程丝杠的螺纹小径分别为 30.1mm、30.5mm、31.7mm。分别代入式(5.22)中计算可得三个丝杠的许用轴向载荷分别为 67704N、71375N、83289N。丝杠的轴向载荷就是滑块沿着驱动方向所受到的力，对比表 5-1 可知，最大载荷远远小于三个丝杠的许用轴线载荷。

丝杠不发生拉压屈服的容许轴向负载可由式(5.22)求出：

$$F_{sp2} = \sigma_{se} \frac{\pi d_s^2}{4} \tag{5.23}$$

式中，$\sigma_{se} = 147 \text{MPa}$ 为容许拉伸压缩应力。将数值代入式(5.23)计算可得 16mm、20mm、36mm 导程丝杠在此情况下的许用轴向载荷分别为 105097N、107909N、116567N，可见三种丝杠均符合强度要求。

除了轴向载荷，丝杠对于旋转速度也有限制，对于丝杠的许用最高转速有两方面的限制。随着滚珠丝杠转速的提高，旋转频率会逐渐接近丝杠轴的固有频率，从而会引发共振而不能继续转动甚至会损坏丝杠系统。因此，一定要在共振点(极限转速)以下使用。这种情况下的极限转速可以用式(5.24)求得，在实际应用中为了安全起见，式中对计算结果再乘以安全系数 0.8。

$$V_n = \frac{60 \eta_n^2}{2\pi l_s^2} \sqrt{\frac{10^3 E_s d_s^2}{16 \rho_s}} \times 0.8 \tag{5.24}$$

式中，$\rho_s = 7.85 \times 10^{-6} \text{kg/mm}^3$ 是丝杠的密度；η_s 是与丝杠支撑方式有关的常量，由于本章采用了固定-支撑的方式，这里 η_s 的值为 3.927。将数值代入式(5.24)计算可得 16mm、20mm、36mm 导程丝杠在此情况下的许用最大转速分别为 3753r/min、3803r/min、3952r/min，对比表 5-3 可知，选用这三种丝杠时需要的最高转速均远小于各自的许用最高转速。

另外，当滚珠丝杠内部的滚珠钢球的公转速度变大后，其冲击力将对丝杠及螺母造成损伤。对于精密丝杠，应避免这种情况的发生。为了避免滚珠的冲击伤害，滚珠丝杠的容许最高转速可由式(5.25)得出：

$$V_{Dn} = \frac{70000}{d_D} \tag{5.25}$$

式中，d_D 为滚珠丝杠的钢球滚动时球心轨迹的直径(mm)。查阅手册可知，16mm、20mm、36mm 导程丝杠的钢球球心轨迹直径分别为 38mm、37.75mm、37.4mm。将数值分别代入式(5.25)中计算可得三个丝杠的许用最高转速为 1842r/min、1854r/min、1871r/min。滚珠丝杠的最终容许转速由丝杠轴的容许最大速度 V_n 和 V_{Dn} 共同决定，选取 V_n 和 V_{Dn} 中比较低的转速作为最终的容许转速。对比表 5-3 可以发现，采用 16mm 导程丝杠时，需求的最高转速为 2167r/min，已经超过容许最高转速；采用 20mm 导程丝杠时，需求的最高转速为 1734r/min，与容许最高转速十分接近。综合考虑，本章最终选择 36mm 导程的丝杠。

5.6　模拟器的综合性能测试

经过前面的一系列工作，本章根据工程实际的具体需求以及弱碰撞测试实验的特点，对半实物模拟系统进行了从构型、尺寸、结构直至驱动系统的一整套设计，最终完成了对半实物模拟系统中机械部分的全部设计。经过加工装配完成后的机械系统如图 4-13 所示。接下来就可以进行各类性能测试实验，以验证弱碰撞模拟实验最关心的工作空间、动态响应等能力是否满足设计要求。

为了验证建造调试完成后的半实物模拟系统的运动能力是否满足实验需求的工作空间，首先进行工作空间验证。由第 3 章的分析可知，模拟系统中两个并联运动模拟器运动性能最差的点在工作空间边界上，只需要分别验证两个运动模拟器能达到需求工作空间边界上的位姿，即可证明运动模拟器在整个需求工作空间内的运动能力符合设计要求。首先在需求的工作空间圆柱边界上选取一系列位姿点作为工作空间考核样本。为了保证样本的全面性，利用第 3 章的关键点法寻找3.2 节中 $C_0 \sim C_3$ 四个需求工作空间的关键位置姿态点，然后从这四个需求工作空间的边界上随机选点，并按照最大转角任意组合形成位置姿态点，与关键点一并组成考核样本。建立好考核样本之后，利用运动学反解模型依次求解这些样本位姿点所对应的电机驱动量，并控制电机驱动运动模拟器运动以逐一实现这些要求的位姿，并验证运动模拟器的运动能力是否达标。

图 5-15 显示了 3DOF 运动模拟器按照设计需求绕 y、z 轴的单轴旋转能力，以及在最大组合转角情况下的转动情况。图 5-16 显示了 6DOF 运动模拟器在需求的工作空间边界圆柱边界上，按照需求的最大组合转角进行转动时的运行情况。

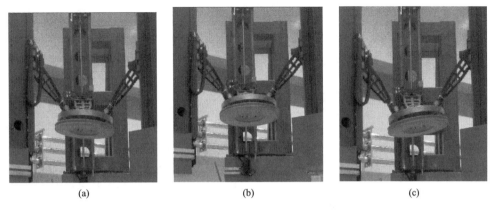

图 5-15   3DOF 运动模拟器的工作空间展示

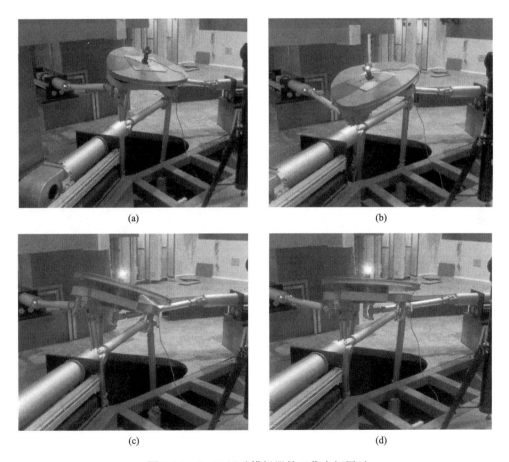

图 5-16   6DOF 运动模拟器的工作空间展示

　　为了测量评估运动平台末端最终实现的位姿，本实验使用激光跟踪仪测量系统(第6章中将会详细介绍)对运动平台六维的位置姿态进行测量，并与设计要求进行比较。通过运动控制和测量对比可以发现，运动模拟器的运动平台可以实现工作空间考核样本中的所有位姿点，符合设计要求。

　　与传统的碰撞模拟系统不同，弱碰撞模拟系统仅在机构性能最优的工作空间中心处满足频响需求是不够的，必须在需求工作空间全域的大范围内均具有很高的动态响应能力才能保证对整个弱碰撞对接过程的真实再现。为了验证6DOF运动模拟器的动态响应特性是否满足实验要求，最直接有效的检验办法就是进行正弦信号的频响测试实验。由于工作空间边界处运动模拟器的动态性能最差，只需要验证边界上的能力是否达标即可。由于频响实验十分耗时，仅从前面的工作空间考核样本中选取一部分位姿点进行实验。选定一个位姿点，以这个位姿为起点，分别给出六个维度上的正弦信号作为运动平台的运行轨迹信号，经由反解模型以及电机控制程序，控制运动模拟器复现这些正弦信号，令正弦信号的周期从 1Hz 开始，逐渐增加到15Hz，实时记录运动模拟器的运行情况，并与给定的正弦曲线比较，分析实际运行曲线的幅值衰减及相位差。利用实验结果绘制运动模拟器的频响曲线，由于测试数据非常多，仅选取某一工作空间边界点上四个维度方向的频响特性曲线进行展示，如图 5-17 所示。

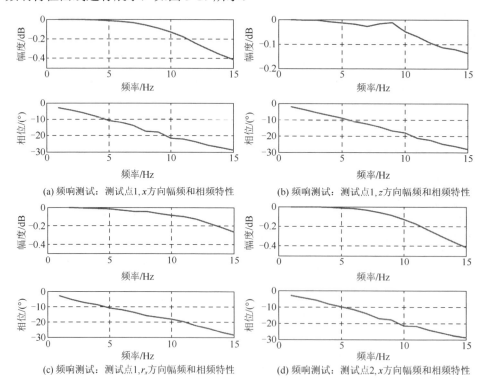

(a) 频响测试：测试点1, x方向幅频和相频特性　　　(b) 频响测试：测试点1, z方向幅频和相频特性

(c) 频响测试：测试点1, r_x方向幅频和相频特性　　　(d) 频响测试：测试点2, x方向幅频和相频特性

图 5-17　6DOF 运动模拟器的频响特性曲线

　　由实验结果可以发现，6DOF 运动模拟器的动态响应特性十分优秀，在工作空间内性能最差的位姿上进行 15Hz 的频响实验时，最大幅值衰减在 0.5dB 以内，最大相位差在 30° 以内，可见其频响失真很小，满足设计要求，且优于国内外现有系统 8Hz 的带宽。需要说明的是，为了应对 1.5 节中介绍的弱碰撞模拟的苛刻需求，研制的运动模拟器在需求工作空间全域内都可以保证需求的高频工作带宽，而以往的系统仅是在工作空间中心处保证这样的工作带宽。由此可以证明，本章对于机械系统的构型和尺度设计以及对驱动传动系统的设计是非常成功的。

第6章 模拟器的精度分析与标定

6.1 引　言

前面的一系列工作完成了对模拟系统的机构设计。为了能逼真地模拟碰撞，模拟系统还需要具有较高的运动精度。在工程实际中，模拟器受制造安装等误差因素的影响，其最终的运动学基本参数(如铰链点位置、连杆长度、驱动器方向等)会与设计值产生偏差，使得前面基于理论参数建立的运动学模型不再准确，若继续套用此模型进行控制势必会影响运动精度。工程实际中主要从两方面解决这个问题：一是提高加工和安装精度，使得最终产品的尺度参数与理论值尽可能接近；二是辨识出机构的实际运动学基本参数，然后利用这些参数去修正原有的运动学模型。提高机械加工和安装精度是最直接的提高运动精度的方法，但精度每提高一个量级，制造成本将呈几何方式增长，且这样无法完全消除误差。因此，对于有高精度要求的运动模拟器，必须同时从两个方面着手以提高整体精度。

对于并联机构，其各项运动学基本参数难以直接测量，目前主要采用运动学标定方法去辨识这些参数。由于并联机构的复杂性，很难有适用于所有机构的标定和校准方法，而且对于标定中的随机干扰因素和实际操作中运动元素的正确获取等问题也没有很好的理论。如何针对本书机构建立全面的参数辨识模型，并建立具有较好的抗干扰性和可操作性的标定测量及参数修正方案是本章所面临的又一个难点。此外，由于机构的很多坐标系并不是真实存在的，对于标定实验的具体实施，如何正确测量并处理众多坐标系之间的关系也是一个需要研究的难点。

本章首先对可能影响运动模拟器运动精度的各种因素进行分析，建立机构运动学参数误差的误差传递模型，然后在此基础上建立运动模拟器的标定方法，并对模拟系统进行参数辨识和修正。考虑到碰撞实验仅关心交会模拟机构在锁定位置时的精度，因此无需对其进行标定，只需要在安装完成后对其锁定位置的姿态进行精准测量即可。

6.2　模拟器的精度影响因素分析

在建立标定的参数辨识模型之前，为了保证其全面性及合理性，首先要对可能会影响运动模拟器末端运动平台输出精度的各类因素进行全面分析，并与运动学模型结合，确定需要进行标定的独立运动学参数。对于本书所提出的 3-3 正交型并联运动模拟器，如图 6-1 所示，影响其末端运动平台的运动精度的原始因素如下。

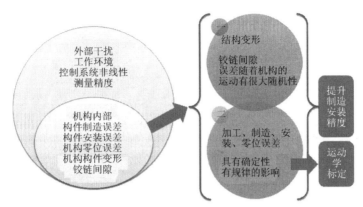

图 6-1 运动模拟器的误差因素

(1) 六条直线驱动器导轨相对于基座的布置误差。导轨的布置误差由位置误差和方向误差组成。导轨的布置位置难以直接并且精确地测量，但是其相对于固定机架的驱动方向可以通过移动滑块并测量滑块上固定点的位置变化而测量得到。

(2) 六个驱动滑块上的铰链中心点相对于滑块的布置位置误差。由于铰链中心点是铰链的转动中心，是铰链内部一个虚拟的点，无法直接测量，所以需要通过标定手段来辨识其真实位置坐标。

(3) 驱动滑块零位误差。运动是相对的，运动模拟器的运动也是相对于一个初始的状态来描述的，当运动模拟器处于初始零位时，各个驱动滑块都处于各自的零位，若实际的零位相对于设计值有偏差，那么实际的运动相对于理论值也会产生偏差，由于这个零位是人为设定的，并没有物理上的参照，难以直接测量，所以也需要使用标定手段来精确辨识。

(4) 运动平台上的六个铰链中心点相对于运动平台中心的布置位置误差。其与滑块上的铰链位置一样也是无法直接测量的，只能借助标定方法辨识。

(5) 六个刚性连杆的长度误差。刚性连杆的长度实际是指分别固连在连杆两端的两个铰链中心点之间的距离，因此也无法直接测量连杆的长度。

(6) 球铰内部转轴轴线之间的布置夹角和距离误差。

(7) 驱动滑块的驱动量误差。位置传感器的测量误差、控制系统误差等会影响滑块的实际行程。

(8) 各活动关节自身的间隙。

(9) 运动模拟器工作时机械构件的变形。

(10) 工作环境的干扰(如振动、温度、湿度等)。

如图 6-2 所示，分析这些因素，其中因素(7)和(10)是来自机构外部的因素，它们对精度的影响有很大的随机性，而通过采用一定的措施可以使这些误差降低到不会严重影响机构运动精度的程度。例如，将运动模拟器放置于隔振台上、使工作环境恒温恒湿、提高控制系统精度等。因素(8)和(9)在机构运行时对末端输出精度的影响有很大的随机性，难以进行测量和补偿，当加工精度足够时，其对平台精度影响的量级要小于其他因素，因此本章不对它们做深入研究，只以提高加工精度、增加构件刚度的方法保证其不对整机精度产生过大影响。其余的影响因素一旦机构完成安装就会确定下来，并且会一直伴随机构的运动对运动模拟器精度造成有规律的影响，本章称这些因素为几何因素。对于因素(6)，Masory 等[164]将球铰的此类运动误差引入运动学模型并分析了其对输出精度的影响，证明了此类误差对并联机构整体精度的影响与其他因素相比要小得多。若将此因素考虑在内，会使最终的修正运动学模型十分复杂，并拖慢控制系统的解算速度，而且这样的做法实际上并没有给精度带来太大提升，是很不经济的，因此一般不对此影响因素进行建模。

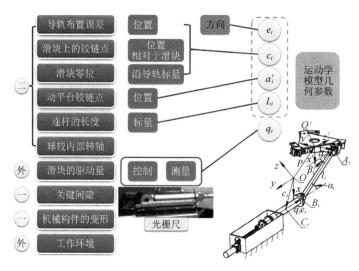

图 6-2　运动模拟器的误差分析

前面分析了所有可能影响运动模拟器输出精度的误差因素，接下来还需要进一步研究这些因素与输出精度的关系，因此需要将这些影响因素与前面建立的 3-3 正交型并联机构的运动学模型进行结合。由第 2 章可知，唯一确定碰撞模拟机构运动学模型的运动学基本参数有：六个连杆的长度 L_i、运动平台上六个铰链中心点在运动平台坐标系下的位置坐标 a_i'、六条导轨的驱动方向 e_i、驱动滑块的驱动行程误差 q_i，以及滑块上铰链中心点的初始状态零位坐标 c_i。虽然机构的四个基本尺寸参数可以唯一确定这些运动学基本参数，但是当机构含有误差后，基本尺寸参数对于运动学基本参数的约束关系将不复存在，而运动学基本参数才是决定运动学模型的基本独立变量，因此对机构的尺度参数辨识以及运动学模型修正都应该以这些运动学基本参数为基础。

利用这些运动学基本参数对前面分析的原始误差因素进行数学建模：L_i 仅与因素(5)有关；a_i' 仅与因素(4)有关；e_i 仅与因素(1)中的导轨方向有关，它的实际值可以直接测量并可以方便地修正到运动学模型中；q_i 仅与因素(7)有关，本课题为了对驱动器的驱动量进行精确的控制，在滑块导轨上安装了光栅尺，可以精确地测量出滑块的实际移动量，因此可以在此处利用光栅尺将机构的误差分割为两部分，即滑块之前的控制系统误差以及滑块之后的机械系统误差。因素(1)中的导轨布置位置以及因素(2)及(3)共同影响着 c_i，c_i 的最终误差是三者的线性叠加，当机构安装完毕后，它们对 c_i 的影响关系是固定的，对于机构的运动学研究，可将这三个因素作为一个整体研究，而不必关心它们各自的实际误差。

综上可见，机构的误差影响因素中，所有的几何因素最终均反映到运动学基本参数的误差上，这些参数是联系机构误差与运动学模型误差的纽带。对于运动模拟器的标定，就是通过测量及解算辨识出这些运动学基本参数的真实值，并将它们修正到运动学模型中的过程。

6.3　模拟器参数误差传递模型

本节将逐一建立机构的运动学基本参数误差对于运动模拟器的运动平台输出精度的影响关系模型，基于这些误差传递关系模型，可以根据设计要求中对于运动模拟器整体精度的要求反求出各机械部件的允许加工、制造误差，为运动模拟器的制造、安装环节提出指导意见。此外，这些关系模型也是建立完整的运动学参数辨识模型的基础。

6.3.1　连杆长度误差对输出精度的影响关系建模

由前面对运动模拟器建立的运动学模型可知，对于第 i 条支链有如下矢量关系：

$$l_i = p + Ra_i' - c_i - q_i e_i \tag{6.1}$$

对式(6.1)两边取模可得

$$L_i = \left| p + Ra_i' - c_i - q_i e_i \right| = \sqrt{\left| p + Ra_i' - c_i - q_i e_i \right|^2} \tag{6.2}$$

为了寻求连杆长度的微小误差量对运动平台末端位姿的影响关系，对式(6.2)求解关于末端平台广义坐标 $X = \begin{bmatrix} p_x & p_y & p_z & \varphi & \theta & \gamma \end{bmatrix}^{\mathrm{T}}$ 的全微分并忽略高阶项，可以得到第 i 条支链的连杆长度与运动平台末端位置姿态六个量之间的微分关系为

$$\Delta L_i = \frac{\partial L_i}{\partial p_x}\Delta p_x + \frac{\partial L_i}{\partial p_y}\Delta p_y + \frac{\partial L_i}{\partial p_z}\Delta p_z + \frac{\partial L_i}{\partial \varphi}\Delta \varphi + \frac{\partial L_i}{\partial \theta}\Delta \theta + \frac{\partial L_i}{\partial \gamma}\Delta \gamma \qquad (6.3)$$

为了方便描述，令 $l_i = (l_{xi}, l_{yi}, l_{zi})$，$i = (1,0,0)$，$j = (0,1,0)$，$k = (0,0,1)$。利用式(6.2)求解式(6.3)中的未知微分元素可得

$$\frac{\partial L_i}{\partial p_x} = \frac{\partial}{\partial p_x}\sqrt{\left| p + Ra_i' - c_i - q_i e_i \right|^2}$$

$$= \frac{1}{2\sqrt{\left| p + Ra_i' - c_i - q_i e_i \right|^2}} \cdot \frac{\partial \left(\left| p + Ra_i' - c_i - q_i e_i \right|^2 \right)}{\partial p_x}$$

$$= \frac{1}{L_i}\left(p + Ra_i' - c_i - q_i e_i \right) \cdot i = \frac{l_{xi}}{L_i}$$

同理还可得

$$\frac{\partial L_i}{\partial p_y} = \frac{l_{yi}}{L_i}, \quad \frac{\partial L_i}{\partial p_z} = \frac{l_{zi}}{L_i}, \quad \frac{\partial L_i}{\partial \varphi} = \left(Ra_i' \times l_i \right) \cdot i, \quad \frac{\partial L_i}{\partial \theta} = \left(Ra_i' \times l_i \right) \cdot j, \quad \frac{\partial L_i}{\partial \gamma} = \left(Ra_i' \times l_i \right) \cdot k$$

为了便于编程计算，将式(6.3)推广到所有六条支链上，并整理写成矩阵形式，于是可以得到从运动平台末端位置姿态误差至六个连杆长度误差的传递关系式为

$$\Delta L = E_L \Delta X \qquad (6.4)$$

式中

$$\Delta L = \begin{bmatrix} \Delta L_1 & \Delta L_2 & \Delta L_3 & \Delta L_4 & \Delta L_5 & \Delta L_6 \end{bmatrix}^{\mathrm{T}}$$

$$\Delta X = \begin{bmatrix} \Delta P_x & \Delta P_y & \Delta P_z & \Delta \psi & \Delta \theta & \Delta \phi \end{bmatrix}^{\mathrm{T}}$$

$$E_L = \begin{bmatrix} \dfrac{l_{x1}}{L_1} & \dfrac{l_{y1}}{L_1} & \dfrac{l_{z1}}{L_1} & \left(Ra_1' \times l_1 \right)\cdot i & \left(Ra_1' \times l_1 \right)\cdot j & \left(Ra_1' \times l_1 \right)\cdot k \\[2mm] \dfrac{l_{x2}}{L_2} & \dfrac{l_{y2}}{L_2} & \dfrac{l_{z2}}{L_2} & \left(Ra_2' \times l_2 \right)\cdot i & \left(Ra_2' \times l_2 \right)\cdot j & \left(Ra_2' \times l_2 \right)\cdot k \\[2mm] \vdots & \vdots & \vdots & \vdots & \vdots & \vdots \\[2mm] \dfrac{l_{x6}}{L_6} & \dfrac{l_{y6}}{L_6} & \dfrac{l_{z6}}{L_6} & \left(Ra_6' \times l_6 \right)\cdot i & \left(Ra_6' \times l_6 \right)\cdot j & \left(Ra_6' \times l_6 \right)\cdot k \end{bmatrix}$$

其中，ΔL 代表全部六个连杆的长度误差；E_L 为误差传递矩阵。对式(6.4)进行变换即可得到杆长误差至运动模拟器输出误差的误差传递公式为

$$\Delta X = E_L^{-1} \Delta L \qquad (6.5)$$

6.3.2　驱动行程误差对输出精度的影响关系建模

由前面关于 6DOF 运动模拟器的运动学分析可知各驱动滑块的位置反解为

$$q_i = H_i \cdot e_i - \sqrt{\left(H_i \cdot e_i\right)^2 - H_i \cdot H_i + \left|l_i\right|^2} \tag{6.6}$$

对式(6.6)求全微分并忽略高阶项可得第 i 条支链的驱动行程关于运动平台位姿的全微分方程为

$$\Delta q_i = \frac{\partial q_i}{\partial p_x}\Delta p_x + \frac{\partial q_i}{\partial p_y}\Delta p_y + \frac{\partial q_i}{\partial p_z}\Delta p_z + \frac{\partial q_i}{\partial \varphi}\Delta\varphi + \frac{\partial q_i}{\partial \theta}\Delta\theta + \frac{\partial q_i}{\partial \gamma}\Delta\gamma \tag{6.7}$$

由运动学分析还可以知道 $l_i = H_i - q_i e_i$，对此关系式两边同时点乘 e_i 并代入式(6.6)中整理可得

$$l_i \cdot e_i = \sqrt{\left(H_i \cdot e_i\right)^2 - H_i \cdot H_i + \left|l_i\right|^2} \tag{6.8}$$

利用式(6.6)以及式(6.8)求解式(6.7)中的元素：

$$\begin{aligned}
\frac{\partial q_i}{\partial p_x} &= \frac{\partial H_i}{\partial p_x} \cdot e_i - \frac{1}{2\sqrt{\left(H_i \cdot e_i\right)^2 - H_i \cdot H_i + L^2}}\left(2\frac{\partial H_i}{\partial p_x} \cdot e_i \left(H_i \cdot e_i\right) - 2\frac{\partial H_i}{\partial p_x} \cdot H_i\right) \\
&= \frac{1}{l_i \cdot e_i}\left(\frac{\partial H_i}{\partial p_x} \cdot \left(e_i\left(l_i \cdot e_i - H_i \cdot e_i\right) + H_i\right)\right) \\
&= \frac{1}{l_i \cdot e_i}\left(\frac{\partial H_i}{\partial p_x} \cdot \left(-q_i e_i + H_i\right)\right) \\
&= \frac{1}{l_i \cdot e_i}\left(\frac{\partial H_i}{\partial p_x} \cdot l_i\right) \\
&= \frac{l_{xi}}{l_i \cdot e_i}
\end{aligned}$$

同理可得

$$\frac{\partial q_i}{\partial p_y} = \frac{l_{yi}}{l_i \cdot e_i}, \quad \frac{\partial q_i}{\partial p_z} = \frac{l_{zi}}{l_i \cdot e_i}$$

$$\frac{\partial q_i}{\partial \varphi} = \left(Ra_i' \times \frac{l_i}{l_i \cdot e_i}\right) \cdot i, \quad \frac{\partial q_i}{\partial \theta} = \left(Ra_i' \times \frac{l_i}{l_i \cdot e_i}\right) \cdot j, \quad \frac{\partial q_i}{\partial \gamma} = \left(Ra_i' \times \frac{l_i}{l_i \cdot e_i}\right) \cdot k$$

令 $\Delta Q = \begin{bmatrix} \Delta q_1 & \Delta q_2 & \Delta q_3 & \Delta q_4 & \Delta q_5 & \Delta q_6 \end{bmatrix}^{\mathrm{T}}$ 表示所有六个驱动器的驱动量误差，将式(6.7)推广到所有六条支链上，并整理写成矩阵形式，可得驱动误差至运动模拟器输出误差的误差传递公式为

$$\Delta X = E_q^{-1}\Delta Q \tag{6.9}$$

式中

$$E_q = \begin{bmatrix} \dfrac{l_{x1}}{l_1 \cdot e_1} & \dfrac{l_{y1}}{l_1 \cdot e_1} & \dfrac{l_{z1}}{l_1 \cdot e_1} & \left(Ra_1' \times \dfrac{l_1}{l_1 \cdot e_1} \right) \cdot i & \left(Ra_1' \times \dfrac{l_1}{l_1 \cdot e_1} \right) \cdot j & \left(Ra_1' \times \dfrac{l_1}{l_1 \cdot e_1} \right) \cdot k \\[2ex] \dfrac{l_{x2}}{l_2 \cdot e_2} & \dfrac{l_{y2}}{l_2 \cdot e_2} & \dfrac{l_{z2}}{l_2 \cdot e_2} & \left(Ra_2' \times \dfrac{l_2}{l_2 \cdot e_2} \right) \cdot i & \left(Ra_2' \times \dfrac{l_2}{l_2 \cdot e_2} \right) \cdot j & \left(Ra_2' \times \dfrac{l_2}{l_2 \cdot e_2} \right) \cdot k \\[1ex] \vdots & \vdots & \vdots & \vdots & \vdots & \vdots \\[1ex] \dfrac{l_{x6}}{l_6 \cdot e_6} & \dfrac{l_{y6}}{l_6 \cdot e_6} & \dfrac{l_{z6}}{l_6 \cdot e_6} & \left(Ra_6' \times \dfrac{l_6}{l_6 \cdot e_6} \right) \cdot i & \left(Ra_6' \times \dfrac{l_6}{l_6 \cdot e_6} \right) \cdot j & \left(Ra_6' \times \dfrac{l_6}{l_6 \cdot e_6} \right) \cdot k \end{bmatrix}$$

6.3.3 滑块铰链中心点初始零位误差对输出精度的影响关系建模

当滑块铰链中心点的初始零位 $c_i\left(c_{xi}, c_{yi}, c_{zi}\right)$ 存在微小空间位置误差时，称含有这项几何参数误差的机构为误差机构，称没有尺寸误差的机构为理想机构。当两种机构的末端运动平台在空间中达到相同的位置姿态时，误差机构的滑块驱动行程与理论机构相比必然会有偏差，从这个角度，在一个确定位姿下，各驱动量是滑块铰链中心点初始零位的函数，即

$$q_i = f_c\left(c_{xi}, c_{yi}, c_{zi}\right) \tag{6.10}$$

对式(6.10)求关于初始零位三维坐标的全微分，并忽略高阶项可得

$$\Delta q_i = \frac{\partial q_i}{\partial c_{xi}} \Delta c_{xi} + \frac{\partial q_i}{c_{yi}} \Delta c_{yi} + \frac{\partial q_i}{\partial c_{zi}} \Delta c_{zi} \tag{6.11}$$

利用式(6.6)求解式(6.11)中的元素，以及 6.3.2 节中的变换原理，同理可得 $\dfrac{\partial q_i}{\partial c_{xi}} = -\dfrac{l_{xi}}{l_i \cdot e_i}$，$\dfrac{\partial q_i}{\partial c_{yi}} = -\dfrac{l_{yi}}{l_i \cdot e_i}$，$\dfrac{\partial q_i}{\partial c_{zi}} = -\dfrac{l_{zi}}{l_i \cdot e_i}$。将式(6.11)推广到六条支链上并代入驱动量的误差传递公式(6.9)可得

$$\Delta X = -E_q^{-1} \begin{bmatrix} \dfrac{l_{x1}}{l_1 \cdot e_1} \Delta c_{x1} + \dfrac{l_{y1}}{l_1 \cdot e_1} \Delta c_{y1} + \dfrac{l_{z1}}{l_1 \cdot e_1} \Delta c_{z1} \\[2ex] \dfrac{l_{x2}}{l_2 \cdot e_2} \Delta c_{x2} + \dfrac{l_{y2}}{l_2 \cdot e_2} \Delta c_{y2} + \dfrac{l_{z2}}{l_2 \cdot e_2} \Delta c_{z2} \\[1ex] \vdots \\[1ex] \dfrac{l_{x6}}{l_6 \cdot e_6} \Delta c_{x6} + \dfrac{l_{y6}}{l_6 \cdot e_6} \Delta c_{y6} + \dfrac{l_{z6}}{l_6 \cdot e_6} \Delta c_{z6} \end{bmatrix}^{T} \tag{6.12}$$

为了便于编程计算，将六个滑块铰链中心点初始零位的三维坐标误差(共 $6 \times 3 = 18$ 个)写成一个列向量：

$$\Delta C = \begin{bmatrix} \Delta c_{x1} & \Delta c_{y1} & \Delta c_{z1} & \Delta c_{x2} & \Delta c_{y2} & \Delta c_{z2} & \cdots & \Delta c_{x6} & \Delta c_{y6} & \Delta c_{z6} \end{bmatrix}^{T}$$

ΔC 代表所有的滑块铰链中心点初始零位误差。对式(6.12)进一步整理变换可得滑块铰链中心点初始零位的误差传递公式为

$$\Delta X = E_C \Delta C \tag{6.13}$$

式中

$$E_C = -E_q^{-1} \begin{bmatrix} \dfrac{l_{x1}}{l_1 \cdot e_1} & \dfrac{l_{y1}}{l_1 \cdot e_1} & \dfrac{l_{z1}}{l_1 \cdot e_1} & & & & & & \\ & & & \dfrac{l_{x2}}{l_2 \cdot e_2} & \dfrac{l_{y2}}{l_2 \cdot e_2} & \dfrac{l_{z2}}{l_2 \cdot e_2} & & & \\ & & & & & & \ddots & & \\ & & & & & & \dfrac{l_{x6}}{l_6 \cdot e_6} & \dfrac{l_{y6}}{l_6 \cdot e_6} & \dfrac{l_{z6}}{l_6 \cdot e_6} \end{bmatrix}^{\mathrm{T}}$$

6.3.4　运动平台铰链中心点位置误差对输出精度的影响关系建模

当运动平台上的铰链中心点在运动平台坐标系内的位置 $a_i'\left(a_{xi}, a_{yi}, a_{zi}\right)$ 存在微小空间位置误差时，与 6.3.3 节类似，可认为在一个确定位姿下，各驱动量是运动平台上的铰链中心点位置的函数，即

$$q_i = f_a\left(a_{xi}, a_{yi}, a_{zi}\right) \tag{6.14}$$

对式(6.14)求全微分，并忽略高阶项可得

$$\Delta q_i = \begin{bmatrix} \dfrac{\partial q_i}{\partial a_{xi}} & \dfrac{\partial q_i}{\partial a_{yi}} & \dfrac{\partial q_i}{\partial a_{zi}} \end{bmatrix} \left(R \begin{bmatrix} \Delta a_{xi} \\ \Delta a_{yi} \\ \Delta a_{zi} \end{bmatrix} \right) \tag{6.15}$$

与前面分析同理，可以计算出式(6.15)中的元素 $\dfrac{\partial q_i}{\partial a_{xi}} = \dfrac{l_{xi}}{l_i \cdot e_i}$，$\dfrac{\partial q_i}{\partial a_{yi}} = \dfrac{l_{yi}}{l_i \cdot e_i}$，

$\dfrac{\partial q_i}{\partial a_{zi}} = \dfrac{l_{zi}}{l_i \cdot e_i}$。将式(6.15)推广到六条支链上并代入驱动量的误差传递公式(6.9)可得

$$\Delta X = E_q^{-1} \begin{bmatrix} \begin{bmatrix} \dfrac{l_{x1}}{l_1 \cdot e_1} & \dfrac{l_{y1}}{l_1 \cdot e_1} & \dfrac{l_{z1}}{l_1 \cdot e_1} \end{bmatrix} \left(R \begin{bmatrix} \Delta a_{x1} \\ \Delta a_{y1} \\ \Delta a_{z1} \end{bmatrix} \right) \\[20pt] \begin{bmatrix} \dfrac{l_{x2}}{l_2 \cdot e_2} & \dfrac{l_{y2}}{l_2 \cdot e_2} & \dfrac{l_{z2}}{l_2 \cdot e_2} \end{bmatrix} \left(R \begin{bmatrix} \Delta a_{x2} \\ \Delta a_{y2} \\ \Delta a_{z2} \end{bmatrix} \right) \\[20pt] \vdots \\[10pt] \begin{bmatrix} \dfrac{l_{x6}}{l_6 \cdot e_6} & \dfrac{l_{y6}}{l_6 \cdot e_6} & \dfrac{l_{z6}}{l_6 \cdot e_6} \end{bmatrix} \left(R \begin{bmatrix} \Delta a_{x6} \\ \Delta a_{y6} \\ \Delta a_{z6} \end{bmatrix} \right) \end{bmatrix}^{\mathrm{T}} \tag{6.16}$$

为了便于编程计算，将运动平台上所有铰链中心点的位置三维坐标误差(共 $6 \times 3 = 18$ 个)写成一个列向量：

$$\Delta A = \begin{bmatrix} \Delta a_{x1} & \Delta a_{y1} & \Delta a_{z1} & \Delta a_{x2} & \Delta a_{y2} & \Delta a_{z2} & \cdots & \Delta a_{x6} & \Delta a_{y6} & \Delta a_{z6} \end{bmatrix}^{\mathrm{T}}$$

ΔA 代表运动平台上所有的铰链中心点位置误差。将式(6.16)进一步整理变换可得运动平台铰链中心点的位置误差传递公式为

$$\Delta X = E_A \Delta A \tag{6.17}$$

式中

$$E_A = E_q^{-1} \begin{bmatrix} \begin{bmatrix} \dfrac{l_{x1}}{l_1 \cdot e_1} & \dfrac{l_{y1}}{l_1 \cdot e_1} & \dfrac{l_{z1}}{l_1 \cdot e_1} \end{bmatrix} R & & & \\ & \begin{bmatrix} \dfrac{l_{x2}}{l_2 \cdot e_2} & \dfrac{l_{y2}}{l_2 \cdot e_2} & \dfrac{l_{z2}}{l_2 \cdot e_2} \end{bmatrix} R & & \\ & & \ddots & \\ & & & \begin{bmatrix} \dfrac{l_{x6}}{l_6 \cdot e_6} & \dfrac{l_{y6}}{l_6 \cdot e_6} & \dfrac{l_{z6}}{l_6 \cdot e_6} \end{bmatrix} R \end{bmatrix}^{\mathrm{T}}$$

6.3.5　导轨方向误差对输出精度的影响关系建模

当驱动器驱动导轨的布置方向 $e_i(e_{xi}, e_{yi}, e_{zi})$ 存在微小空间位置误差时，与 6.3.4 节类似，可认为在一个确定位姿下，各驱动量是导轨方向的函数，即

$$q_i = f_e(e_{xi}, e_{yi}, e_{zi}) \tag{6.18}$$

对式(6.18)求全微分，并忽略高阶项可得

$$\Delta q_i = \frac{\partial q_i}{\partial e_{xi}} \Delta e_{xi} + \frac{\partial q_i}{\partial e_{yi}} \Delta e_{yi} + \frac{\partial q_i}{\partial e_{zi}} \Delta e_{zi} \tag{6.19}$$

利用式(6.6)求解式(6.19)中的元素，有

$$\begin{aligned} \frac{\partial q_i}{\partial e_{xi}} &= H_i \cdot \frac{\partial e_i}{\partial e_{xi}} - \frac{1}{2\sqrt{(H_i \cdot e_i)^2 - H_i \cdot H_i + L^2}} \left(2 H_i \cdot \frac{\partial e_i}{\partial e_{xi}} (H_i \cdot e_i) \right) \\ &= \frac{1}{l_i \cdot e_i} \left(H_i \cdot \frac{\partial e_i}{\partial e_{xi}} (l_i \cdot e_i - H_i \cdot e_i) \right) \\ &= -\frac{H_i \cdot i}{l_i \cdot e_i} q_i \end{aligned}$$

同理可得 $\dfrac{\partial q_i}{\partial e_{yi}} = -\dfrac{H_i \cdot j}{l_i \cdot e_i} q_i$，$\dfrac{\partial q_i}{\partial e_{zi}} = -\dfrac{H_i \cdot k}{l_i \cdot e_i} q_i$。将式(6.19)推广到六条支链上并代入

驱动量的误差传递公式(6.9)可得

$$\Delta X = -E_q^{-1} \begin{bmatrix} \dfrac{H_1 \cdot i}{l_1 \cdot e_1} q_1 \Delta e_{x1} + \dfrac{H_1 \cdot j}{l_1 \cdot e_1} q_1 \Delta e_{y1} + \dfrac{H_1 \cdot k}{l_1 \cdot e_1} q_1 \Delta e_{z1} \\ \dfrac{H_2 \cdot i}{l_2 \cdot e_2} q_2 \Delta e_{x2} + \dfrac{H_2 \cdot j}{l_2 \cdot e_2} q_2 \Delta e_{y2} + \dfrac{H_2 \cdot k}{l_2 \cdot e_2} q_2 \Delta e_{z2} \\ \vdots \\ \dfrac{H_6 \cdot i}{l_6 \cdot e_6} q_6 \Delta e_{x6} + \dfrac{H_6 \cdot j}{l_6 \cdot e_6} q_6 \Delta e_{y6} + \dfrac{H_6 \cdot k}{l_6 \cdot e_6} q_6 \Delta e_{z6} \end{bmatrix}^{\mathrm{T}} \tag{6.20}$$

为了便于编程计算，将六个导轨方向的误差(共 $6 \times 3 = 18$ 个)写成一个列向量：

$$\Delta D = \begin{bmatrix} \Delta e_{x1} & \Delta e_{y1} & \Delta e_{z1} & \Delta e_{x2} & \Delta e_{y2} & \Delta e_{z2} & \cdots & \Delta e_{x6} & \Delta e_{y6} & \Delta e_{z6} \end{bmatrix}^{\mathrm{T}}$$

ΔD 代表全部六个导轨方向的误差。将式(6.20)进一步整理变换可得导轨方向的误差传递公式为

$$\Delta X = E_E \Delta D \tag{6.21}$$

式中

$$E_E = -E_q^{-1} \begin{bmatrix} \left[\dfrac{H_1 \cdot i}{l_1 \cdot e_1} \quad \dfrac{H_1 \cdot j}{l_1 \cdot e_1} \quad \dfrac{H_1 \cdot k}{l_1 \cdot e_1} \right] q_1 & & & \\ & \left[\dfrac{H_2 \cdot i}{l_2 \cdot e_2} \quad \dfrac{H_2 \cdot j}{l_2 \cdot e_2} \quad \dfrac{H_2 \cdot k}{l_2 \cdot e_2} \right] q_2 & & \\ & & \ddots & \\ & & & \left[\dfrac{H_6 \cdot i}{l_6 \cdot e_6} \quad \dfrac{H_6 \cdot j}{l_6 \cdot e_6} \quad \dfrac{H_6 \cdot k}{l_6 \cdot e_6} \right] q_6 \end{bmatrix}^{\mathrm{T}}$$

由式(6.21)可见，导轨方向误差对运动模拟器的输出精度影响与驱动器的驱动量有关，驱动量的绝对值越大，导轨方向误差对末端精度的影响越大。

6.4　模拟器尺度参数辨识模型

由 6.2 节的介绍可知，模拟机构的各项运动学基本参数难以被直接、精确地测量。例如，各铰链中心点的位置对于运动学模型至关重要，但铰链中心点在铰链的内部，导致普通的测量手段无法进行，因此目前主要采用运动学标定方法辨识这些运动学基本参数的真实值。标定是指不对运动模拟器的机械结构进行改变的前提下，通过测量装置测量机构在运动过程中的一些运动学参数，以机构运动学模型为基础辨识出机构实际的运动学参数，并对运动学模型进行修正的过程。机构外界的影响因素以及构件的变形、铰链间隙等有很大的随机性，难以进行测量和补偿。对于机械系统的标定，应分清主次、循序渐进，首先辨识并补偿对精度影响较大的几何因素，对于不确定的非线性的因素应当在补偿几何因素之后机

构依然无法达到精度要求时考虑。因此，标定一般基于刚体假设，不考虑由外界环境干扰、铰链间隙、构件变形引起的误差。

标定主要可分为四个步骤：建立运动学参数辨识模型；控制机构运动并测量相关几何参数；利用辨识模型解算实际机构的运动学基本参数；利用辨识出的参数修正机构的运动学模型。而标定方法主要分为外部测量标定法、自标定法以及运动约束标定法三类。本课题对于标定的首要目标是高精度，结合各方法的特点，本章以精度最高的外部测量标定法为基础并辅以内部测量对运动模拟器进行标定。图 6-3 是进行外部位姿测量的实验示意图。

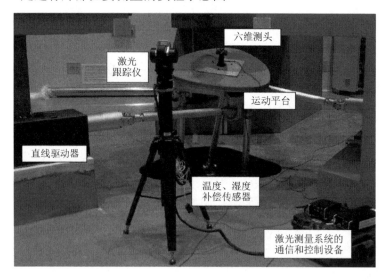

图 6-3　外部测量标定实验示意图

对于运动平台末端位姿信息的测量，本课题使用美国 API 公司的 T3 激光跟踪仪(图 6-4(a))及其配套的 SmartTRAK(STS)六维传感器(图 6-4(b))作为外部测量仪器。将 STS 六维测头固定安装在运动平台上，通过固定在地面上的 T3 激光跟踪仪对其进行追踪测量，只进行单次测量就可以一次性采集运动平台的全部六维位姿信息，其位移测量精度高达 1μm，姿态测量精度可达 3″，测量误差非常小，可有效保证标定结果的精度。传统测量方法需要分别测量运动平台上三个点的坐标，再通过计算才能得到全部六维位姿数据，耗时耗力，严重限制了标定实验中测量点的数目。而使用 STS 六维测头测量位姿信息十分便捷，只需几微秒就可直接获取六维位姿信息，使得测量效率有了质的提升，因此可以在短时间内测量大量的位姿点，进一步提升标定结果的精度。得益于这一优势，本课题可以在工作空间内大量均匀地选取标定位姿点进行位姿测量，无需过多考虑标定点的选取原则即可保证测量的全面性及计算结果的准确性。

此外，激光跟踪仪还可与三维靶球(图 6-4(c))配合从而更快速地测量位置信息。例如，把靶球固定在驱动滑块上，并令控制系统驱动滑块来回移动，通过测量靶球的移动轨迹，便可精确地测量出导轨的实际布置方向 e_i。

(a) 激光跟踪仪

(b) STS 测头

(c) 靶球

图 6-4　本课题所使用的激光测量系统

　　为了提升标定实验的精度，本课题在每个驱动导轨上都安装了光栅尺，如图 6-5 所示，其测量精度高达 $1\mu m$，可精确地测量每个滑块的实际驱动量，从而将运动模拟器控制系统的随机误差与机构的几何误差因素隔绝，减少了标定实验的外界随机干扰，最终使标定结果更加精确。而光栅尺的安装和校准又可通过激光跟踪仪来进行。此外，控制系统可利用光栅尺的读数进行校准以提升控制精度。通过在导轨处安装光栅尺，使模拟机构的几何误差因素独立出来，而对于运动模拟器的运动学模型，需要在标定中修正的运动学基本参数只剩下 L_i、a'_i、c_i 以及 e_i。需要注意的是，虽然 e_i 可以利用靶球直接进行精确测量，但是通过下面对参数辨识模型的建模过程可知，标定过程中会动态地改变机构自身坐标系的位姿，于是基于机构基坐标系描述的 e_i 也会随之改变，在标定过程中通过测量手段去修

图 6-5　支链光栅尺测量系统

正 e_i 效率很低；另外，通过修正坐标系的手段去求解 e_i 的真实值也不如直接对其建立参数辨识模型进行辨识的结果精准。

　　下面将以这种对末端位姿完整信息以及驱动量信息完整测量的方式为基础，建立运动模拟器的运动学参数辨识模型，即通过测量得出驱动量 q_i 以及运动平台位姿信息 X，基于运动学模型求解运动模拟器的实际运动学基本参数与理论值的误差 ΔL、ΔA、ΔC 以及 ΔE。在第 2 章中，同时建立了运动模拟器的运动学正解和反解模型。本章将分别利用这两种模型建立运动学参数辨识模型，并从中选取精度和效率更高的方法。

　　首先通过运动学正解模型建立运动学参数辨识模型。在 6.3 节的研究中，已经建立了各个运动学基本参数的误差至运动平台位置姿态的误差的传递关系模型。在微小变形的前提下，它们共同对于运动平台位置姿态的影响是各自误差传递模型的线性叠加：

$$\Delta X = E_L^{-1} \Delta L + E_C \Delta C + E_A \Delta A + E_E \Delta E \tag{6.22}$$

为了便于编程计算，将式(6.22)进一步整理成矩阵形式可得

$$\Delta X = E \begin{bmatrix} \Delta L \\ \Delta C \\ \Delta A \\ \Delta D \end{bmatrix} \tag{6.23}$$

式中，$E = \begin{bmatrix} E_L^{-1} & E_C & E_A & E_E \end{bmatrix}$，称为全参数误差传递矩阵。假设标定实验中设置了 n 个运动平台位姿作为标定测量点，对于第 $j(j=1,2,\cdots,n)$ 个位姿点，可以通过激光跟踪仪测量得到运动平台的实际位姿 ${}^m X_j$，通过光栅尺可以读出各个驱动器的实际驱动量 ${}^m Q_j$，将 ${}^m Q_j$ 代入运动学正解模型可解算出理想运动平台的理论位姿 ${}^t X_j$。于是可得运动平台的位姿微分 $\Delta X_j = {}^t X_j - {}^m X_j$。进一步将 ${}^t X_j$ 与 ${}^m Q_j$ 代入式(6.23)中可得到当前位姿下的全参数误差传递矩阵 E_j。把式(6.23)推广到所有的标定测量点上，然后扩展成矩阵形式可得

$$\begin{bmatrix} \Delta X_1 \\ \Delta X_2 \\ \vdots \\ \Delta X_n \end{bmatrix}_{6n \times 1} = \begin{bmatrix} E_1 \\ E_2 \\ \vdots \\ E_n \end{bmatrix}_{6n \times 60} \begin{bmatrix} \Delta L \\ \Delta C \\ \Delta A \\ \Delta D \end{bmatrix}_{60 \times 1} = \Omega_{6n \times 60} \begin{bmatrix} \Delta L \\ \Delta C \\ \Delta A \\ \Delta D \end{bmatrix}_{60 \times 1} \tag{6.24}$$

式(6.24)建立了运动学基本参数微分到运动平台位姿微分的线性关系，由 $6n$ 个方程组成，包含 60 个未知数，要求解此线性方程组，至少需要 10 个标定测量点。在工程实际中，机构变形、铰链间隙、测量误差等随机误差因素都会影响运动学基本参数微分与运动平台位姿微分之间的线性关系，若只用 10 个点求解，这些随机误差因素会对最终的参数辨识结果造成很大的影响。为避免这些随机误差，应选取大量的标定位姿点并采用最小二乘法进行求解。对式(6.24)应用最小二乘法可得

$$\begin{bmatrix} \Delta L \\ \Delta C \\ \Delta A \\ \Delta D \end{bmatrix} = \left(\Omega^{\mathrm{T}} \Omega \right)^{-1} \Omega^{\mathrm{T}} \begin{bmatrix} \Delta X_1 \\ \Delta X_2 \\ \vdots \\ \Delta X_n \end{bmatrix} \tag{6.25}$$

式(6.25)建立了从运动平台位姿的微分到机构的运动学基本参数微分之间的关系。然而在实际使用过程中，由于机构参数误差较大，运动平台位姿的误差也较大，两者的误差不能认为是微小量，所以直接使用式(6.25)求解得到的参数误差是不准确的。因此，要使用循环迭代的方法，反复进行运动学基本参数的辨识，并将辨识结果修正到运动学模型中，从而使以上参数辨识模型中使用的差分量逐步趋近于零，最终使微分关系成立。需要注意的是，迭代过程中无需重复进行测量，在一次标定实验中，所有待测信息只需要在实验中测量一次即可，对于机构参数的辨识则需要在数据后处理中循环迭代。具体迭代流程如图 6-6 所示。

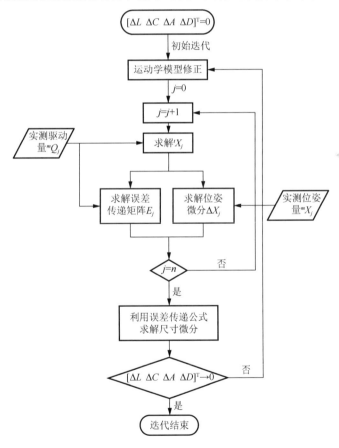

图 6-6　参数辨识模型 1 迭代流程图

(1) 对于第 i 次迭代，首先将第 $i-1$ 次迭代得到的运动学参数误差 $\begin{bmatrix} \Delta L & \Delta C & \Delta A & \Delta D \end{bmatrix}^{\mathrm{T}}_{i-1}$ 与第 $i-1$ 次迭代所使用的运动学基本参数进行叠加，并作为当前迭代所使用的新运动学基本参数。第 1 次迭代时使用运动学基本参数的设计理论值，并令 $\begin{bmatrix} \Delta L & \Delta C & \Delta A & \Delta D \end{bmatrix}^{\mathrm{T}}_{0} = 0$。

(2) 依照式(6.23)和式(6.24)，以补偿后新的运动学基本参数为基础，对所有标定测量点进行计算，得到整个样本的误差传递矩阵 Ω_i。

(3) 将新的运动学基本参数代入运动学正解模型，并使用测量得到的各个驱动器的实际驱动量 ^mQ 求解运动模拟器的理论位姿 ^lX。用 ^lX 与实测位姿 ^mX 做差，通过对所有标定测量点的计算可得全部样本中运动平台的位姿误差为

$$\begin{bmatrix} \Delta X_1 \\ \Delta X_2 \\ \vdots \\ \Delta X_n \end{bmatrix}_i$$

(4) 将第(3)步计算得到的运动平台位姿误差量与误差传递矩阵 Ω_i 一起代入运动学参数辨识模型(式(6.25))中进行计算，可以得到运动模拟器的运动学基本参数误差 $\begin{bmatrix} \Delta L & \Delta C & \Delta A & \Delta D \end{bmatrix}^{\mathrm{T}}_i$。

(5) 反复迭代执行步骤(1)～(4)，直到步骤(4)中计算得到的运动学基本参数误差 $\begin{bmatrix} \Delta L & \Delta C & \Delta A & \Delta D \end{bmatrix}^{\mathrm{T}}_i$ 接近 0，于是标定过程结束。此时，当前迭代步骤中使用的运动学基本参数即最终辨识完成的机构运动学基本参数，迭代中使用的运动学模型即最终修正好的运动学模型。

图 6-6 显示了这种参数辨识模型的具体迭代流程。上述标定模型是基于运动学正解模型以及各个运动学基本参数误差至运动模拟器输出位姿误差的传递关系建立的，层次清晰，意义明确，可以单独对某个运动学参数进行分析或标定；但是其求解过程计算量较大，而且还需要计算正解。为了提升效率，还可以基于运动学反解模型，从单支链约束的角度去建立参数辨识模型。

根据第 2 章对 6DOF 运动模拟器建立的运动学模型，对式(2.18)两边取模可得

$$L_i^2 = \left| p + Ra_i' - c_i - q_i e_i \right| \tag{6.26}$$

为了表述方便，设在某一个标定测量点处，测量得到的运动平台的位置 $p = \begin{bmatrix} p_x & p_y & p_z \end{bmatrix}^{\mathrm{T}}$，测量得到的运动平台的姿态矩阵为

$$R = \begin{bmatrix} r_{11} & r_{12} & r_{13} \\ r_{21} & r_{22} & r_{23} \\ r_{31} & r_{32} & r_{33} \end{bmatrix}$$

将 p、R 以及各个运动学基本参数的向量坐标代入式(6.26)可得

$$L_i^2 = m_1^2 + m_2^2 + m_3^2 \tag{6.27}$$

式中

$$m_1 = p_x + r_{11}a_{ix} + r_{12}a_{iy} + r_{13}a_{iz} - c_{ix} - q_i e_{ix}$$

$$m_2 = p_y + r_{21}a_{ix} + r_{22}a_{iy} + r_{23}a_{iz} - c_{iy} - q_i e_{iy}$$

$$m_3 = p_z + r_{31}a_{ix} + r_{32}a_{iy} + r_{33}a_{iz} - c_{iz} - q_i e_{iz}$$

由前面分析可知，对于运动模拟器各部件的加工制造以及安装过程会给机构的运动学基本参数带来误差，因此可将实际的运动学基本参数看成未知参数，单条支链内的全部未知运动学基本参数可表示为 $D_i = \begin{bmatrix} L_i & a_{ix} & a_{iy} & a_{iz} & c_{ix} & c_{iy} & c_{iz} & e_{ix} & e_{iy} & e_{iz} \end{bmatrix}^{\mathrm{T}}$ ($i=1,2,\cdots,6$)。将实际测量得到的驱动量和运动平台位姿作为已知量代入式(6.27)中并整理，则可组成关于实际运动学基本参数的函数为

$$f(D_i) = m_1^2 + m_2^2 + m_3^2 - L_i^2 = 0 \tag{6.28}$$

上述函数含有 10 个未知数，选取 10 个或以上的标定测量点并采集数据，分别代入式(6.28)可得关于运动学参数的非线性方程组，但是求解非线性方程的最小二乘解十分困难。可以首先采用线性化方法将非线性方程组转化为线性方程组，然后用迭代求解方法逐步逼近真实解。对式(6.28)进行关于机构的运动学基本参数的泰勒级数展开，并省略二阶及高阶项可得

$$\begin{aligned} f(D_i) = {} & f(D_{i0})/2 + (m_1 r_{11} + m_2 r_{21} + m_3 r_{31})(a_{ix} - a_{ix0}) \\ & + (m_1 r_{12} + m_2 r_{22} + m_3 r_{32})(a_{iy} - a_{iy0}) \\ & + (m_1 r_{13} + m_2 r_{23} + m_3 r_{33})(a_{iz} - a_{iz0}) - L_i(L_i - L_{i0}) \\ & - m_1(c_{ix} - c_{ix0}) - m_2(c_{iy} - c_{iy0}) - m_3(c_{iz} - c_{iz0}) \\ & - m_1 q_i(e_{ix} - e_{ix0}) - m_2 q_i(e_{iy} - e_{iy0}) - m_3 q_i(e_{iz} - e_{iz0}) \end{aligned}$$

进一步整理成矩阵形式可得

$$\begin{bmatrix} L \\ -(m_1 r_{11} + m_2 r_{21} + m_3 r_{31}) \\ -(m_1 r_{12} + m_2 r_{22} + m_3 r_{32}) \\ -(m_1 r_{13} + m_2 r_{23} + m_3 r_{33}) \\ m_1 \\ m_2 \\ m_3 \\ m_1 q_i \\ m_2 q_i \\ m_3 q_i \end{bmatrix}^{\mathrm{T}} \begin{bmatrix} L_i - L_{i0} \\ a_{ix} - a_{ix0} \\ a_{iy} - a_{iy0} \\ a_{iz} - a_{iz0} \\ c_{ix} - c_{ix0} \\ c_{iy} - c_{iy0} \\ c_{iz} - c_{iz0} \\ e_{ix} - e_{ix0} \\ e_{iy} - e_{iy0} \\ e_{iz} - e_{iz0} \end{bmatrix} = B \begin{bmatrix} \mathrm{d}L_i \\ \mathrm{d}a_{ix} \\ \mathrm{d}a_{iy} \\ \mathrm{d}a_{iz} \\ \mathrm{d}c_{ix} \\ \mathrm{d}c_{iy} \\ \mathrm{d}c_{iz} \\ \mathrm{d}e_{ix} \\ \mathrm{d}e_{iy} \\ \mathrm{d}e_{iz} \end{bmatrix} = \frac{f(D_{i0})}{2} \tag{6.29}$$

式中，$f(D_{i0})$ 是在某一个测量位姿点处，把上一次迭代步骤中修正过的机构运动学基本参数和当前位姿点及其对应驱动量的测量信息代入式(6.28)计算所得到的结果。假设标定过程中所测量的运动平台位姿数为 n，将实测数据代入式(6.29)中并扩展到每一个标定测量点上，通过整理可组成矩阵形式：

$$\begin{bmatrix} B_1 \\ B_2 \\ \vdots \\ B_n \end{bmatrix}_{n \times 10} \Delta G_{pi} = \begin{bmatrix} \dfrac{f_1(D_{i0})}{2} \\ \dfrac{f_2(D_{i0})}{2} \\ \vdots \\ \dfrac{f_n(D_{i0})}{2} \end{bmatrix}_{n \times 1} \tag{6.30}$$

式中，$\Delta G_{pi} = \begin{bmatrix} dL_i & da_{ix} & da_{iy} & da_{iz} & dc_{ix} & dc_{iy} & dc_{iz} & de_{ix} & de_{iy} & de_{iz} \end{bmatrix}^{\mathrm{T}}$ 为单支链中运动学基本参数的微分。令 $\Omega = \begin{bmatrix} B_1 & B_2 & \cdots & B_n \end{bmatrix}_{n \times 10}^{\mathrm{T}}$，对式(6.30)应用最小二乘法可得

$$\Delta G_{pi} = \left(\Omega^{\mathrm{T}} \Omega \right)^{-1} \Omega^{\mathrm{T}} \begin{bmatrix} \dfrac{f_1(D_{i0})}{2} \\ \dfrac{f_2(D_{i0})}{2} \\ \vdots \\ \dfrac{f_n(D_{i0})}{2} \end{bmatrix}_{n \times 1} \tag{6.31}$$

式(6.31)建立了单支链中机构运动学基本参数微分到运动平台位姿信息之间的关系。由于舍弃了泰勒级数展开的高阶项，方程(6.31)的结果并不是精确的，所以要使用与第一种参数辨识模型类似的循环迭代方法，反复计算修正，从而使以上参数辨识模型辨识出的机构运动学基本参数逐渐逼近真实值。具体迭代流程如下。

(1) 在第 j 次迭代中，由于标定模型是基于单条支链建立的，所以首先进行第 i (i=1,2,$\cdots$,6)条支链的运动学参数辨识。将第 $j-1$ 次迭代得到的机构运动学基本参数误差 $\Delta G_{pi(j-1)}$（下标 i、j 表示这是第 j 次迭代中第 i 条支链的参数）叠加补偿到第 $j-1$ 次迭代所使用的运动学基本参数 $D_{i(j-1)}$ 中，即令

$$D_{ij} = D_{i(j-1)} + \Delta G_{pi(j-1)} \tag{6.32}$$

将参数 $D_{ij} = \begin{bmatrix} L_{ij} & a'_{ij}{}^{\mathrm{T}} & c_{ij}^{\mathrm{T}} & e_{ij}^{\mathrm{T}} \end{bmatrix}^{\mathrm{T}}$ 作为当前迭代所使用的机构运动学基本参数。第 1 次迭代时，使用机构参数的设计理论值作为当前机构的参数。

(2) 从测量数据样本中依次选取第 k 个标定测量点，获取测量得到的运动平台位姿 X_k 以及驱动量光栅尺读数 Q_k，将它们代入式(6.29)中计算可得矩阵 B_k。

将 L_{ij}、 a'_{ij}、 c_{ij}、 e_{ij} 以及 X_k、 Q_k 代入式(6.28)中计算可得 $f_k(D_{i0})$ 的值。

(3) 反复执行第(2)步, 遍历计算所有的标定测量点, 并将计算结果代入式(6.31)中求解机构参数微分 ΔG_{pij}。

(4) 反复执行第(1)~(3)步, 直至将全部 6 条支链的参数求解完毕。

(5) 判断步骤(4)中计算得到的运动学参数误差 $\begin{bmatrix} \Delta G_{p1j} & \Delta G_{p2j} & \cdots & \Delta G_{p6j} \end{bmatrix}$ 的欧几里得范数是否接近于 0, 否则反复执行第(1)~(4)步直至其趋近于 0, 于是标定过程结束。此时迭代中使用的运动学参数即最终修正完成的机构运动学基本参数。图 6-7 为这种参数辨识模型的迭代流程图。

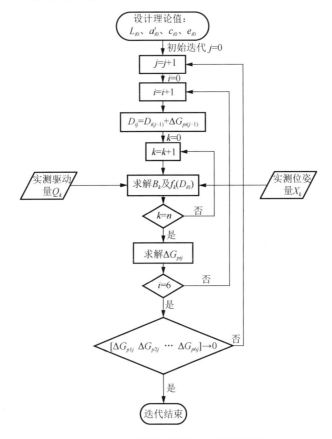

图 6-7 参数辨识模型 2 迭代流程图

6.5 模拟器参数辨识模型收敛性分析

6.5.1 标定模拟实验方案

在对真实机构进行标定之前, 应该先在计算机上模拟标定实验中的参数辨识过程，以验证整套参数辨识模型的稳定性以及准确性，并对两种参数辨识模型的效率和精度进行对比分析，最终进行选优。标定模拟实验方案如下。

步骤 1　制定标定测量样本。模拟实际的标定实验中需要测量的运动模拟器末端位置姿态。标定测量点的模拟测量数据生成步骤如下。

(1) 在工作空间内均匀选取大量的位姿点作为标定测量对象。

(2) 给定一组运动模拟器的运动学参数误差 ΔL_s、ΔC_s、ΔA_s、ΔD_s 用以模拟实际产品的参数误差，然后修正到运动学模型中，作为误差机构的运动学模型。

(3) 在标定测量对象中选取一个位姿点，利用理想机构的运动学模型对该位姿求解运动模拟器的驱动量，用以模拟光栅尺的实际测量值。

(4) 将第(3)步中求得的驱动量代入误差机构的运动学正解模型求解误差机构的位姿正解 ^fX。在实际的标定实验中，由于受环境干扰、测量设备精度、铰链间隙等随机误差因素的干扰，激光跟踪仪测量得出的运动平台位姿 ^mX 会与计算值 ^fX 产生微小的随机偏差。不考虑随机误差的扰动时，可直接使用 ^fX 来模拟激光跟踪仪测量得出的运动平台位姿。

(5) 反复循环执行第(3)和(4)步，遍历计算所有的标定测量点，最终合并形成模拟测量数据。

步骤 2　运动学参数辨识。将模拟测量数据分别代入两种运动学参数辨识模型中进行解算，计算各个运动学参数与理论设计值的偏差。

步骤 3　辨识模型评估。将步骤 2 中计算辨识出的机构运动学参数偏差与步骤 1 中预设的机构参数误差对比，评价辨识模型。为了便于描述运动学参数辨识模型的特性，分别以两种辨识模型迭代终止的判据为辨识模型的收敛性指标，它们的值越接近零，辨识模型的收敛性越好；定义解算完成后迭代的总步数为辨识模型的快速性指标，其值越小，辨识模型收敛越快；定义标定结束后 $\Delta L - \Delta L_s$、$\Delta C - \Delta C_s$、$\Delta A - \Delta A_s$、以及 $\Delta D - \Delta D_s$ 的欧几里得范数分别为 Θ_L、Θ_C、Θ_A 及 Θ_D，并以此为计算结果的精度评价指标，这些指标的值越接近零，说明辨识模型的收敛性越好，精度越高。

为了直观合理地评价运动平台位置姿态的误差，定义运动平台的位置误差和姿态误差评价指标分别为

$$\Theta_{Xp} = \sqrt{\Delta p_x^2 + \Delta p_y^2 + \Delta p_z^2} \tag{6.33}$$

$$\Theta_{Xa} = \sqrt{\Delta\varphi^2 + \Delta\theta^2 + \Delta\gamma^2} \tag{6.34}$$

6.5.2　理想情况下的模拟实验

为了验证参数辨识模型自身的收敛性和精度，首先不考虑环境干扰、测量设备精度、铰链间隙等随机微小误差。在模拟实验方案步骤 1 的第(4)步中，采用理

想情况进行计算，即认为 $^mX = {^l}X$。设定机构运动学参数误差如表 6-1 所示，并修正到运动学模型中，得到误差机构的运动学模型。

表 6-1　机构参数误差的实验设定值

支链编号	1	2	3	4	5	6
ΔL/mm	3	−2.5	2	1	−0.5	6
Δa_x/mm	6	0.5	−6	2	3	6
Δa_y/mm	−3	−0.9	3	−3	0.1	0.1
Δa_z/mm	2	2	2.5	−5	−0.5	−2
Δc_x/mm	5	1	0.2	−10	5	3
Δc_y/mm	3	−2	0.5	2	−0.6	0.5
Δc_z/mm	−0.5	1.5	−0.6	0.1	3	−0.8
Δe_x	−0.10446	0.06968	−0.04765	−0.00255	−0.00144	−0.00149
Δe_y	−0.00608	0.05034	−0.03303	0.06914	0.01287	0.0156
Δe_z	0.0349	−0.02445	−0.02127	0.01744	0.05214	0.0523

选取 60 组运动平台位姿点作为标定测量对象。按照实验步骤 1 中的方法得到模拟的标定实验测量数据，将这些模拟测量数据分别代入两种运动学参数辨识模型中，分别计算各个运动学参数的标定值，并与理论值比较，计算两者的偏差。将计算结果进行整理，可得到两种辨识模型的迭代收敛情况如图 6-8 所示，以及两种辨识模型辨识出的各运动学参数的精度指标如表 6-2 和表 6-3 所示。

分析实验结果，从图 6-8 中的变化曲线可以看出，辨识模型的迭代过程能快速收敛，只要很少的步骤就可以完成解算，而参数辨识模型 2 的收敛速度更快，只要 4 步就可完成计算。再结合表 6-2 和表 6-3 可以看出，在迭代结束后辨识出的运动学参数偏差与预设的参数误差吻合度很高，精度可达 10^{-3} mm 的量级，两种辨识模型的精度基本相当。

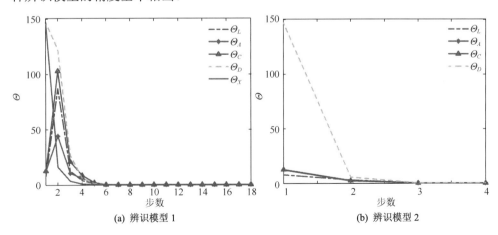

(a) 辨识模型 1　　　　　　　　(b) 辨识模型 2

图 6-8　两种运动学参数辨识模型在理想实验中的收敛情况

表 6-2　运动学参数辨识模型 1 的精度指标

支链编号	1	2	3	4	5	6
$\Theta_L/10^{-3}$mm	−0.15	−0.73	0.92	−0.09	−0.48	−0.32
$\Theta_A/10^{-3}$mm	1.17	0.90	1.89	0.51	0.21	0.12
$\Theta_C/10^{-3}$mm	1.32	1.62	2.79	0.42	0.70	0.20
$\Theta_D/10^{-6}$	0.57	0.34	0.82	0.95	0.73	0.24

表 6-3　运动学参数辨识模型 2 的精度指标

支链编号	1	2	3	4	5	6
$\Theta_L/10^{-3}$mm	0.07	−0.58	0.93	0.11	−0.29	0.04
$\Theta_A/10^{-3}$mm	0.93	0.96	1.65	0.38	0.25	0.01
$\Theta_C/10^{-3}$mm	0.86	1.53	2.57	0.49	0.54	0.05
$\Theta_D/10^{-6}$	0.43	0.72	1.10	0.64	0.41	0.24

本模拟实验证明了两种辨识模型在理论上都是合理可行的，但是在实际测量中，由于铰链间隙、测量误差等随机误差因素的影响，测量得到的运动平台位姿与误差模型计算出的理论位姿之间会存在偏差。为了更真实地反映辨识模型的解算能力，有必要考核一下辨识模型在随机误差干扰下的稳定性。接下来将进行一次包含随机误差的标定模拟实验来考察辨识模型的解算能力。

6.5.3　含有随机干扰的模拟实验

首先修改实验方案，引入随机误差。在模拟实验方案步骤 1 的第(4)步中，使用误差机构的运动学模型求解出误差机构的位姿正解 ^tX 后，利用随机函数在该位姿上叠加 ±0.1mm 以及 ±0.01° 以内的随机误差，用以模拟激光跟踪仪测量得出的运动平台位姿 ^mX。其他实验步骤与前面无随机干扰实验相同，把含有随机误差的模拟测量数据分别代入两种参数辨识模型中进行迭代解算。整理计算结果可得两种辨识模型的迭代收敛情况如图 6-9 所示。

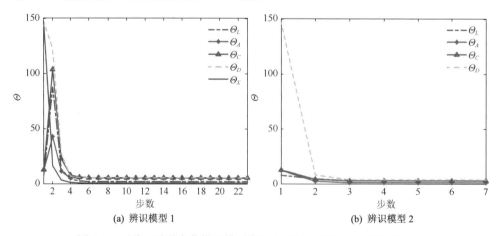

图 6-9　两种运动学参数辨识模型在引入随机干扰实验中的收敛情况

分析以上实验结果，从变化曲线可以看出，尽管加入了随机误差的影响，得益于最小二乘法，辨识模型的迭代过程依旧能够快速收敛，但是与理想情况下的实验相比收敛速度稍慢了一点。从 Θ_L、Θ_C、Θ_A 及 Θ_D 的变化曲线可知，机构参数的这些精度指标并没有收敛到零，辨识出的运动学参数偏差与预设的参数误差不能完全吻合。这是由随机误差干扰导致样本数据失真造成的。

此时为了评价辨识模型对运动平台输出精度的修正效果，还需要再分析所有标定测量位姿的最大偏差。将辨识后的运动学参数修正到运动学模型中，并代入模拟的测量驱动量求解标定后机构的输出位姿，并和模拟的位姿测量值进行比较，从而评判经过标定后机构的精度。通过计算可知，经过辨识模型 1 标定后，所有测量位姿点中最大的位置误差为 0.144mm，最大的角度误差为 0.0143°；经过辨识模型 2 标定后，最大的位置误差为 0.158mm，最大的角度误差为 0.0159°。两者的精度量级相当，最大的位姿误差与引入的随机误差范围也处于同一量级，标定结果并没有因为随机误差的引入而发生严重的偏差。

通过以上模拟实验可以得到以下结论。

(1) 辨识模型收敛速度很快，计算耗时很少，而且精度较高。在计算效率上，辨识模型 2 要优于模型 1。

(2) 辨识模型有很好的稳定性，引入铰链间隙、测量误差等随机误差因素也不影响其收敛性。随机误差会影响标定结果，导致辨识出的机构参数与真实值有偏差，但辨识模型可以保证经过标定后的机构的输出精度与这些随机干扰处于同一量级。

(3) 铰链间隙会直接影响标定结果的准确性，由于这些因素的影响是随机的，无法通过标定手段对运动学模型进行补偿；此外，它还会直接影响机构的重复定位精度。因此，在设计制造阶段，必须严格控制铰链的间隙。

(4) 测量误差会直接使标定的输入数据不准确，进而影响标定结果的精度。由于其随机性，此类误差也无法通过标定手段补偿，所以标定测量实验使用的测量仪器必须具有很高的测量精度。

6.6　模拟器尺度参数的标定与测试

6.6.1　标定实验的坐标系建立

前面建立了运动模拟器标定的参数辨识模型，然而这距离实际的现场操作还有一定距离。要正确描述运动模拟器的运动，需要有运动部件的连体坐标系、固定基坐标系等，而使用测量仪器测量得到的位姿信息也有其自身的参考坐标系。使用运动学参数辨识模型时，各个位置姿态信息都必须基于统一的坐标系来描述。因此，坐标系的建立以及理清各个坐标系之间的关系是标定实验成功的基础，对于本运动模拟器这也是一个难点。首先讨论标定过程中需要明确和建立的坐标系如图 6-10 所示。

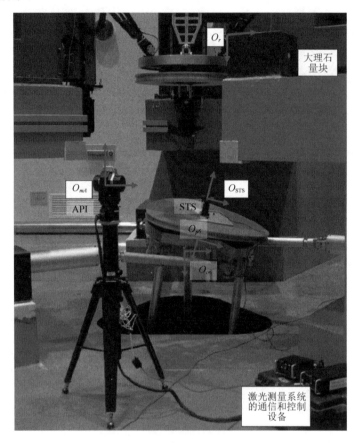

图 6-10 标定实验的坐标系示意图

运动模拟器基坐标系为 O_{o6} - xyz，另外还有运动学模型以及运动学参数辨识模型的固定参考坐标系。由于参数辨识模型是基于运动学模型建立的，所以标定解算需要用到的全部信息必须都转化到这个坐标系下。该坐标系与机架固连，其原点 O_{o6} 处于运动模拟器的正交对称中心，是一个在物理实际中不存在的点，无法直接对其位姿进行测量。而由于机构制造、装配的误差，实际机构并不是精确对称的，所以也无法通过间接的手段去精确地测量。O_{o6} - xyz 的真实位姿实际上暗含了机构运动学参数的误差。

测量坐标系 O_{mA} - xyz，使用激光跟踪仪测量得到的位置姿态信息都是以测量设备自身的坐标系为参照的，必须先将这些信息转化到基坐标系 O_{o6} - xyz 下才能代入参数辨识模型中去解算。然而，坐标系 O_{mA} - xyz 是与激光跟踪仪的摆放位置有关的，在实验开始前，必须先精确地找到此测量坐标系与坐标系 O_{o6} - xyz 之间的变换关系。理论上，使用激光跟踪仪对 O_{o6} - xyz 进行一次测量，就可以找到坐标系 O_{o6} - xyz 在 O_{mA} - xyz 内的位姿。但由于实际中 O_{o6} - xyz 是一个虚拟坐标系，无法直接对其测量，所以还需要建立一个用以辅助测量的机架坐标系，作为连接这两个坐标系位姿关系的媒介。该坐标系必须易于精确测量，且和 O_{o6} - xyz 的关系始终固定不变。

机架坐标系 O_r - xyz 为固连在机架上的坐标系，考虑到计算坐标系 O_{o6} - xyz 不易测量，但是其与机架的位姿关系是固定不变的，因此可以在机架上建立一个易于测量的坐标系，之后可以通过标定手段找到坐标系 O_r - xyz 与 O_{o6} - xyz 之间的变换关系，这个变换关系是固定不变的。在不同的实验中，只需要使用测量仪器测量出 O_r - xyz 的位姿就可以方便地计算出 O_{o6} - xyz 在测量坐标系中的位姿，从而开展后续的实验工作。机架坐标系是对运动模拟器进行测量和标定的基础，也是连接测量仪器自身坐标系与运动模拟器自身坐标系的纽带，为了保证其精度及稳定性，采用一个矩形大理石量块固定在机架上，选取大理石块的三个相邻的面作为机架坐标系的建立及测量基准，这三个面需要进行精加工，以保证对其进行测量的精度。

运动平台连体坐标系 O_{p6} - xyz 为固连在运动平台上的连体坐标系，运动学模型、运动平台位姿的描述以及被测试产品的安装都要借助于这个坐标系。该坐标系的原点在运动平台上六个铰链中心点的对称中心处，也是一个实际中不存在的点，而且由于加工制造误差，O_{p6} - xyz 在运动平台上的实际位姿实际上暗含了六个铰链点的位置误差，因此无法通过直接或间接的方法对其具体位姿进行测量。

STS 六维测头坐标系为 O_{STS} - xyz，在进行标定实验时，STS 六维测头固定安装在运动平台上，随着运动平台一起运动，激光跟踪仪直接测量得到的位姿信息实际上是坐标系 O_{STS} - xyz 相对于 O_{mA} - xyz 的位姿。然而，实验中需要用到的位姿信息是 O_{p6} - xyz 相对于 O_{o6} - xyz 的，要进行这样的位姿信息转化，除了要用到前面的机架坐标系，还要用到 O_{STS} - xyz 与 O_{o6} - xyz 之间的相对位姿关系。然而，每次标定测量实验对 STS 测头的安装都会导致此关系发生变化，而 STS 测头又不可能始终安装在运动平台上，因此如何处理好这些坐标系之间的位姿关系是标定实验的一大难点。

6.6.2　测量前期准备工作

前文介绍了标定过程中所有需要用到的坐标系，开始标定前，首先要理清上述坐标系之间的关系，并建立各个坐标系之间的坐标变换关系模型，为接下来的位姿点测量与坐标变换做好准备。本节的准备工作(图 6-11)是整个标定测量实验的基础，没有这些工作，标定实验的测量数据将没有任何使用价值。

图 6-11　标定测量的准备工作

(1) 调整激光跟踪仪至合适的测量位置，使得运动平台在所有的标定测量位姿点上均能顺利地被激光跟踪仪观测到。调整好位置后将激光跟踪仪固定，确保其在测量过程中不会与机架产生相对运动。

(2) 使用激光跟踪仪及三维靶球测量大理石量块的基准面/边信息，并利用这些信息建立机架坐标系 O_r - xyz，于是就可以得到其在测量坐标系 O_{mA} - xyz 下的位置 $^{mA}P_r$ 及姿态旋转矩阵 $^{mA}R_r(\psi,\theta,\phi)$，根据坐标变换原理，测量坐标系 O_{mA} - xyz 至机架坐标系 O_r - xyz 的齐次坐标变换矩阵可表示为

$$^{r}T_{mA} = \left(^{mA}T_r\right)^{-1}\begin{bmatrix} ^{mA}R_r & ^{mA}P_r \\ 0_{1\times3} & 1 \end{bmatrix}^{-1} = \begin{bmatrix} \left(^{mA}R_r\right)^{\mathrm{T}} & -\left(^{mA}R_r\right)^{\mathrm{T}}{}^{mA}P_r \\ 0_{1\times3} & 1 \end{bmatrix} \quad (6.35)$$

(3) 令运动模拟器运行到初始零位位置。对于此 3-3 正交型运动模拟器，其初始零位位置是指运动平台坐标系 O_{p6} - xyz 与机构基坐标系 O_{o6} - xyz 重合的位置，由前面分析可知，这两个坐标系均无法测量，在标定前无法判断运动模拟器是否处于初始零位，因此运动平台的初始零位也是一个需要标定的信息。在标定前，令各个驱动滑块粗略移动到理想运动学参数下机构的零位位置，将此位置作为初始的零位位置。这里产生的误差相当于给所有的驱动量都叠加了一个固定的误差，由 6.3 节的分析可知，这种固定的驱动误差可等效为滑块上铰链中心点初始位置的偏差 ΔC，在标定解算完成后，可对其进行修正。

(4) 确定 O_{o6} - xyz 的位姿。对于首次实验，需要预估基坐标系 O_{o6} - xyz 的位姿。根据理想参数下的运动学模型可知，1 号支链的驱动方向 e_1 与 O_{o6} - xyz 的 y 轴平行，而 4～6 号支链的驱动方向 $e_i(i=4,5,6)$ 与 O_{o6} - xyz 的 x 轴平行，因此可以通过测量导轨方向大致推算出 O_{o6} - xyz 在测量坐标系 O_{mA} - xyz 下的姿态旋转矩阵 $^{mA}R_{o6}(\psi,\theta,\phi)$。接下来粗略认为机构各构件的几何参数都是理想值，测量导轨上零件的位置信息并以此推算出坐标原点 O_{o6} 在测量坐标系 O_{mA} - xyz 下的位置 $^{mA}P_{o6}$。于是测量坐标系 O_{mA} - xyz 至坐标系 O_{o6} - xyz 的齐次坐标变换矩阵为

$$^{o6}T_{mA} = \left(^{mA}T_{o6}\right)^{-1} = \begin{bmatrix} \left(^{mA}R_{o6}\right)^{\mathrm{T}} & -\left(^{mA}R_{o6}\right)^{\mathrm{T}}{}^{mA}P_{o6} \\ 0_{1\times3} & 1 \end{bmatrix} \quad (6.36)$$

为了便于下次实验使用，还可以得到 O_r - xyz 在 O_{o6} - xyz 下的位姿变换关系为

$$^{o6}T_r = {}^{o6}T_{mA}\left(^{r}T_{mA}\right)^{-1} \quad (6.37)$$

虽然这里对 O_{o6} - xyz 的建立方法是不精确的，但这个误差并不影响标定程序，因

为运动是相对的，而坐标系是人为选取的，在不同坐标系下运动模拟器各部件的相对位置及运动关系不会改变。O_{o6} - xyz 的位姿与真实值有偏差时，意味着在这个坐标系下描述的滑块铰链中心初始位置以及导轨方向也会与理论值产生偏差，于是坐标系位姿的偏差就会叠加到滑块铰链点初始位置 c_i 以及导轨方向 e_i 的偏差上。当参数辨识完成后，分析标定后 c_i、e_i 与理论值的偏差，若它们都在某一个方向上有偏差，则说明坐标系在这个方向上有偏差，可修正坐标系的位姿以使 c_i、e_i 的偏差减小。

若之前已经进行过一次标定，并通过标定修正得到了坐标系 O_r - xyz 在 O_{o6} - xyz 下的位姿矩阵 $^{o6}T_r$，则可根据坐标变换原理得到坐标系 O_{mA} - xyz 至 O_{o6} - xyz 的齐次坐标变换矩阵为

$$^{o6}T_{mA} = {}^{o6}T_r \, {}^rT_{mA} \tag{6.38}$$

(5) 将 STS 测头固定安装在运动平台上，并使用激光跟踪仪测量此时测头坐标系 O_{STS} - xyz 在坐标系 O_{mA} - xyz 下的位姿矩阵 $^{mA}T_{IS}$。由于此时运动模拟器处于初始零位位置，认为 O_{p6} - xyz 与基坐标系 O_{o6} - xyz 重合，于是可以根据坐标变换原理得到坐标系 O_{STS} - xyz 至 O_{p6} - xyz 的齐次坐标变换矩阵为

$$^{p6}T_{STS} = {}^{p6}T_{mA} \, {}^{mA}T_{IS} = {}^{o6}T_{mA} \, {}^{mA}T_{IS} \tag{6.39}$$

需要注意的是，由于初始零位姿与理论值有偏差，实际中当前位置下坐标系 O_{p6} - xyz 与 O_{o6} - xyz 并不重合，式(6.39)中的变换关系是不精确的。但这个误差并不影响标定程序，因为运动是相对的，坐标系 O_{p6} - xyz 的位置与理论值有偏差，意味着在这个坐标系下描述的运动平台铰链中心点位置 a_i' 也会与理论值产生偏差，于是 O_{p6} - xyz 的偏差可等效为运动平台上铰链点的位置偏差。当参数辨识完成后，考察各铰链中心点的误差，若它们都沿某一个方向或者某一转轴有偏差，则说明坐标系原点在这个方向或转轴上有偏差，可修正坐标系原点的位置以使铰链中心点位置的偏差减小。

(6) 建立激光跟踪仪测量信息至基坐标系的转换关系。为了将测量信息代入参数辨识模型中解算，必须将它们全部转化到基坐标系 O_{p6} - xyz 中。在前面得到的变换关系的基础上，利用坐标变换关系可得

$$^{o6}T_{p6} = {}^{o6}T_{mA} \, {}^{mA}T_{STS} \left({}^{p6}T_{STS} \right)^{-1} \tag{6.40}$$

式中，$^{mA}T_{STS}$ 表示利用激光跟踪仪和 STS 测头直接测量得到的位姿信息；$^{o6}T_{p6}$ 表示在 O_{o6} - xyz 下运动平台的位姿信息。至此标定测量准备工作结束，在此基础上，接下来就可以展开具体的标定测量工作。

6.6.3　标定实验方案及参数修正

通过 6.6.2 节的分析可知，对运动模拟器的标定除了要利用参数辨识模型解算

出机构的运动学参数，还需要修正运动模拟器的初始零位位姿，以及基坐标系 O_{o6}-xyz 与机架坐标系 O_r-xyz 之间的位姿变换矩阵 $^{o6}T_r$。为了能进行正确合理的修正，本节将对具体的标定流程和修正方案进行设计，如图 6-12 所示。

图 6-12 标定实验流程

(1) 在工作空间内均匀选取大量的位姿点(至少 10 个)作为标定测量点。

(2) 从标定测量点中选取一个位姿点，利用当前的运动学模型求解该点位姿对应的驱动量，将此驱动量输入控制系统并驱动运动平台运动到给定位置。利用光栅尺记录当前每个滑块的驱动量 ^mQ。

(3) 利用激光跟踪仪和 STS 测头直接读取当前的位置信息 $^{mA}T_{STS}$，然后代入式(6.40)中求解运动平台在基坐标系下的位姿信息 $^{o6}T_{p6}$。

(4) 反复执行第(2)和(3)步，直至将所有的标定测量点全部测量完毕。

(5) 将以上测量得到的驱动量以及位姿信息代入参数辨识模型中计算，辨识出实际机构的运动学参数。

(6) 基坐标系修正(可选)。观察标定后 c_i、e_i 与理论值的偏差，若它们都沿某一个方向或者某一转轴有正偏差，则说明基坐标系 O_{o6}-xyz 在这个方向上与理论值有负偏差，可修正基坐标系以消除这种同向偏差，或者跳过这一步。设修正后得到的基坐标系在原基坐标系下的位姿矩阵为 T_{oc}，可利用坐标变换关系对原有位姿矩阵进行修正：

$$^{o6}_cT_r = T_{oc}^{-1}\,{}^{o6}T_r \tag{6.41}$$

$$^{o6}_cT_{p6} = T_{oc}^{-1}\,{}^{o6}T_{p6} \tag{6.42}$$

式中，左下标 c 表示该位姿变换矩阵是修正后的结果。

(7) 运动平台坐标系修正(可选)。观察标定后 a_i' 与理论值的偏差，若它们都沿某一个方向或者某一转轴有正偏差，则说明运动平台坐标系 O_{p6}-xyz 在这个方向上与理论值有负偏差，可修正 O_{p6}-xyz 以消除这种同向偏差，或者跳过这一步。设修正后得到的运动平台坐标系在原坐标系下的位姿矩阵为 T_{pc}，可利用坐标变换关系对原有位姿矩阵进行修正：

$$^{o6}_cT_{p6} = {}^{o6}T_{p6}T_{pc} \tag{6.43}$$

(8) 由于运动模拟器的运动学基本参数除了杆长均与参考坐标系有关，若第(6)和(7)步中对运动模拟器的坐标系进行了修正，需要将修正后的坐标系关系代入第(5)步中重新进行参数辨识，从而得到新坐标系下的机构运动学参数。

(9) 初始零位修正。经过以上标定后，由于运动学参数和坐标系的修正，会导致机构在驱动量为 0 时，通过修正后的运动学模型解算出的运动平台位姿不为 0，这意味着初始零位时，运动平台坐标系与基坐标系不重合，这样会导致测量准备工作中无法正确建立坐标系关系 $^{p6}T_{STS}$，致使测量数据无效。这其实是滑块驱动量的零位误差引入运动学参数 c_i 中造成的，对此进行修正即可。将初始零位位姿 0 代入修正后的运动学模型中求解各支链的驱动量 q_{ic}，将此值修正到控制系统中，以调整滑块的初始零位。此时新的滑块铰链点初始位置可表示为

$$^c c_i = c_i + q_{ic} e_i \tag{6.44}$$

新的 $^c c_i$ 需要再次修正到运动学模型中。

至此，对机构的标定过程才全部结束，最后将修正后的基坐标系与机架坐标系之间的变换矩阵 $^{o6}_c T_r$ 保存起来，以供此后的测量准备工作中调用。

6.6.4　运动模拟器的标定实验

在工作空间中选取 60 个位姿点作为标定测量点，按照 6.6.2 节和 6.6.3 节的方法对运动模拟器进行控制并测量其实际驱动量及输出位姿。将测量得到的位姿与理想运动学模型通过驱动量得到的正解位姿比较可得机构的初始精度如图 6-13 所示。

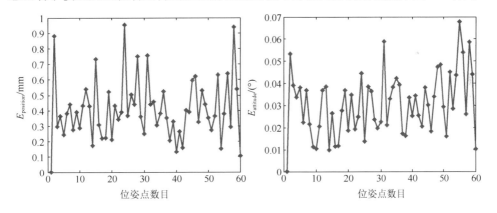

图 6-13　标定前运动模拟器的位置及姿态精度

将测量得到的数据代入参数辨识模型中，利用本章介绍的方法对机构进行标定。为了评价标定结果，另外选取 50 个位姿点作为参照点，重新进行一次测量(由于坐标系参数改变，测量准备工作需要重做)。将测量得到的位姿与修正后的运动学模型的正解位姿比较可得修正后机构的精度如图 6-14 所示。可见经过标定后，运动模拟器的位姿精度得到了较大提升。

为了科学地评价运动模拟器的定位精度，使用 3σ(西格玛)原则评判运动模拟器的定位精度。令 σ 代表运动模拟器位置姿态误差的标准差，μ 代表位置姿态误差

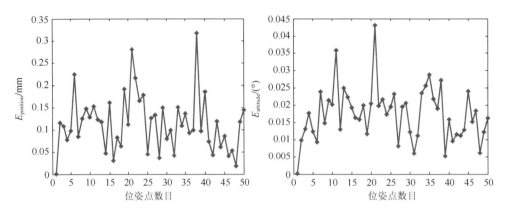

图 6-14　标定后运动模拟器的位置及姿态精度

的均值，3σ 原则即运动模拟器位姿误差分布在 $(\mu-3\sigma,\ \mu+3\sigma)$ 中的概率为 0.9974。于是运动模拟器的绝对定位精度即 $\mu+3\sigma$。评判运动模拟器的重复定位精度时，考核的是运动模拟器重复运动到某一姿态的精度，位置姿态误差是相对于平均值计算的，显然误差的均值 $\mu=0$，所以重复定位精度就是 3σ。经过测量计算，可以得到运动模拟器的重复定位精度可达 0.05mm 和 0.0035°，而机构的绝对定位精度为 0.35mm 和 0.05°。

第7章 空间碰撞动力学与地面半实物模拟失真补偿

7.1 引　言

前文对空间碰撞地面半实物模拟系统的机械设计进行了详细介绍，包括构型设计、机构尺度设计、驱动与传动系统设计以及运动学参数辨识和标定。接下来介绍空间碰撞半实物模拟系统的数字模拟和算法部分。建立空间碰撞动力学模型，研究地面半实物模拟的失真机理，提出保证碰撞过程再现精度的补偿策略，包括力测量系统滞后补偿、模拟器动态响应补偿、模拟器机构特性补偿三个方面，对幅值、频率和阻尼比失真进行综合补偿。在碰撞棒验证装置和碰撞连接机构进行碰撞模拟实验，结果表明，提出的模拟失真补偿方法能够保证空间碰撞连接过程地面半实物模拟的再现精度。

空间碰撞地面半实物模拟的关键问题之一是解决模拟系统的失真问题，失真的主要现象是发散或收敛。引起失真的主要原因是相位滞后或超前，即测量的碰撞力(用于数值仿真计算的力)相位滞后于运动模拟器的给定位置(数值仿真计算出的两飞行器期望相对位置)，则模拟发散，反之则模拟收敛，因此失真补偿的主要方法是相位补偿。引起相位差的因素较多，情况也有所不同，但失真补偿的基本思想具有一定的通用性。本章的目的是通过深入细致的研究，建立半实物碰撞模拟系统失真的综合补偿方法，解决半实物碰撞模拟的失真问题。

通常，半实物碰撞模拟系统的相位滞后或超前主要来自力测量系统、运动模拟器动态响应和模拟器结构动力学特性等。力测量系统的滞后是可辨识且基本不变的，因此相位超前可用来补偿力测量系统的滞后。由运动模拟器动态响应引起的相位滞后是运动模拟器位姿和负载的函数，是动态时变的，很难得到精确的数学模型，因此期望采用无模型的力补偿方法，已有的文献没有这方面的研究。模拟器结构动力学特性引起的相位超前在已有的文献中没有研究过，事实上它是模拟器结构惯性、刚度、阻尼以及负载的函数，但结合设计参数和实验可以得到比较准确的模拟器结构动力学模型，因此可以采用基于模型的力补偿方法。

本章内容组织如下：7.2 节介绍空间碰撞动力学模型；7.3 节介绍空间碰撞地面半实物模拟失真机理；7.4 节介绍空间碰撞地面半实物模拟失真补偿；7.5 节介绍空间碰撞地面半实物模拟失真补偿性能测试。

7.2　空间碰撞动力学模型

7.2.1　飞行器坐标系

空间对接两个飞行器分别称为轨道器和上升器,轨道器安装主动件对接机构,上升器安装被动件对接机构,通过主、被动件对接机构来实现两个飞行器的碰撞对接过程。

轨道器和上升器在空间中的相对运动过程需建立 5 个坐标系进行描述,如图 7-1 所示。

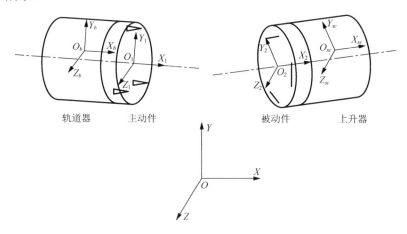

图 7-1　飞行器坐标系定义示意图

各坐标系分别定义如下。

(1) 绝对坐标系 $O\text{-}XYZ$,为任意选取的静止坐标系。

(2) 轨道器对接机构(主动件)坐标系 $O_1\text{-}X_1Y_1Z_1$,固结在轨道器上,以主动件对接面中心为原点。

(3) 上升器对接机构(被动件)坐标系 $O_2\text{-}X_2Y_2Z_2$,固结在上升器上,以被动件对接面中心为原点。

(4) 轨道器质心坐标系 $O_b\text{-}X_bY_bZ_b$,固结在轨道器上,以轨道器质心为原点,坐标轴方向与 $O_1\text{-}X_1Y_1Z_1$ 相同。

(5) 上升器质心坐标系 $O_{sc}\text{-}X_{sc}Y_{sc}Z_{sc}$,固结在上升器上,以上升器质心为原点,坐标轴方向与 $O_2\text{-}X_2Y_2Z_2$ 相同。

7.2.2　空间物体碰撞动力学

1. 空间物体碰撞受力分析

空间碰撞半实物模拟需要建立空间碰撞物体动力学模型，利用该模型实现空间两个飞行器受力后相对运动的实时数字仿真。在动力学仿真模型中，两个物体仅受到接触力的作用，接触力在接触点处大小相等、方向相反，如图 7-2 所示。

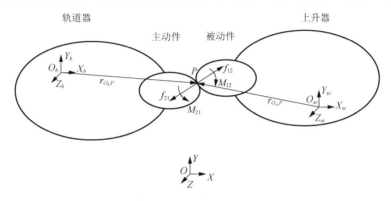

图 7-2　空间物体碰撞受力示意图

图 7-2 中，点 P 为接触点。轨道器质心 O_b 到点 P 的位移矢量为 r_{O_bP}，上升器质心 O_{sc} 到点 P 的位移矢量为 $r_{O_{sc}P}$。f_{21} 为上升器对轨道器的接触力，f_{12} 为轨道器对上升器的接触力，M_{21} 为上升器对轨道器的接触力相对于点 P 的等效力矩，M_{12} 为轨道器对上升器的接触力相对于点 P 的等效力矩，其中 $f_{21} = -f_{12}$，$M_{21} = -M_{12}$。

将接触点的受力等效到物体质心处，可得轨道器质心受力/力矩为

$$F_{O_b} = \begin{bmatrix} f_{O_b} \\ M_{O_b} \end{bmatrix} = \begin{bmatrix} f_{21} \\ M_{21} + r_{O_bP} \times f_{21} \end{bmatrix} \tag{7.1}$$

同理，上升器质心受力/力矩为

$$F_{O_{sc}} = \begin{bmatrix} f_{O_{sc}} \\ M_{O_{sc}} \end{bmatrix} = \begin{bmatrix} f_{12} \\ M_{12} + r_{O_{sc}P} \times f_{12} \end{bmatrix} \tag{7.2}$$

式中，f_{O_b} 与 $f_{O_{sc}}$ 分别是轨道器与上升器等效到质心处所受的力；M_{O_b} 与 $M_{O_{sc}}$ 分别是轨道器与上升器各自关于质心所受的力矩。

在实验过程中，采用安装在轨道器与固定平台间的六维力传感器实时测量力/力矩信息，并根据该时刻轨道器和上升器间的相对位置计算出自由状态下两个飞行器的受力情况。

安装了力传感器后的受力情况如图 7-3 所示。

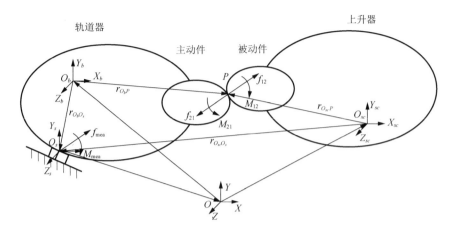

图 7-3　空间物体碰撞受力计算示意图

图 7-3 中，点 O_s 为力传感器测量点，在该测量点处建立测量坐标系 O_s - $X_s Y_s Z_s$。绝对坐标系下，力传感器对轨道器的反力为 f_{mea}，力传感器关于测量点对轨道器的反力矩为 M_{mea}，轨道器质心 O_b 到点 O_s 的位移矢量为 $r_{O_b O_s}$，上升器质心 O_{sc} 到点 O_s 的位移矢量为 $r_{O_{sc} O_s}$。

由力系平衡，可解出轨道器所受接触力/力矩为

$$\begin{bmatrix} f_{21} \\ M_{21} \end{bmatrix} = -\begin{bmatrix} f_{12} \\ M_{12} \end{bmatrix} = -\begin{bmatrix} f_{\mathrm{mea}} \\ M_{\mathrm{mea}} + r_{PO_s} \times f_{\mathrm{mea}} \end{bmatrix} \tag{7.3}$$

式中，r_{PO_s} 是接触点 P 到测量点 O_s 的位移矢量。

将式(7.3)代入式(7.1)、式(7.2)，得到轨道器和上升器的受力/力矩表达式为

$$F_{O_b} = \begin{bmatrix} f_{O_b} \\ M_{O_b} \end{bmatrix} = -\begin{bmatrix} f_{\mathrm{mea}} \\ M_{\mathrm{mea}} + r_{O_b O_s} \times f_{\mathrm{mea}} \end{bmatrix} \tag{7.4}$$

$$F_{O_{sc}} = \begin{bmatrix} f_{O_{sc}} \\ M_{O_{sc}} \end{bmatrix} = \begin{bmatrix} f_{\mathrm{mea}} \\ M_{\mathrm{mea}} + r_{O_{sc} O_s} \times f_{\mathrm{mea}} \end{bmatrix} \tag{7.5}$$

实验中，力传感器得到的力/力矩是基于测量坐标系 O_s - $X_s Y_s Z_s$ 测量的，即只能测得 ${}^{O_s} f_{\mathrm{mea}}$ 和 ${}^{O_s} M_{\mathrm{mea}}$，其与 f_{mea} 和 M_{mea} 间的转换公式为

$$f_{\mathrm{mea}} = {}^{O} R_{O_b} \, {}^{O_b} R_{O_s} \, {}^{O_s} f_{\mathrm{mea}} \tag{7.6}$$

$$M_{\mathrm{mea}} = {}^{O} R_{O_b} \, {}^{O_b} R_{O_s} \, {}^{O_s} M_{\mathrm{mea}} \tag{7.7}$$

$r_{O_b O_s}$ 与 $r_{O_{sc} O_s}$ 的计算公式为

$$r_{O_b O_s} = {}^{O} R_{O_b} \, {}^{O_b} p_{O_s} \tag{7.8}$$

$$r_{O_{sc} O_s} = -({}^{O} p_{O_{sc}} - {}^{O} R_{O_b} \, {}^{O_b} p_{O_s} - {}^{O} p_{O_b}) \tag{7.9}$$

式中，$\{{}^{O} R_{O_b}, {}^{O} p_{O_b}\}$ 为仿真迭代计算得到的轨道器质心的位姿；$\{{}^{O} R_{O_{sc}}, {}^{O} p_{O_{sc}}\}$ 为仿

真迭代计算得到的上升器质心的位姿，每次迭代后更新；$^{O_b}p_{O_s}$ 是轨道器质心坐标系下力传感器测量点的位置矢量；$^{O_b}R_{O_s}$ 是轨道器质心坐标到力传感器测量坐标系的旋转矩阵，为已知不变量。

将式(7.6)～式(7.9)代入式(7.4)和式(7.5)中，求得当前时刻轨道器和上升器等效到质心处所受的力/力矩 F_{O_b} 和 $F_{O_{sc}}$。

2. 空间碰撞物体动力学

动力学仿真是已知飞行器质心运动初始条件和质心处受力，求解飞行器运动轨迹的过程。

绝对坐标系下轨道器动力学方程为

$$m_1 a_{O_b} = f_{O_b} \tag{7.10}$$

$$(^O R_{O_b} \, ^{O_b}I_{O_b} \, ^O R_{O_b}^{\mathrm{T}})\alpha_1 + \omega_1 \times (^O R_{O_b} \, ^{O_b}I_{O_b} \, ^O R_{O_b}^{\mathrm{T}})\omega_1 = M_{O_b} \tag{7.11}$$

绝对坐标系下上升器动力学方程为

$$m_2 a_{O_{sc}} = f_{O_{sc}} \tag{7.12}$$

$$(^O R_{O_{sc}} \, ^{O_{sc}}I_{O_{sc}} \, ^O R_{O_{sc}}^{\mathrm{T}})\alpha_2 + \omega_2 \times (^O R_{O_{sc}} \, ^{O_{sc}}I_{O_{sc}} \, ^O R_{O_{sc}}^{\mathrm{T}})\omega_2 = M_{O_{sc}} \tag{7.13}$$

式中，a_{O_b} 和 $a_{O_{sc}}$ 分别为轨道器和上升器质心相对于绝对坐标系的线加速度；α_1 和 α_2 分别为轨道器和上升器相对于绝对坐标系的角加速度；ω_1 和 ω_2 分别为轨道器和上升器相对于绝对坐标系的角速度；m_1 和 m_2 分别为轨道器和上升器的质量；$^{O_b}I_{O_b}$ 和 $^{O_{sc}}I_{O_{sc}}$ 分别为轨道器和上升器在各自质心坐标系下的转动惯量。

方程的初始条件包括轨道器和上升器的质量 m_1 和 m_2、转动惯量 $^{O_b}I_{O_b}$ 和 $^{O_{sc}}I_{O_{sc}}$，对接初始时刻两者关于绝对坐标系的位姿 $\{^O R_{O_b}^{(0)}, \, ^O p_{O_b}^{(0)}\}$、$\{^O R_{O_{sc}}^{(0)}, \, ^O p_{O_{sc}}^{(0)}\}$，以及两者关于绝对坐标系的初始速度 $\{^O \omega_1^{(0)}, \, ^O v_{O_b}^{(0)}\}$、$\{^O \omega_2^{(0)}, \, ^O v_{O_{sc}}^{(0)}\}$。每次迭代求解的输入为受力分析计算后得出的第 k 时刻飞行器质心所受力/力矩 $F_{O_b}^{(k)}$ 和 $F_{O_{sc}}^{(k)}$。

在算法的实际实现中，采用四阶龙格库塔算法求解方程(7.10)～(7.13)，得到绝对坐标系下飞行器质心坐标系第 k 时刻的位姿 $\{^O R_{O_b}^{(k)}, \, ^O p_{O_b}^{(k)}\}$、$\{^O R_{O_{sc}}^{(k)}, \, ^O p_{O_{sc}}^{(k)}\}$ 和速度 $\{^O \omega_1^{(k)}, \, ^O v_{O_b}^{(k)}\}$、$\{^O \omega_2^{(k)}, \, ^O v_{O_{sc}}^{(k)}\}$，并作为下一时刻迭代中受力分析计算和动力学方程求解的已知条件。

3. 对接面的相对运动

动力学方程求解后，需将坐标系 $O\text{-}XYZ$ 下两飞行器的绝对运动转换为基于轨道器对接面坐标系 $O_1\text{-}X_1Y_1Z_1$ 下的相对运动。

若迭代求解出的轨道器质心坐标系 $O_b\text{-}X_bY_bZ_b$ 在 $O\text{-}XYZ$ 下的位姿为 $\{^O R_{O_b}, \, ^O p_{O_b}\}$，上升器质心坐标系 $O_{sc}\text{-}X_{sc}Y_{sc}Z_{sc}$ 在 $O\text{-}XYZ$ 下的位姿为 $\{^O R_{O_{sc}}, \, ^O p_{O_{sc}}\}$，

注意到质心坐标系与对接平面坐标系无旋转，变换后得两对接平面坐标系的相对位姿 $\{^{O_1}R_{O_2}, {}^{O_1}p_{O_2}\}$ 为

$$^{O_1}R_{O_2} = {}^{O}R_{O_b}^{\mathrm{T}}\,{}^{O}R_{O_{sc}} \tag{7.14}$$

$$^{O_1}p_{O_2} = -{}^{O_b}p_{O_1} + {}^{O}R_{O_b}^{\mathrm{T}}(-{}^{O}p_{O_b} + {}^{O}p_{O_{sc}} + {}^{O}R_{O_{sc}}\,{}^{O_{sc}}p_{O_2}) \tag{7.15}$$

式中，$^{O_b}p_{O_1}$ 为轨道器质心坐标系下主动件对接面坐标系原点的位置矢量；$^{O_{sc}}p_{O_2}$ 为上升器质心坐标系下被动件对接面坐标系原点的位置矢量，均为固定已知量。

7.2.3　运动模拟器坐标系

为将轨道器和上升器在空间中的自由碰撞过程与实验台运动模拟联系起来，建立如图 7-4 所示的坐标系。

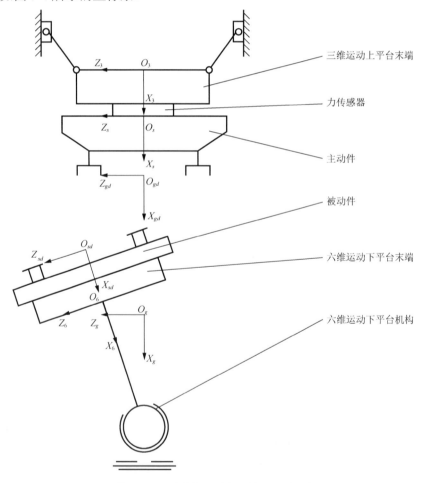

图 7-4　运动模拟器坐标系定义示意图

(1) 三维运动上平台末端坐标系 O_3-$X_3Y_3Z_3$，固结在三维运动上平台末端上，模拟过程中处于静止状态。以运动平台铰链中心为原点，O_3X_3 指向主动件前端。

(2) 力传感器测量参考坐标系 O_s-$X_sY_sZ_s$，固结在力传感器上，模拟过程中处于静止状态。以力传感器测量点 O_s 为原点。

(3) 主动件对接面坐标系 O_{gd}-$X_{gd}Y_{gd}Z_{gd}$，固结在主动件上，模拟过程中处于静止状态。以主动件对接面中心为原点。

(4) 六维运动下平台末端动坐标系 O_6-$X_6Y_6Z_6$，固结在运动模拟器末端，模拟过程中处于运动状态。以运动下平台末端铰链点所在面的几何中心为原点。

(5) 被动件对接面坐标系 O_{sd}-$X_{sd}Y_{sd}Z_{sd}$，固结在被动件上，模拟过程随运动模拟器末端运动。以被动件对接面中心为原点。

(6) 固定坐标系 O_g-$X_gY_gZ_g$，固结在地上，模拟过程中处于静止状态。以初始位置情况下，六维运动下平台末端铰链点所在面的几何中心为原点。

上述坐标系中，O_{gd}-$X_{gd}Y_{gd}Z_{gd}$ 与空间碰撞模型中的 O_1-$X_1Y_1Z_1$ 为同一坐标系，O_{sd}-$X_{sd}Y_{sd}Z_{sd}$ 与 O_2-$X_2Y_2Z_2$ 为同一坐标系。模拟实验与空间实际情况等效的条件为

$$
\begin{aligned}
{}^{O_{gd}}R_{O_{sd}} &= {}^{O_1}R_{O_2} \\
{}^{O_{gd}}p_{O_{sd}} &= {}^{O_1}p_{O_2}
\end{aligned}
\tag{7.16}
$$

7.2.4　运动模拟器位姿和速度计算

注意到 ${}^{O_3}R_{O_{gd}}$ 和 ${}^{O_{sd}}R_{O_6}$ 为单位阵，由式(7.14)～式(7.16)可知，在固定坐标系 O_g-$X_gY_gZ_g$ 下，平台末端坐标系 O_6-$X_6Y_6Z_6$ 的位姿为

$$
{}^{O_g}R_{O_6} = {}^{O_g}R_{O_3}{}^{O_1}R_{O_2} = {}^{O_g}R_{O_3}{}^{O}R_{O_b}^{\mathrm{T}}{}^{O}R_{O_{sc}}
\tag{7.17}
$$

$$
{}^{O_g}p_{O_6} = {}^{O_g}R_{O_6}{}^{O_{sd}}p_{O_6} + {}^{O_g}R_{O_3}({}^{O_3}p_{O_{gd}} + {}^{O_1}p_{O_2}) + {}^{O_g}p_{O_3}
\tag{7.18}
$$

对式(7.17)和式(7.18)求导，可得在固定坐标系 O_g-$X_gY_gZ_g$ 下，平台末端的角速度和速度为

$$
{}^{O_g}\omega_{O_6} = {}^{O_g}R_{O_3}{}^{O}R_{O_b}^{\mathrm{T}}(-\omega_1 + \omega_2)
\tag{7.19}
$$

$$
{}^{O_g}v_{O_6} = {}^{O_g}R_{O_3}{}^{O}R_{O_b}^{\mathrm{T}}(-v_{O_b} + v_{O_{sc}}) + {}^{O_g}\omega_{O_6} \times {}^{O_g}R_{O_6}{}^{O_{sd}}p_{O_6}
\tag{7.20}
$$

式中，$\{{}^{O_g}R_{O_3}, {}^{O_g}p_{O_3}\}$ 为三维运动上平台末端坐标系 O_3-$X_3Y_3Z_3$ 在固定坐标系 O_g-$X_gY_gZ_g$ 中的位姿，在对接过程中固定不变，交会过程结束后作为初始条件输入对接仿真程序中；$\{{}^{O_{sd}}R_{O_6}, {}^{O_{sd}}p_{O_6}\}$ 是六维运动下平台末端动坐标系 O_6-$X_6Y_6Z_6$ 在被动件对接面坐标系 O_{sd}-$X_{sd}Y_{sd}Z_{sd}$ 中描述的位姿；$\{{}^{O_3}R_{O_{gd}}, {}^{O_3}p_{O_{gd}}\}$ 是主动件对接

面坐标系 $O_{gd} \text{-} X_{gd}Y_{gd}Z_{gd}$ 在三维运动上平台末端坐标系 $O_3 \text{-} X_3Y_3Z_3$ 中描述的位姿，由机构尺寸参数决定，在仿真开始时作为初始条件输入对接仿真程序中；$\{^{O_g}R_{O_6}, \ ^{O_g}p_{O_6}\}$ 和 $\{^{O_g}\omega_{O_6}, \ ^{O_g}v_{O_6}\}$ 为动力学仿真算法每次运算周期得到的最终输出结果，作为六维运动下平台的控制指令。

7.3　空间碰撞地面半实物模拟失真机理

为研究模拟器特性对模拟结果的影响，建立空间碰撞地面半实物模拟的仿真模型。通过该模型研究模拟失真的机理，分析引起失真的因素，为失真补偿的研究提供基础。

7.3.1　模拟失真的仿真模型

1. 碰撞模型

地面半实物模拟系统数字模型描述两个飞行器受力后的相对运动，为简化起见，这里采用单维碰撞的半实物模拟结果揭示模拟失真现象和机理。单维碰撞可用下面的二阶系统描述：

$$M_{\text{spac}}s^2 P_{\text{num}}(s) = F_{\text{num}}(s) \tag{7.21}$$

式中，M_{spac} 为空间两飞行物体的等效质量；F_{num} 为进入数字模型的碰撞力；P_{num} 为数字模型计算出的两个飞行物体的相对运动位置(即模拟器的给定运动位置)。

假定碰撞连接机构的碰撞过程是无阻尼的弹性碰撞，则碰撞力 F_{con} 为

$$F_{\text{con}}(s) = K_{\text{mec}} P_{\text{mec}}(s) \tag{7.22}$$

式中，K_{mec} 为无阻尼弹性碰撞棒的刚度；P_{mec} 为两个飞行器碰撞连接机构的实际相对位置，这里假定碰撞前一时刻 $P_{\text{mec}} = 0$。

2. 力测量系统模型

力测量系统测量的碰撞力可表示为

$$F_{\text{mea}}(s) = F_{\text{con}}(s) + \Delta F_{\text{mea}}(s) \tag{7.23}$$

式中，ΔF_{mea} 为力测量误差。这里，假定力测量系统滞后为纯滞后，即

$$F_{\text{mea}}(s) = e^{-Ts} F_{\text{con}}(s) \tag{7.24}$$

式中，T 为力测量系统滞后时间，可通过实验手段测量得到。

当无模拟失真补偿时，进入数字模型的碰撞力与测量的力相等，即

$$F_{\text{num}}(s) = F_{\text{mea}}(s) \tag{7.25}$$

当有模拟失真补偿时，进入数字模型的碰撞力为补偿后的碰撞力，即

$$F_{\text{num}}(s) = F_{\text{comp}}(s) \tag{7.26}$$

式中，F_{comp} 为补偿后的力。

3. 运动模拟器动态响应模型

假定运动模拟器的实际位置到模拟器的给定位置的动态特性可用二阶系统描述，即

$$P_{\text{resp}}(s) = G_{\text{resp}}(s)P_{\text{num}}(s) = \frac{\omega_{\text{resp}}^2}{s^2 + 2\xi_{\text{resp}}\omega_{\text{resp}}s + \omega_{\text{resp}}^2}P_{\text{num}}(s) \tag{7.27}$$

式中，$\omega_{\text{resp}} = 2\pi f_{\text{resp}}$ 为模拟器动态响应角频率，ξ_{resp} 为模拟器动态响应阻尼比。注意，这里的二阶模型仅用于失真的仿真研究，提出的失真补偿方法并不需要此模型。

4. 模拟器结构动力学模型

假定模拟器上平台结构动力学可描述为二阶系统，即

$$\Delta P_U(s) = \frac{F_{\text{con}}(s)}{M_U s^2 + B_U s + K_U} \tag{7.28}$$

式中，$\Delta P_U(s)$ 是模拟器结构动力学引起的变形位移；M_U、B_U 和 K_U 分别为模拟器结构质量、结构阻尼和结构刚度。模拟器结构动力学固有频率为 $f_U = \frac{1}{2\pi}\sqrt{\frac{K_U}{M_U}}$，结构阻尼比为 $\xi_U = \frac{B_U}{2K_U}\sqrt{\frac{K_U}{M_U}}$。

碰撞连接机构的实际位置可通过运动模拟器的实际位置、模拟器结构变形得到，即

$$P_{\text{mec}}(s) = P_{\text{resp}}(s) - \Delta P_U(s) \tag{7.29}$$

7.3.2　模拟失真现象

为了便于研究和评价半实物模拟系统的失真，采用一个无源无阻尼的弹性棒碰撞连接机构替代空间碰撞连接机构。弹性棒因惯量小和无运动部件，故可假设为无惯量、无阻尼、已知刚度。

太空真实弹性碰撞响应的运动轨迹和地面半实物模拟系统弹性碰撞响应的运动轨迹都可表示为

$$P_q = A_q \sin(2\pi f_q t)\text{e}^{-\xi_q 2\pi f_q t} \tag{7.30}$$

式中，q 可以是太空中碰撞的参数（spac）或者地面的模拟参数（sim）。当太空中的 P_{spac} 和地面模拟系统的 P_{sim} 不同时，产生失真。失真度可以用频率失真

$\Delta f = f_{\mathrm{sim}} - f_{\mathrm{spac}}$、幅值失真 $\Delta A = A_{\mathrm{sim}} - A_{\mathrm{spac}}$ 和阻尼比失真 $\Delta \xi = \xi_{\mathrm{sim}} - \xi_{\mathrm{spac}}$ 分别描述。频率、幅值和阻尼比失真都与模拟器的响应和结构动力学特性以及力测量误差等因素有关。

图 7-5(a)表示模拟器的频响能力在 10Hz、100Hz 和 1000Hz 三种情况下对失真的影响。当响应能力为 1000Hz 时，模拟系统运动的幅值、频率、阻尼比失真程度为 10^{-4} 量级，可以视为无失真；当响应能力为 100Hz 时，模拟系统运动的幅值、频率、阻尼比失真程度为 10^{-3} 量级，存在一定的失真；当响应能力为 10Hz 时，模拟系统运动的幅值、频率、阻尼比失真程度为 10^{-2} 量级，失真明显。

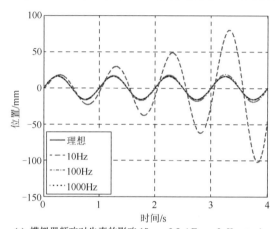

(a) 模拟器频响对失真的影响 ($\xi_{\mathrm{resp}} = 0.8, \Delta F_{\mathrm{mea}} = 0, K_U \rightarrow \infty$)

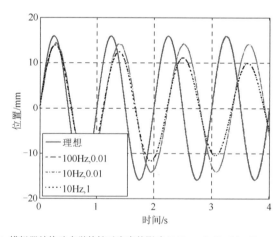

(b) 模拟器结构动力学特性对失真的影响 ($\Delta F_{\mathrm{mea}} = 0, G_{\mathrm{resp}}(s) = 1$)

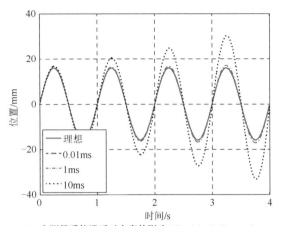

(c) 力测量系统滞后对失真的影响 $(G_{\text{resp}}(s) = 1, K_U \to \infty)$

图 7-5　模拟器特性对模拟失真的影响

$K_{\text{mec}} = 100\text{N/mm}, \quad M_{\text{spac}} = 2533\text{kg}, \quad V_{\text{spac}}(0) = 100\text{mm/s}$

图 7-5(b)表示模拟器结构动力学特性对失真的影响。当模拟器结构固有频率为 100Hz、结构阻尼比为 0.01 时，模拟系统运动的幅值、频率、阻尼比失真程度为 10^{-4} 量级，可以视为无失真；当模拟器结构固有频率为 10Hz、结构阻尼比为 0.01 时，模拟系统运动的幅值、频率失真程度为 10^{-2} 量级，阻尼比失真程度为 10^{-4} 量级，幅值和频率失真明显，阻尼比可以视为无失真；当模拟器结构固有频率为 10Hz、结构阻尼比为 1 时，模拟系统运动的幅值、频率、阻尼比失真程度为 10^{-2} 量级，三种失真都明显。

图 7-5(c)表示模拟器在力测量系统滞后为 0.1ms、1ms 和 10ms 三种情况下对失真的影响。当滞后为 0.1ms 时，模拟系统运动的幅值、频率、阻尼比失真为 10^{-4} 量级；当滞后为 1ms 时，模拟系统运动的幅值、频率、阻尼比失真为 10^{-3} 量级；当滞后为 10ms 时，模拟系统运动的幅值、频率、阻尼比失真为 10^{-2} 量级。通过对模型(7.21)～(7.28)进行仿真，即可得到图 7-5 的结果。

从以上分析可知，半实物模拟系统出现的运动失真体现在其幅值、频率和阻尼比失真，受模拟器响应特性、模拟器结构特性、力测量系统特性的耦合影响。

7.3.3　模拟失真机理

为研究半实物模拟系统产生的发散与收敛的失真机理，假设空间碰撞连接机构采用无源无阻尼弹性棒碰撞装置。图 7-6 为无阻尼弹性碰撞半实物模拟过程的空间飞行物体运动轨迹 P_{num}、模拟器再现的运动轨迹 P_{mea}、弹性碰撞力测量值 F_{mea}、空间飞行物体运动速度 V_{num}。图中，空间飞行物体撞入减速过程阻力所做的功为 S_{in}，而弹出加速过程反弹力所做的功为 S_{out}。当 $S_{\text{out}} > S_{\text{in}}$ 时，表明半实物模拟出现了发散失真，如图 7-6(a)所示；当 $S_{\text{out}} < S_{\text{in}}$ 时，表明半实物模拟出现收敛失真，如图 7-6(b)所示。

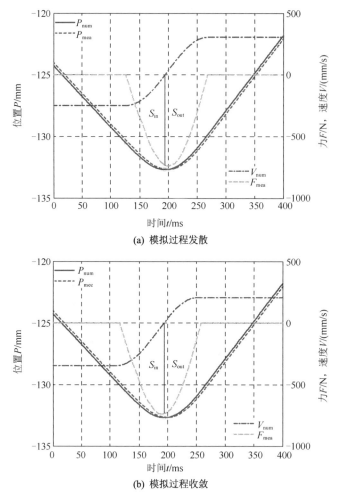

(a) 模拟过程发散

(b) 模拟过程收敛

图 7-6　地面半实物模拟失真的机理

综上所述，半实物模拟系统的失真机理是：当模拟系统空间飞行物体动力学仿真计算输入的力及力矩相位滞后于空间飞行物体运动轨迹时，反弹力做的功大于撞入阻力做的功，为发散失真；反之，当相位超前时，反弹力做的功小于撞入阻力做的功，为收敛失真。当碰撞连接机构无阻尼无源时，要解决半实物模拟系统产生的发散和收敛失真，撞入力和弹出力曲线的相位和形状必须满足手相镜面对称条件，即 $S_{\text{out}} \equiv S_{\text{in}}$。

7.3.4　模拟失真的相位分析

1. 运动模拟器响应特性相位角

模拟器的响应特性可用二阶传递函数(7.27)描述，则相位角为

$$\angle \frac{P_{\text{resp}}(j\omega)}{P_{\text{num}}(j\omega)} = \angle \frac{\omega_{\text{resp}}(t)^2}{(j\omega)^2 + 2\xi_{\text{resp}}(t)\omega_{\text{resp}}(t)(j\omega) + \omega_{\text{resp}}(t)^2}$$

$$= -\arctan\left(\frac{2\xi_{\text{resp}}(t)\omega/\omega_{\text{resp}}(t)}{1 - \omega^2/\omega_{\text{resp}}(t)^2}\right) \tag{7.31}$$

式中，$\omega_{\text{resp}}(t)$ 为响应频率；$\xi_{\text{resp}}(t)$ 为响应阻尼比，与模拟器和负载(即弹性棒的特性)有关。当 $\omega \leqslant \omega_{\text{resp}}$ 时，$P_{\text{resp}}(j\omega)/P_{\text{num}}(j\omega)$ 是相位滞后环节，使模拟结果发散，与机理分析和图7-5(a)所示的仿真结果吻合。模拟器动态特性随位姿和负载变化，相位滞后值时变未知。

2. 模拟器结构动力学特性相位角

考虑模拟器上平台结构动力学参数影响，模拟器结构变形 $\Delta P_U(s)$ 为

$$\Delta P_U(s) = \frac{F_{\text{con}}(s)}{M_U s^2 + B_U s + K_U} \tag{7.32}$$

碰撞连接机构的碰撞力为

$$F_{\text{con}}(s) = K_{\text{mec}} P_{\text{mec}}(s) \tag{7.33}$$

式中，K_{mec} 为无阻尼弹性碰撞棒的刚度。

碰撞连接机构的实际位置为

$$P_{\text{mec}}(s) = P_{\text{resp}}(s) - \Delta P_U(s) \tag{7.34}$$

式中，$\Delta P_U(s)$ 为模拟器结构变形。

由式(7.32)~式(7.34)可知

$$P_{\text{mec}}(s) = P_{\text{resp}}(s) - \frac{K_{\text{mec}} P_{\text{mec}}(s)}{M_U s^2 + B_U s + K_U} \tag{7.35}$$

$$\frac{M_U s^2 + B_U s + K_U + K_{\text{mec}}}{M_U s^2 + B_U s + K_U} P_{\text{mec}}(s) = P_{\text{resp}}(s) \tag{7.36}$$

$$\frac{P_{\text{mec}}(s)}{P_{\text{resp}}(s)} = \frac{M_U s^2 + B_U s + K_U}{M_U s^2 + B_U s + K_U + K_{\text{mec}}} \tag{7.37}$$

$$\frac{F_{\text{con}}(s)}{P_{\text{mec}}(s)} = K_{\text{mec}} \tag{7.38}$$

由式(7.37)和式(7.38)可知

$$\frac{F_{\text{con}}(s)}{P_{\text{resp}}(s)} = \frac{K_{\text{mec}}(M_U s^2 + B_U s + K_U)}{M_U s^2 + B_U s + K_U + K_{\text{mec}}} \tag{7.39}$$

$$\frac{F_{\text{con}}(s)}{P_{\text{resp}}(s)} = K_{\text{mec}} \frac{s^2 + 2\xi_1 \omega_{n1} s + \omega_{n1}^2}{s^2 + 2\xi_2 \omega_{n2} s + \omega_{n2}^2} \tag{7.40}$$

式中

$$\omega_{n1} = \sqrt{K_U / M_U}, \quad \omega_{n2} = \sqrt{(K_U + K_{\text{mec}}) / M_U}$$

$$\xi_1 = B_U / (2\sqrt{M_U K_U}), \quad \xi_2 = B_U / (2\sqrt{M_U(K_U + K_{\text{mec}})})$$

因此,模拟器结构动力学特性描写的传递函数为

$$\frac{P_{\text{mec}}(j\omega)}{P_{\text{resp}}(j\omega)} \times \frac{F_{\text{con}}(j\omega)}{P_{\text{mec}}(j\omega)} = K_{\text{mec}} \frac{(j\omega)^2 + 2\xi_1\omega_{n1}(j\omega) + \omega_{n1}^2}{(j\omega)^2 + 2\xi_2\omega_{n2}(j\omega) + \omega_{n2}^2} \tag{7.41}$$

式中,模拟器结构刚度 K_U 和模拟器结构质量 M_U 可通过测量和计算获得; B_U 为模拟器结构阻尼,一般无法直接获得;弹性棒刚度 K_{mec} 是不确定的。

相位角为

$$\angle \frac{P_{\text{mec}}(j\omega)}{P_{\text{resp}}(j\omega)} \times \frac{F_{\text{con}}(j\omega)}{P_{\text{mec}}(j\omega)} = \arctan \frac{B_U\omega}{K_U - M_U\omega^2} - \arctan \frac{B_U\omega}{K_U + K_{\text{mec}} - M_U\omega^2} \tag{7.42}$$

当 $\omega \leqslant \omega_{n1} \leqslant \omega_{n2}$ 时, $\angle \dfrac{P_{\text{mec}}(j\omega)}{P_{\text{resp}}(j\omega)} \times \dfrac{F_{\text{con}}(j\omega)}{P_{\text{mec}}(j\omega)}$ 是相位超前环节,使模拟系统碰撞响应收敛,与机理分析和图 7-5(b)所示的仿真结果吻合。相位超前值与模拟器结构特性和弹性棒刚度有关,并且时变未知。

3. 力测量系统相位角

模拟器力测量系统传递函数 $\dfrac{F_{\text{mea}}(j\omega)}{F_{\text{con}}(j\omega)}$ 的相位角为 $\angle \dfrac{F_{\text{mea}}(j\omega)}{F_{\text{con}}(j\omega)} = \angle e^{-j\omega T} = -\omega T$,其中 T 为力测量系统的滞后时间, $F_{\text{mea}}(j\omega) / F_{\text{con}}(j\omega)$ 是相位滞后环节,使模拟系统碰撞响应发散,与机理分析和图 7-5(c)所示的仿真结果吻合。

7.4　空间碰撞地面半实物模拟失真补偿

7.4.1　模拟失真补偿原理

碰撞连接过程半实物模拟是通过测得的碰撞力计算出太空飞行物体的运动,再由模拟器实现该运动。为了使碰撞力测得准、模拟器下平台动得准、模拟器上平台结构定得准,关键在于使模拟系统仿真计算的力与太空真实碰撞力无误差,而避免仿真计算的力误差产生累积效应,引起模拟发散与收敛失真。

考虑力测量系统滞后、运动模拟器响应滞后、模拟器结构动力学特性,提出了空间碰撞半实物模拟的综合补偿方法。图 7-7 是地面半实物模拟的补偿原理和过程,即给定模拟器在 t_0 时的初始状态 $P(t_0)$、$V(t_0)$、$A(t_0)$ 和碰撞前 t_c 时的状态

$P(t_c)$、$V(t_c)$、$A(t_c)$，由模拟器 1 和 2 根据运动规划实现碰撞前的运动；模拟器驱动碰撞连接机构 1 和 2 产生运动和碰撞，再由力传感器测量出碰撞的力和力矩 F_{mea}；根据测量的模拟器真实运动 P_{resp} 和碰撞力/力矩 F_{mea}，辨识碰撞连接机构的动力学特性参数 K_{mec}；根据测量的模拟器真实运动 P_{resp}，辨识模拟器响应误差 ΔP_{resp} 产生的补偿力和力矩 ΔF_{resp}；根据测量的碰撞力/力矩 F_{mea}，计算模拟器结构位置误差 ΔP_U 和 ΔP_L，获得模拟器结构动力学补偿的力 ΔF_{stru}；根据测量的力和力矩 F_{mea}，计算超前补偿的力和力矩 F_{con}；根据力测量系统滞后补偿的力和力矩 F_{con}、模拟器响应误差补偿的力 ΔF_{resp}、模拟器结构动力学特性补偿的力 ΔF_{stru} 计算模拟器补偿后的力 F_{comp}；由太空两物体动力学 $P_{num} = \int \left[\int (F_{comp}(t) / M_{spac}) \mathrm{d}t \right] \mathrm{d}t$，计算下一时刻的运动轨迹 $P_{num}(t)$。

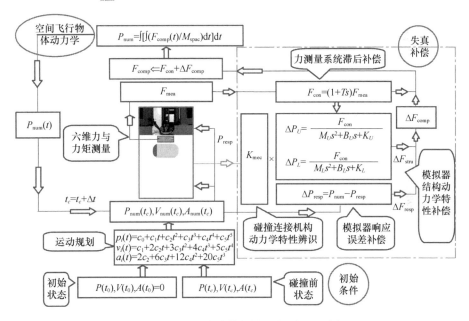

图 7-7　地面半实物模拟的补偿原理和过程

7.4.2　模拟失真补偿模型

如图 7-8 所示，半实物模拟的补偿核心是建立半实物模拟补偿力的计算模型，即

$$F_{comp}(t) = F_{con}(t) + K_{mec}(t)\left(\Delta P_{resp}(t) + \Delta P_{struc}(t)\right) \tag{7.43}$$

式中，$F_{con}(t)$ 为力测量滞后补偿后的碰撞力；$K_{mec}(t)\Delta P_{resp}(t)$ 为模拟器响应误差补偿的力；$K_{mec}(t)\Delta P_{struc}(t)$ 为模拟器结构动力学特性补偿的力。

(a)

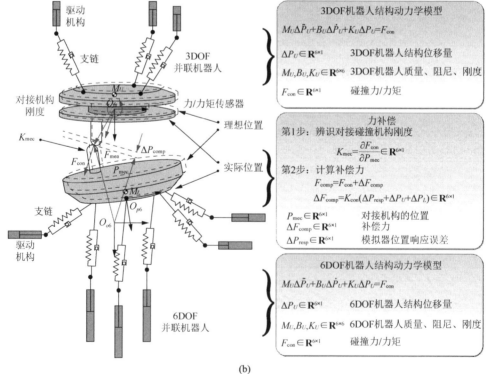

(b)

图 7-8　地面半实物模拟的力补偿模型

1. 力测量滞后补偿模型

力测量滞后补偿后的碰撞力为

$$F_{\text{con}}(t) = (1+Ts)F_{\text{mea}}(t) \tag{7.44}$$

力测量系统的相位滞后是纯时间滞后，可直接通过相位超前补偿，其中 T 为超前时间常数。

2. 模拟器响应误差补偿模型

模拟器响应误差补偿的力为

$$\Delta F_{\text{resp}}(t) = K_{\text{mec}}(t)\Delta P_{\text{resp}}(t) \tag{7.45}$$

模拟器响应位置误差为

$$\Delta P_{\text{resp}}(t) = P_{\text{num}}(t) - P_{\text{resp}}(t) \tag{7.46}$$

可以实时测量。碰撞连接机构动力学参数为

$$K_{\text{mec}}(t) = [\Delta F_{t-1}, \Delta F_{t-2}, \cdots, \Delta F_{t-6}][\Delta P_{t-1}, \Delta P_{t-2}, \cdots, \Delta P_{t-6}]^{-1} \tag{7.47}$$

可以实时辨识，其中

$$\Delta F_{t-j} = F_{\text{con}}(t-j) - F_{\text{con}}(t-j-1)$$

$$\Delta P_{t-j} = P_{\text{mec}}(t-j) - P_{\text{mec}}(t-j-1)，\quad j=1,2,\cdots,6$$

3. 模拟器结构动力学特性补偿模型

模拟器结构动力学特性补偿的力为

$$\Delta F_{\text{struc}}(t) = K_{\text{mec}}(t)\Delta P_{\text{struc}}(t) \tag{7.48}$$

式中，模拟器结构动力学变形

$$\Delta P_{\text{struc}}(t) = \Delta P_U(t) + \Delta P_L(t) \tag{7.49}$$

由模拟器上平台的结构动力学变形

$$\Delta P_U(t) = F_{\text{con}}(t)\big/\big(M_U s^2 + B_U s + K_U\big) \tag{7.50}$$

和下平台的结构动力学变形

$$\Delta P_L(t) = F_{\text{con}}(t)\big/\big(M_L s^2 + B_L s + K_L\big) \tag{7.51}$$

构成。模拟器结构质量 M_U、M_L 和结构刚度 K_U、K_L 可以通过测量和计算获得。

模拟器结构阻尼 B_U 和 B_L 不能直接辨识，可以通过两次不同碰撞棒刚度的实验辨识。当考虑模拟器上平台结构阻尼 B_U 时，由补偿后模拟器结构动力学相位可知，当模拟器结构阻尼补偿后等效的结构阻尼 $B_U - B_{U\text{comp}} = 0$ 时，模拟器结构动力学引起的相位超前为零，此时阻尼比失真与碰撞连接机构的刚度 K_{mec} 无关，因此通过两种不同刚度 K_{mec1} 和 K_{mec2} 下的碰撞实验，可找到合适的模拟器结构补偿阻尼比。通过实验法找到合适的模拟器结构补偿阻尼比的原理分析如下。

模拟器实际的结构变形 $\Delta P_U(s)$ 为

$$\Delta P_U(s) = \frac{F_{\mathrm{con}}(s)}{M_U s^2 + B_U s + K_U} \tag{7.52}$$

模拟器补偿的结构变形 $\Delta P_{U\mathrm{comp}}(s)$ 为

$$\Delta P_{U\mathrm{comp}}(s) = \frac{F_{\mathrm{con}}(s)}{M_U s^2 + B_{U\mathrm{comp}} s + K_U} \tag{7.53}$$

补偿后，碰撞连接机构的碰撞力为

$$F_{\mathrm{con}}(s) = K_{\mathrm{mec}} P_{\mathrm{mec}}(s) \tag{7.54}$$

式中，K_{mec} 为无阻尼弹性碰撞棒的刚度。

补偿后，碰撞连接机构的位置为

$$P_{\mathrm{mec}}(s) = P_{\mathrm{resp}}(s) - \Delta P_U(s) + \Delta P_{U\mathrm{comp}}(s) \tag{7.55}$$

式中，$\Delta P_U(s)$ 为模拟器实际的结构变形；$\Delta P_{U\mathrm{comp}}(s)$ 为模拟器补偿的结构变形。

由式(7.52)～式(7.55)可知

$$P_{\mathrm{mec}}(s) = P_{\mathrm{resp}}(s) - \frac{K_{\mathrm{mec}} P_{\mathrm{mec}}(s)}{M_U s^2 + B_U s + K_U} + \frac{K_{\mathrm{mec}} P_{\mathrm{mec}}(s)}{M_U s^2 + B_{U\mathrm{comp}} s + K_U} \tag{7.56}$$

由式(7.56)和式(7.54)可知，只有 $B_{U\mathrm{comp}} = B_U$ 时，$\angle \dfrac{P_{\mathrm{mec}}(\mathrm{j}\omega)}{P_{\mathrm{resp}}(\mathrm{j}\omega)} \times \dfrac{F_{\mathrm{con}}(\mathrm{j}\omega)}{P_{\mathrm{mec}}(\mathrm{j}\omega)} = 0$。因此，

当模拟器结构阻尼补偿后等效的结构阻尼 $B_U - B_{U\mathrm{comp}} = 0$ 时，模拟器结构动力学引起的相位超前为零，此时阻尼比失真与碰撞连接机构的刚度 K_{mec} 无关，因此通过两种不同刚度 K_{mec1} 和 K_{mec2} 下的碰撞实验，可找到合适的模拟器结构补偿阻尼比。

7.5　空间碰撞地面半实物模拟失真补偿性能测试

7.5.1　无阻尼碰撞棒碰撞模拟测试

图 7-9 表示利用刚度已知的无源无阻尼弹性棒测得的补偿前后半实物模拟系统的性能，其中 $K_{\mathrm{mec}} = 103.57\mathrm{N/mm}$，$M_{\mathrm{spac}} = 291.5\mathrm{kg}$，$f_{\mathrm{spac}} = 3\mathrm{Hz}$，$V_{\mathrm{spac}}(0) = 50\mathrm{mm/s}$。图 7-9(a)～(d)分别为无补偿、力测量系统滞后补偿、力测量系统滞后和模拟器响应误差补偿、力测量系统滞后和模拟器响应误差以及模拟器结构动力学补偿情况下的位置曲线。只采用力测量系统滞后补偿使幅值失真从 13.01%降为 6.03%，频率失真从-5.48%降为-3.41%，阻尼比失真从-0.0549 降为-0.0253，但失真度仍比较大；增加模拟器响应误差补偿后幅值失真降为-1.49%，频率失真降为-1.67%，阻尼比失真降为 0.0064；进一步增加模拟器结构动力学特性补偿后，幅值失真降为-1.05%，频率失真降为-0.19%，阻尼比失真降为 0.0029，非常接近理想的无阻尼碰撞。图 7-10 为补偿前后碰撞力对比曲线，其中补偿前撞入力面积 A=12.716N·s、弹出力面积 B=15.116N·s、B/A=1.1887，而补偿后撞入力面积 A=14.723N·s、弹出力面积 B=14.590N·s、B/A=0.991。图 7-11 为碰撞过程图像。

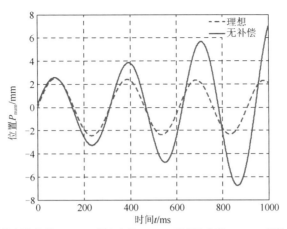

(a) 无补偿(幅值失真 13.01%、频率失真-5.48%、阻尼比失真-0.0549；发散 18.87%)

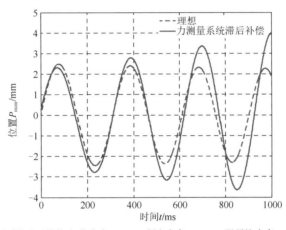

(b) 力测量系统滞后补偿(幅值失真 6.03%、频率失真-3.41%、阻尼比失真-0.0253；发散 8.3%)

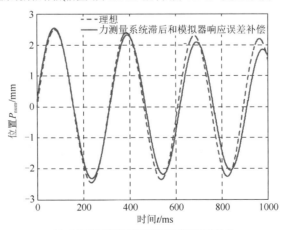

(c) 力测量系统滞后和模拟器响应误差补偿

(幅值失真-1.49%、频率失真-1.67%、阻尼比失真 0.0064；收敛-2%)

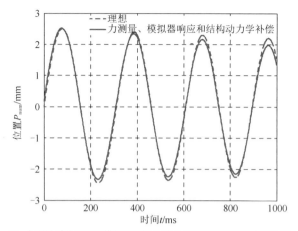

(d) 力测量系统滞后和模拟器响应误差以及模拟器结构动力学补偿

(幅值失真-1.05%、频率失真-0.19%、阻尼比失真 0.0029；收敛-0.9%)

图 7-9　半实物模拟系统碰撞棒实验曲线

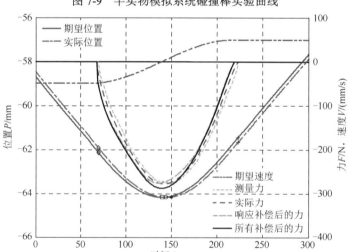

图 7-10　地面半实物模拟失真力补偿相位对比曲线

补偿前 A=12.716N·s，B=15.116N·s，B/A=1.1887；补偿后 A=14.723N·s，B=14.590N·s，B/A=0.991

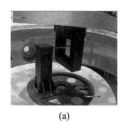
(a)

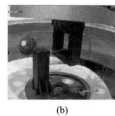
(b)

(c)

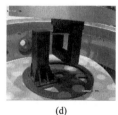
(d)

图 7-11　半实物模拟系统碰撞棒实验图像

包括两次碰撞，从左到右依次为碰撞初始位置、与碰撞框下底边碰撞、碰撞框中间位置、与碰撞框上顶边碰撞

通过碰撞棒评价实验可知：补偿后半实物模拟的幅值失真从 13.01%降为 -1.05%、频率失真从-5.48%降为-0.19%、阻尼比失真从-0.0549 降为 0.0029；同时，进行了不同碰撞频率下的实验，该系统能够再现碰撞频率 0～8Hz 的空间物体碰撞连接动力学过程。

7.5.2　多爪对接机构碰撞模拟测试

图 7-12 和图 7-13 表示对于真实的多爪碰撞连接机构进行的两个工况(工况 1 和 2)的碰撞位置、速度和力变化曲线，其中飞行物体质量 M_1=2800kg、M_2=460kg。

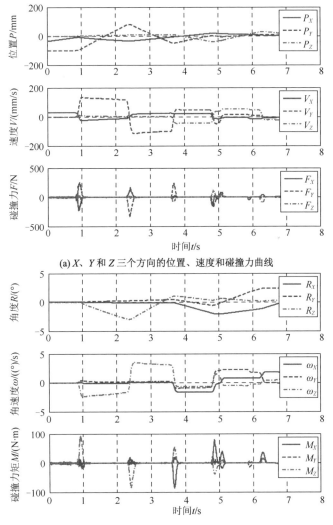

(a) X、Y 和 Z 三个方向的位置、速度和碰撞力曲线

(b) 绕 X、Y 和 Z 三个方向的角度、角速度和碰撞力矩曲线

图 7-12　半实物模拟系统碰撞连接机构实验工况 1 下的碰撞曲线

碰撞初始位置 P_X=-436mm、P_Y=-100mm、P_Z=0mm；初始速度 V_X=30mm/s、V_Y=0mm/s、V_Z=0mm/s

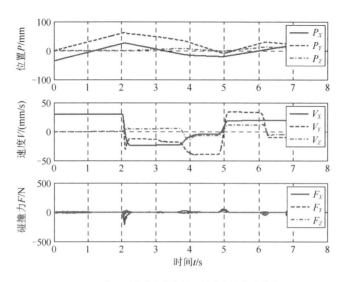

(a) X、Y 和 Z 三个方向的位置、速度和碰撞力曲线

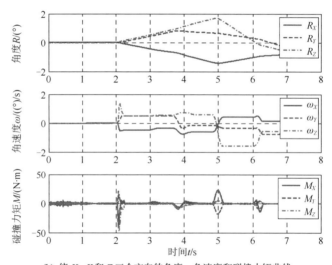

(b) 绕 X、Y 和 Z 三个方向的角度、角速度和碰撞力矩曲线

图 7-13　半实物模拟系统碰撞连接机构实验工况 2 下的碰撞曲线

碰撞初始位置 P_X=-436mm、P_Y=0mm、P_Z=0mm；初始速度 V_X=30mm/s、V_Y=30mm/s、V_Z=0mm/s

　　通过碰撞连接机构实验可知：补偿后碰撞过程不发散，而是随着时间收敛，原因在于碰撞连接机构的摩擦力和阻尼耗散了能量；通过图 7-12 和图 7-13 的实验曲线可以看出，初始的位置偏差被消除，该实验结果符合正常的校正锁紧过程；测量的运动过程中的碰撞力可用于指导碰撞连接机构的设计；半实物模拟系统的再现频率和精度满足碰撞连接机构地面实验的要求。

第8章　空间碰撞地面半实物模拟控制系统

8.1　引　　言

前面介绍了空间碰撞半实物模拟系统的机械设计、数字仿真以及算法设计，空间碰撞半实物模拟过程需要控制系统软硬件来实现。本章介绍空间弱碰撞地面半实物模拟的控制系统，建立运动模拟器控制系统、力采集与动力学仿真系统、实时监控系统、仿真动画系统、数据库系统、中央控制台系统，解决运动模拟器实时控制、力采集与动力学实时仿真、数据实时监控、三维动画同步显示、数据库管理、中央管理控制等关键技术问题，其中运动模拟器控制部分包含运动模拟器低速性能、最大速度和加速度性能、频响性能测试实验。

8.2　控制系统组成

如图 8-1 所示，空间弱碰撞地面半实物模拟控制系统包括运动模拟器控制系统、力采集与动力学仿真系统、实时监控系统、仿真显示系统、语音与摄像系统、数据库系统、中央控制台系统等。

(1) 半实物模拟系统的控制系统机柜包括伺服驱动柜、数据库柜、控制柜、不间断电源，如图 8-2 所示。

(2) 半实物模拟系统的操作台包括中央控制台、实时数据监控系统上位机、仿真显示系统。

系统间的实时通信通过反射内存网实现，非实时通信通过千兆以太网实现。反射内存网络是实时本地局域网(LAN)，每个计算机在其中都拥有共享内存集合的最新本地复本。这些专用网络是为了提供高确定性的数据通信而专门设计的，可以提供多种分布式仿真和工业控制应用所需的高级定时性能。反射内存提供在多个目标之间共享数据的能力，并且满足整个系统的性能与确定性需求。通过使用反射内存系统，能够消除大多数通信延迟，并能实现借助传统的局域网技术进行资源利用的改善。反射内存网络的优势在于在整个网络节点上或众多网络节点之间具有极低的数据延迟，这种低延迟性能对于构建实时系统极为重要。

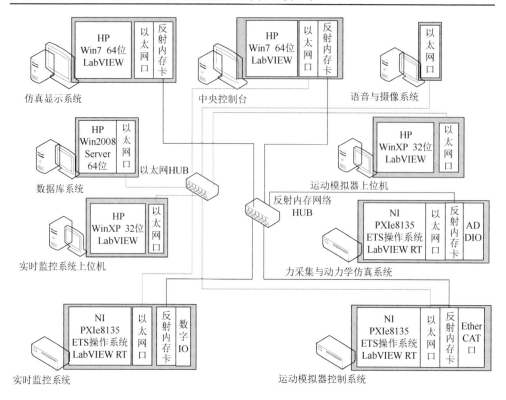

图 8-1　半实物模拟系统控制系统组成

图 8-2　半实物模拟系统控制系统机柜

8.3　运动模拟器控制系统

8.3.1　运动模拟器控制系统的主要功能

运动模拟器控制系统的主要功能包括：

(1) 对运动模拟器伺服电机的实时控制；

(2) 对运动模拟器上、下平台的实时控制；

(3) 对运动模拟器上、下平台的运动学实时正解、反解；

(4) 对运动模拟器上、下平台的位姿和速度测量；

(5) 对运动模拟器上、下平台的运动规划；

(6) 对运动模拟器的安全保护和紧急制动。

运动模拟器控制的主要技术指标如下。

(1) 最大速度：六维运动下平台最大相对运动速度为 $V_x>350\text{mm/s}$，$V_y>500\text{mm/s}$；六维运动下平台最大相对运动角速度 $\dot{\phi}>5°/\text{s}$，$\dot{\psi}>5°/\text{s}$，$\dot{\theta}>5°/\text{s}$。

(2) 动态响应：六维运动下平台 0～15Hz 内，幅值优于 ±3dB，相位滞后不大于 80°。

(3) 加速度：六维运动下平台纵向最大加速度不小于 2g，横向最大加速度不小于 2g。

(4) 低速稳定性：六维运动下平台最小速度为 0.1mm/s，无明显爬行现象。

8.3.2　运动模拟器驱动系统

为同时满足运动模拟器下平台的高速和低速性能，六维运动下平台采用双电机驱动，如图 8-3 所示。双电机驱动装置驱动力和功率大，可实现滑块换向而电机不换向，提高频响，保证 15Hz 频率下幅值衰减小、相位滞后小。两电机差动输出，提高低速稳定性，实现 0.1mm/s 低速无爬行。相比六维运动下平台 15Hz 的频响要求，三维运动上平台的频响要求为 4Hz，对接时上平台处于固定状态，因此上平台采用单电机驱动方式。经过测算驱动的功率、转速、扭矩参数，采用交流伺服电机，额定功率为 5kW。

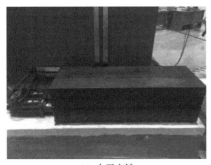

(a) 水平支链

(b) 竖直支链

图 8-3　下平台双电机冗余驱动

运动模拟器六维运动下平台有 12 台伺服电机, 三维运动上平台有 3 台伺服电机, 需要 15 台伺服驱动器。伺服驱动柜的设计主要考虑伺服驱动器、滤波器、电抗器的空间布置和散热问题, 总计有 3 个伺服驱动柜。伺服驱动柜 1 和 2 对应运动模拟器六维运动下平台的 12 台驱动器, 伺服驱动柜 3 对应运动模拟器三维运动上平台的 3 台伺服驱动器, 同时包括 380V 动力电开关、启动按钮、停止按钮、报警和正常指示灯, 如图 8-4 所示。

图 8-4　伺服驱动柜

控制柜主要包括运动模拟器和动力学仿真系统下位机、实时监控系统下位机、六维力传感器信号放大器。

(1) 运动模拟器和动力学仿真系统下位机一方面负责运动模拟器的实时控制, 另一方面完成力采集和动力学仿真功能。

(2) 实时监控计算机一方面负责各系统的数据和状态监测, 另一方面负责与对接机构测试设备通信。

(3) 六维力传感器信号放大器负责放大六维力传感器的信号, 从而进入运动模拟器和动力学仿真的信号采集系统。

由于运动模拟器控制柜主要是弱电, 为避免伺服驱动柜的电磁干扰, 控制柜放置在距离伺服驱动柜较远的位置。

运动模拟器六维运动下平台的六个支链位置采用光栅尺进行测量, 通过运动学的正解,可得到平台的位姿.为保证断电等情况下运动模拟器位姿的保存记忆,控制系统采用不间断电源(UPS)供电,系统重新上电后,运动模拟器断电前的位姿仍能得到.

在伺服控制中,采用了基于实时 EtherCAT 的控制技术.EtherCAT(以太网控制自动化技术)是一个开放架构,是以以太网为基础的现场总线系统,其名称的 CAT 为控制自动化技术(control automation technology)字首的缩写.EtherCAT 是开放的实时以太网通信协议,最初由德国倍福自动化有限公司(Beckhoff Automation GmbH)研发.EtherCAT 为系统的实时性能和拓扑的灵活性树立了新的标准,还符合、甚至降低了现场总线的使用成本.相对于其他总线形式,EtherCAT 总线具有以下优越性.

(1) 更快的通信速度:EtherCAT 是速度快、同步性能卓越的通信系统,过程映像更新时间极短(小于 $50\mu m$),网络性能与拓扑结构无关,可在控制器中集中进行轴控制.

(2) 灵活的拓扑结构:支持线型、星型、树型和环型等拓扑结构,节点交换机、集线器无级联限制.

(3) 时间同步性高:EtherCAT 协定中提供分散式时钟机制,即使通信循环周期有抖动,时钟的抖动小于 $1\mu s$,大约接近 IEEE 1588 精密时间协议的标准.因此,EtherCAT 的主站设备不需针对时钟使用特殊的硬件,可以在任何标准的以太网 MAC 上用软件实现,即使没有特殊的通信协议处理器也不受影响.

(4) 多种机制:支持主站/从站、从站/主站和主站/主站之间的通信.

(5) 工业以太网:采用标准的以太网帧,全面支持以太网技术.

(6) 简单易用:无需手动设置地址、无需配置交换机、自动实现功能配置.

8.3.3　运动模拟器控制性能测试

1. 运动模拟器控制低速性能测试

运动模拟器控制低速性能测试的步骤如下.

(1) 按最差工况原则(工作空间边界上雅可比矩阵条件数最大,低速稳定性最差)选择工作空间上、中和下三层边界上的三个测试点,以及工作空间中部的一个点.

(2) 上下平台处于零位位置,移动下平台到给定的位置和姿态.

(3) 输入直线运动速度 $0.1mm/s$、选择直线运动 $X/Y/Z$ 方向.

(4) 平台开始运动,运动模拟器显示和保存给定的下平台位置和姿态,并记录下平台运动的位置和姿态.

(5) 运动过程中,采用千分表观察是否有爬行现象,实验完成后,再根据测量的下平台位置数据观察是否有爬行现象,如图 8-5~图 8-7 所示.

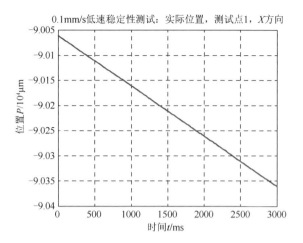

图 8-5 低速稳定性测试 X 方向

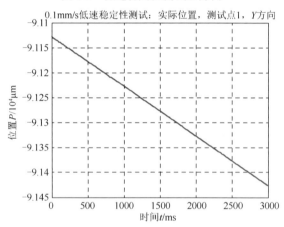

图 8-6 低速稳定性测试 Y 方向

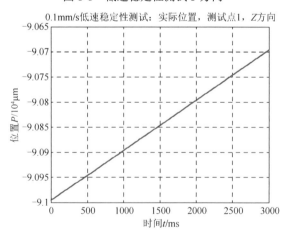

图 8-7 低速稳定性测试 Z 方向

2. 运动模拟器控制最大速度和加速度性能测试

运动模拟器控制最大速度和加速度性能测试的步骤如下。

(1) 按最差工况原则(工作空间边界上雅可比矩阵条件数最大,动态性能最差)选择工作空间上、中和下三层边界上的三个测试点,以及工作空间中部的一个点。

(2) 上下平台处于零位位置,移动下平台到给定的位置和姿态。

(3) 采用正弦运动测试法,输入位移正弦曲线幅值、频率,其中位移正弦曲线表达式为 $P=A[\cos(2\pi ft)-1]$。

① 设定幅值 $A=13.3$mm、频率 6.24Hz,即可保证最大速度为 500mm/s,同时最大加速度为 $2g$。选择 Y、Z 运动方向。

② 设定幅值 $A=6.6$mm、频率 8.92Hz,即可保证最大速度为 350mm/s,同时最大加速度为 $2g$。选择 X 运动方向。

③ 设定幅值 $A=0.0024$rad($0.1379°$)、频率 6Hz,即可保证最大角速度为 $5°/s$,同时最大角加速度为 $189°/s^2$。选择 ϕ、ψ、θ 运动方向。

(4) 平台开始进行正弦运动,运动模拟器保存和显示测量的平台位置和姿态数据。根据测量的平台位置和姿态数据,采用差分法计算平台的速度和角速度数据。根据平台的速度数据,采用差分法计算最大加速度。

(5) 计算得到的最大速度,实测速度曲线如图 8-8、图 8-10、图 8-12、图 8-14～图 8-16 所示,满足性能指标要求。

(6) 计算得到的最大加速度,实测加速度曲线如图 8-9、图 8-11、图 8-13 所示,满足性能指标要求。

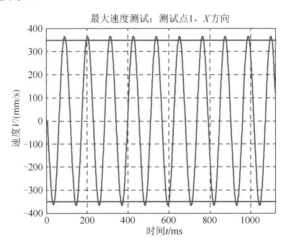

图 8-8　X 方向最大速度

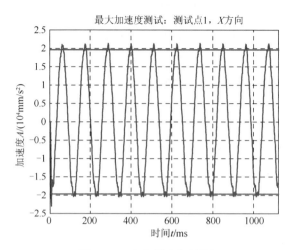

图 8-9　*X* 方向最大加速度

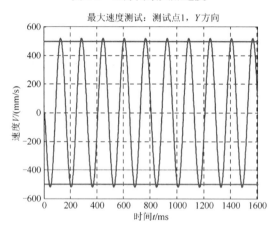

图 8-10　*Y* 方向最大速度

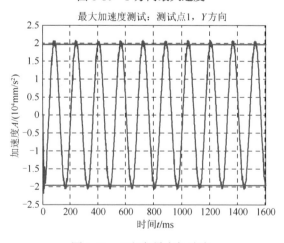

图 8-11　*Y* 方向最大加速度

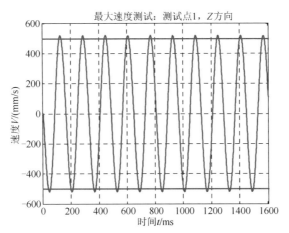

图 8-12   Z 方向最大速度

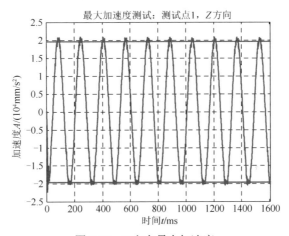

图 8-13   Z 方向最大加速度

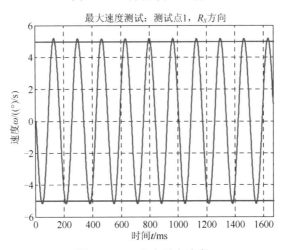

图 8-14 R_X 方向最大速度

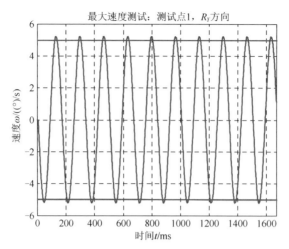

图 8-15 R_Y 方向最大速度

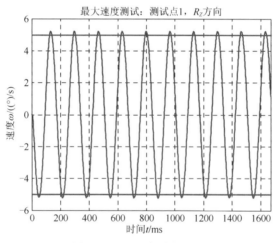

图 8-16 R_Z 方向最大速度

3. 运动模拟器控制频响性能测试

运动模拟器控制频响性能测试的步骤如下。

(1) 按最差工况原则(工作空间边界上雅可比矩阵条件数最大,动态性能最差)选择工作空间上、中和下三层边界上的三个测试点,以及工作空间中部的一个点。

(2) 上下平台处于零位位置,移动下平台到给定的位置和姿态。

(3) 输入位移正弦曲线幅值、频率,其中位移正弦曲线表达式为 $P=A[\cos(2\pi ft)-1]$。

① 设定幅值 A=2.2mm、频率 15Hz,此时最大加速度为 2g。顺序选择 X、Y、Z 运动方向。

② 设定幅值 A=0.001rad、频率 15Hz,此时最大角速度为 5°/s。顺序选择 ϕ、ψ、θ 运动方向。

(4) 平台开始进行正弦运动，运动模拟器保存和显示测量的平台位置和姿态数据、给定的平台位置和姿态数据，获得测量的幅值、相位滞后。

(5) 幅值的计算方法为：根据测量的平台位姿正弦曲线的峰峰值一半的平均值(取 5 个周期的数据)计算幅值 A_{measured}，给定的平台位姿正弦曲线的幅值为 A_{desired}，则伯德图中的幅值为 Mag(dB)=20lg($A_{\text{measured}}/A_{\text{desired}}$)。

(6) 相位滞后的计算方法为：测量的平台位姿正弦曲线的峰值与给定的平台位姿正弦曲线的峰值之间的滞后时间的平均值(取 5 个周期的数据)为 T_{delay}(单位为 ms)，给定的平台位姿正弦曲线的周期为 T_{period}(单位为 ms)，则伯德图中的相对滞后为 Phase(单位为(°))=$T_{\text{delay}}/T_{\text{period}}\times360$。

(7) 根据 1～15Hz 的幅值、相位滞后，画出 X、Y、Z、R_X、R_Y、R_Z 方向的伯德图，如图 8-17～图 8-22 所示，满足性能要求。

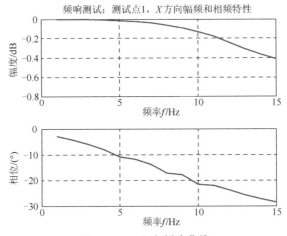

图 8-17　X 方向频响曲线

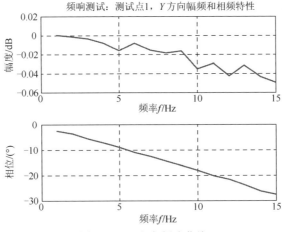

图 8-18　Y 方向频响曲线

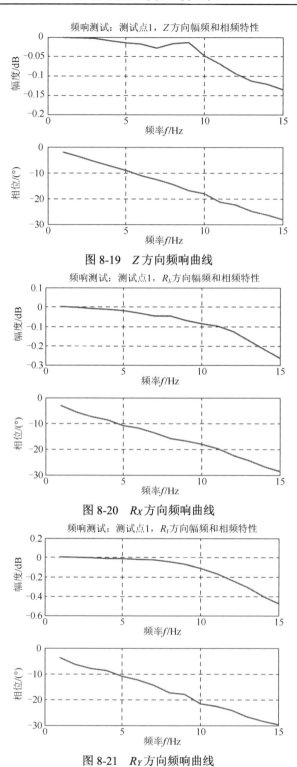

图 8-19　Z 方向频响曲线

图 8-20　R_X 方向频响曲线

图 8-21　R_Y 方向频响曲线

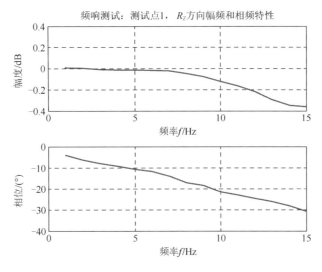

图 8-22　R_z方向频响曲线

8.4　力采集与动力学仿真系统

8.4.1　力采集与动力学仿真系统的主要功能

六维力测量与对接动力学仿真系统是整个实验台的控制算法核心，其主要功能是保证实时再现对接碰撞的过程，即采集对接碰撞力和力矩，进行动力学仿真和失真补偿，其产生的数据作为运动模拟器下一时刻控制运动平台的控制数据。

8.4.2　力采集与动力学仿真系统的硬件和软件

1. 力采集与动力学仿真系统硬件

本实验采用的六维力和力矩传感器如图 8-23 所示，量程为 5000N 和 500N·m。六维力传感器的信号放大器负责把力传感器原始信号转换成 0～10V 的电压信号，进而由模拟量采集卡采集。力传感器放大器的量程设置和启动停止等操作通过通信接口与运动模拟器和动力学仿真计算机通信实现远程控制。

图 8-23　六维力和力矩传感器

2. 力采集与动力学仿真系统软件

运动模拟器上平台安装主动件对接机构，下平台安装被动件对接机构。对接过程中，运动模拟器上平台固定、下平台运动，上下平台的相对运动模拟轨道器和上升器的相对运动。对接过程中，力传感器测量碰撞力，经力传感器信号放大器放大后，由动力学仿真系统采集碰撞力，作为动力学仿真的输入，由动力学仿真算法计算出期望的相对位置和姿态。运动模拟器控制系统将期望的相对位置和姿态发送给运动模拟器，由运动模拟器实现期望的相对位置和姿态。

由于系统中的几个环节存在滞后，包括力信号滞后、动力学仿真计算滞后、运动模拟器控制通信滞后、运动模拟器响应滞后等，为避免系统发散和保证再现精度，需建立失真补偿算法。半实物模拟系统的失真补偿算法包括运动模拟器的响应滞后补偿、运动模拟器平台刚度补偿以及相位超前补偿三部分。运动模拟器的响应滞后补偿负责补偿运动模拟器期望平台位姿与实际平台位姿的滞后；运动模拟器平台刚度补偿负责补偿运动模拟器平台刚度引起的实际平台位姿偏移量；相位超前补偿负责补偿包括力信号滞后、动力学仿真计算滞后、运动模拟器控制通信滞后等引起的其他相位滞后。

8.5　实时监控系统

8.5.1　实时监控系统的主要功能

实时显示半实物模拟系统各分系统上传的测量、计算、工况状态数据及重要控制指令等。主要实时监控被试产品、运动模拟器的位置姿态、六维力传感器实测数据。对运动空间超限、碰撞力超限等进行识别和报警。实时显示空间两对接飞行器之间的相对运动、作用到被动件对接坐标系的力/力矩。

8.5.2　实时监控系统的硬件和软件

实时监控系统分为下位实时计算机、上位计算机，下位实时计算机放置在控制柜中，负责与各分系统间的实时任务，上位计算机为工业台式机，负责显示和人机交互。

实时监控系统的软件主要包括综合监视界面、运动模拟器状态界面、运动模拟器数据界面、六维力与位姿(图 8-24)界面等。

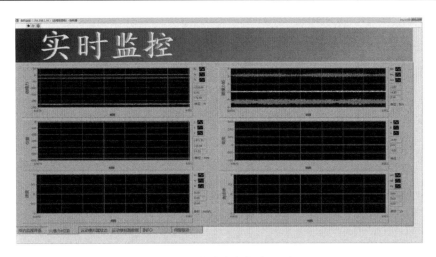

图 8-24　六维力与位姿界面

8.6　仿真显示系统

8.6.1　仿真显示系统的主要功能

通过虚拟场景预先或实时显示空间飞行器和半实物模拟系统的运动状态，为实验人员提供直观的影视图像，包括显示飞行器的三维运动场景以及显示运动模拟器的相对运动场景。

8.6.2　仿真显示系统的硬件和软件

仿真显示系统(图 8-25)采用工业台式机，通过反射内存通信，获取飞行器或半实物模拟系统的运动数据。仿真显示屏幕采用液晶显示器，包括半实物模拟系统运动场景、飞行器运动场景。仿真显示系统的软件能够离线或在线显示运动场景，包括对接初始条件离线规划的运动以及对接过程的在线运动。

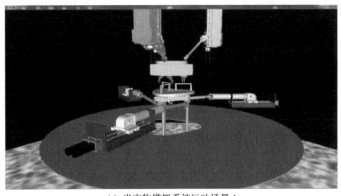

(a) 半实物模拟系统运动场景 1

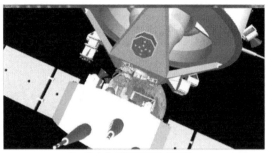

(b) 半实物模拟系统运动场景 2

图 8-25　仿真显示系统

8.7　数据库系统

8.7.1　数据库系统的主要功能

数据库系统用于储存实验数据，包括当前实验数据和历史实验数据，具有数据存储、处理、查询、导出等管理功能。数据采集记录的内容包括实验工况及输入条件、运动模拟器的位置姿态、对接碰撞力测试数据等。

8.7.2　数据库系统的硬件和软件

根据半实物模拟系统对数据管理的功能和技术要求，数据库系统采用服务器计算机和磁盘阵列。数据库端软件负责数据库的备份功能。数据库与中央控制台等其他系统采用以太网通信。数据库上位机软件集成到中央控制台的数据管理功能中，其中数据显示界面如图 8-26 所示。

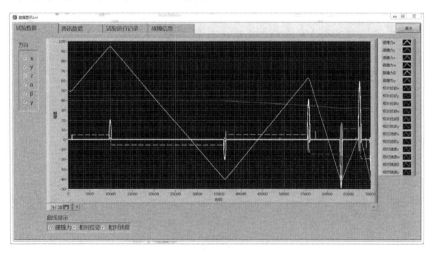

图 8-26　数据显示界面

8.8　中央控制台系统

8.8.1　中央控制台系统的主要功能

中央控制台在整个实验台中起着核心作用，主要实现对整个实验过程的调度管理，通过中央控制台来实现人机交互。具体功能如下。

(1) 能够完成对不同实验模式和实验产品工况等情况下的实验控制。

(2) 能够实现对系统的管理调度，完成整个实验流程。

(3) 能够提供简洁、友好的人机交互界面。

8.8.2　中央控制台系统的硬件和软件

中央控制台是半实物模拟系统操作的核心，与其他系统通过反射内存网和以太网进行通信，通过反射内存网与运动模拟器和动力学仿真系统下位机、实时监控系统下位机、仿真动画系统通信，通过以太网与数据库系统等通信。

中央控制台的功能分成六大类：账户管理、数据管理、产品设置、工况设置、实验操作、手动操作。中央控制台主要界面包括中央控制台登录界面(图 8-27)、中央控制台任务选择界面(图 8-28)、中央控制台工况设置界面、中央控制台实验流程界面等。

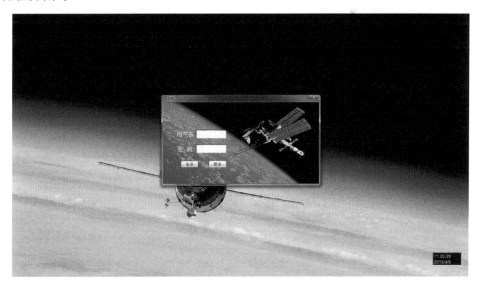

图 8-27　中央控制台登录界面

图 8-28　中央控制台任务选择界面

参 考 文 献

[1] Page R L. Brief history of flight simulation. SimTecT Proceedings, 2000: 11-17.

[2] Pouliot N, Gosselin C M, Nahon M. Motion simulation capabilities of three-degree-of-freedom flight simulators. Journal of Aircraft, 1998, 35(1): 9-17.

[3] Ohtani K, Ogawa N, Katayama T, et al. Project E-Defense 3-D full-scale earthquake testing facility. Proceedings of the Joint NCREE/JRC Workshop International Collaboration on Earthquake Disaster Mitigation Research, 2003: 223-234.

[4] Sato M, Inoue T. General frame work of research topics utilizing the 3-D full-scale earthquake testing facility. Journal of Japan Association for Earthquake Engineering, 2004, 4(3): 448-456.

[5] Ogawa N, Ohtani K, Katayama T, et al. Construction of a three-dimensional, large-scale shaking table and development of core technology. Seismic Design for Engineering Plant, 2003: 109-138.

[6] Zhang J, Gao F, Yu H, et al. Design and development of a novel redundant and fault-tolerant actuator unit for heavy-duty parallel manipulators. Proceedings of the Institution of Mechanical Engineers, Part C: Journal of Mechanical Engineering Science, 2011: 0954406211411864.

[7] 徐文福, 梁斌, 李成, 等. 空间机器人微重力模拟实验系统研究综述. 机器人, 2009, 31(1): 88-96.

[8] Xu W, Liang B, Xu Y. Survey of modeling, planning, and ground verification of space robotic systems. Acta Astronautica, 2011, 68(11): 1629-1649.

[9] 姚燕生. 三维重力补偿方法与空间浮游目标模拟实验装置研究. 合肥: 中国科学技术大学博士学位论文, 2006.

[10] Watanabe Y, Araki K, Nakamura Y. Microgravity experiments for a visual feedback control of a space robot capturing a target. IEEE/RSJ International Conference on Intelligent Robots and Systems, 1998: 1993-1998.

[11] Glover K E. Development of a large support surface for an air-bearing type zero-gravity simulator. NASA-TM-X-72780. Washington: NASA Langley Research Center, 1976.

[12] Young J S. Development of an automatic balancing system for a small satellite attitude control simulator. Logan: Utah State University, 1998.

[13] Miller D, Saenz-Otero A, Wertz J, et al. SPHERES: A testbed for long duration satellite formation flying in micro-gravity conditions. Proceedings of the AAS/AIAA Space Flight Mechanics Meeting, 2000: AAS 00-110.

[14] Pond B, Vliet J V, Sharf I. Prediction tools for active damping and motion planning of flexible manipulators. Journal of Guidance, Control, and Dynamics, 2003, 26(2): 267-272.

[15] Carignan C R, Akin D L. The reaction stabilization of on-orbit robots. IEEE Control Systems, 2000, 20(6): 19-33.

[16] Atkins E M, Lennon J A, Peasco R S. Vision-based following for cooperative astronaut-robot operations. IEEE Aerospace Conference Proceedings, 2002, 1: 215-224.

[17] Menon C, Busolo S, Cocuzza S, et al. Issues and solutions for testing free-flying robots. Acta Astronautica, 2007, 60(12): 957-965.

[18] Sato Y, Ejiri A, Iida Y, et al. Micro-G emulation system using constant-tension suspension for a space manipulator. IEEE International Conference on Robotics and Automation, 1991: 1893-1900.

[19] Xu Y, Brown Jr H B, Friedman M, et al. Control system of the self-mobile space manipulator. IEEE Transactions on Control Systems Technology, 1994, 2(3): 207-219.

[20] White G, Xu Y. An active vertical-direction gravity compensation system. IEEE Transactions on Instrumentation and Measurement, 1994, 43(6): 786-792.

[21] Motaghedi P, Stamm S. 6DOF testing of the orbital express capture system. Proceedings of SPIE, Modeling, Simulation, and Verification of Space-based Systems II, 2005: 66-81.

[22] Ananthakrishnan S, Teders K, Alder K. Role of estimation in real-time contact dynamics enhancement of space station engineering facility. IEEE Robotics & Automation Magazine, 1996, 3(3): 20-28.

[23] 郭坤相. 对接试验台运动模拟器控制系统设计与分析. 哈尔滨: 哈尔滨工业大学博士学位论文, 2006.

[24] Shen H, Yang T, Ma L Z. Synthesis and structure analysis of kinematic structures of 6-DOF parallel robotic mechanisms. Mechanism and Machine Theory, 2005, 40(10): 1164-1180.

[25] Jin Q, Yang T L. Theory for topology synthesis of parallel manipulators and its application to three-dimension-translation parallel manipulators. Journal of Mechanical Design, 2004, 126(4): 625-639.

[26] 杨廷力. 机器人机构拓扑结构学. 北京: 机械工业出版社, 2004.

[27] Yang T L, Liu A X, Jin Q, et al. Position and orientation characteristic equation for topological design of robot mechanisms. Journal of Mechanical Design, 2009, 131(2): 021001.

[28] Yang T L, Sun D J. A general degree of freedom formula for parallel mechanisms and multiloop spatial mechanisms. Journal of Mechanisms and Robotics, 2012, 4(1): 011001.

[29] Grigore G. Structural Synthesis of Parallel Robots. Part 1: Methodology. New York: Springer, 2008.

[30] Gogu G. Structural synthesis of fully-isotropic parallel robots with Schönflies motions via theory of linear transformations and evolutionary morphology. European Journal of Mechanics—A/Solids, 2007, 26(2): 242-269.

[31] Gogu G. Chebychev-Grübler-Kutzbach's criterion for mobility calculation of multi-loop mechanisms revisited via theory of linear transformations. European Journal of Mechanics—A/Solids, 2005, 24(3): 427-441.

[32] Gogu G. Mobility and spatiality of parallel robots revisited via theory of linear transformations. European Journal of Mechanics—A/Solids, 2005, 24(4): 690-711.

[33] Gogu G. Structural synthesis of fully-isotropic translational parallel robots via theory of linear transformations. European Journal of Mechanics—A/Solids, 2004, 23(6): 1021-1039.

[34] Kong X, Gosselin C M. Type synthesis of 3-DOF translational parallel manipulators based on screw theory. Journal of Mechanical Design, 2004, 126(1): 83-92.

[35] Dai J S. An historical review of the theoretical development of rigid body displacements from Rodrigues parameters to the finite twist. Mechanism and Machine Theory, 2006, 41(1): 41-52.

[36] Zhao T, Dai J S, Huang Z. Geometric synthesis of spatial parallel manipulators with fewer than six degrees of freedom. Proceedings of the Institution of Mechanical Engineers, Part C: Journal of Mechanical Engineering Science, 2002, 216(12): 1175-1185.

[37] Kong X, Gosselin C M. Type synthesis of six-DOF wrist-partitioned parallel manipulators. Journal of Mechanical Design, 2008, 130(6): 062302.

[38] Kong X, Gosselin C M. Type Synthesis of Parallel Mechanisms. New York: Springer, 2007.

[39] Kong X, Gosselin C M. Type synthesis of 4-DOF SP-equivalent parallel manipulators: A virtual chain approach. Mechanism and Machine Theory, 2006, 41(11): 1306-1319.

[40] Kong X, Gosselin C M. Type synthesis of 5-DOF parallel manipulators based on screw theory. Journal of Robotic Systems, 2005, 22(10): 535-547.

[41] Kong X, Gosselin C M. Type synthesis of 3-DOF PPR-equivalent parallel manipulators based on screw theory and the concept of virtual chain. Journal of Mechanical Design, 2005, 127(6): 1113-1121.

[42] Zeng D, Huang Z. Type synthesis of the rotational decoupled parallel mechanism based on screw theory. Science China Technological Sciences, 2011, 54(4): 998-1004.

[43] Chen Q, Li Q, Wu C, et al. Mobility analysis of 4-RPRPR and 4-RRRPR parallel mechanisms with bifurcation of schoenflies motion by screw theory. ASME/IFToMM International Conference on Reconfigurable Mechanisms and Robots, 2009: 279-284.

[44] Gao F, Yang J, Ge Q J. Type synthesis of parallel mechanisms having the second class GF sets and two dimensional rotations. Journal of Mechanisms and Robotics, 2011, 3(1): 011003

[45] Merlet J P, Gosselin C M, Mouly N. Workspaces of planar parallel manipulators. Mechanism and Machine Theory, 1998, 33(1): 7-20.

[46] Gao F, Zhang Y, Li W. Type synthesis of 3-DOF reducible translational mechanisms. Robotica, 2005, 23(2): 239-245.

[47] Yan C, Gao F, Zhang Y. Kinematic modeling of a serial-parallel forging manipulator with application to heavy-duty manipulations. Mechanics Based Design of Structures and Machines, 2010, 38(1): 105-129.

[48] Yang P, Gao F. Kinematical model and topology patterns of a new 6-parallel-legged walking robot. ASME International Design Engineering Technical Conferences and Computers and Information in Engineering Conference, 2012: 1197-1205.

[49] Yang J, Gao F, Ge Q J, et al. Type synthesis of parallel mechanisms having the first class GF sets and one-dimensional rotation. Robotica, 2011, 29(6): 895-902.

[50] Meng X, Gao F, Yang J. The GF sets: A new kind of performance criterion of mechanisms. ASME International Design Engineering Technical Conferences and Computers and Information in Engineering Conference, 2012: 559-564.

[51] Murray R M, Li Z, Sastry S S, et al. A Mathematical Introduction to Robotic Manipulation. Boca Raton: CRC Press, 1994.

[52] Meng J, Liu G, Li Z. A geometric theory for analysis and synthesis of sub-6 DOF parallel manipulators. IEEE Transactions on Robotics, 2007, 23(4): 625-649.

[53] Wu Y, Wang H, Li Z. Quotient kinematics machines: Concept, analysis, and synthesis. Journal of Mechanisms and Robotics, 2011, 3(4): 041004.

[54] Selig J M. Geometrical Methods in Robotics. New York: Springer, 1996.

[55] Selig J M. Geometric Fundamentals of Robotics. New York: Springer, 2007.

[56] Gan D, Dai J S, Dias J, et al. Reconfigurability and unified kinematics modeling of a 3rTPS metamorphic parallel mechanism with perpendicular constraint screws. Robotics and Computer-Integrated Manufacturing, 2013, 29(4): 121-128.

[57] Fijany A, Bejczy A K. Techniques for parallel computation of mechanical manipulator dynamics. Part II: Forward dynamics. Advances in Robotic Systems and Control, 2012, 40: 357-410.

[58] Rojas N, Thomas F. The forward kinematics of 3-RR planar robots: A review and a distance-based formulation. IEEE Transactions on Robotics, 2011, 27(1): 143-150.

[59] Gallardo-Alvarado J. A simple method to solve the forward displacement analysis of the general six-legged parallel manipulator. Robotics and Computer-Integrated Manufacturing, 2014, 30(1): 55-61.

[60] Mahl T, Hildebrandt A, Sawodny O. Forward kinematics of a compliant pneumatically actuated redundant manipulator. The 7th IEEE Conference on Industrial Electronics and Applications, 2012: 1267-1273.

[61] 裴葆青, 韩先国, 陈五一. 基于传感器的 6-DOF 并联机构运动学正解. 北京航空航天大学学报, 2005, 31(4): 421-424.

[62] Zubizarreta A, Marcos M, Cabanes I, et al. Redundant sensor based control of the 3RRR parallel robot. Mechanism and Machine Theory, 2012, 54: 1-17.

[63] Dietmaier P. The Stewart-Gough platform of general geometry can have 40 real postures//Lenarčič J, Husty M L.

Advances in Robot Kinematics: Analysis and Control. Rotterdam: Springer, 1998: 7-16.

[64]　Raghavan M. The Stewart platform of general geometry has 40 configurations. Journal of Mechanical Design, 1993, 115(2): 277-282.

[65]　Kardan I, Akbarzadeh A. An improved hybrid method for forward kinematics analysis of parallel robots. Advanced Robotics, 2015, 29(6): 401-411.

[66]　Parikh P J, Lam S S. A hybrid strategy to solve the forward kinematics problem in parallel manipulators. IEEE Transactions on Robotics, 2005, 21(1): 18-25.

[67]　Chandra R, Rolland L. On solving the forward kinematics of 3RPR planar parallel manipulator using hybrid metaheuristics. Applied Mathematics and Computation, 2011, 217(22): 8997-9008.

[68]　Kang R, Chanal H, Bonnemains T, et al. Learning the forward kinematics behavior of a hybrid robot employing artificial neural networks. Robotica, 2012, 30(5): 847-855.

[69]　Elsheikh A H, Showaib E A, Asar A E M. Artificial neural network based forward kinematics solution for planar parallel manipulators passing through singular configuration. Advances in Robotics & Automation, 2013, 2: 106.

[70]　Parikh P J, Lam S S. Solving the forward kinematics problem in parallel manipulators using an iterative artificial neural network strategy. The International Journal of Advanced Manufacturing Technology, 2009, 40(5-6): 595-606.

[71]　Ghanbari A, Rahmani A. Neural network solutions for forward kinematics problem of hybrid serial-parallel manipulator. World of Sciences Journal, 2013, 1(8): 148-158.

[72]　Morell A, Tarokh M, Acosta L. Solving the forward kinematics problem in parallel robots using support vector regression. Engineering Applications of Artificial Intelligence, 2013, 26(7): 1698-1706.

[73]　Merlet J P. Closed-form resolution of the direct kinematics of parallel manipulators using extra sensors data. IEEE International Conference on Robotics and Automation, 1993: 200-204.

[74]　Mahmoodi A, Sayadi A, Menhaj M B. Solution of forward kinematics in Stewart platform using six rotary sensors on joints of three legs. Advanced Robotics, 2014, 28(1): 27-37.

[75]　Chiu Y J, Perng M H. Forward kinematics of a general fully parallel manipulator with auxiliary sensors. The International Journal of Robotics Research, 2001, 20(5): 401-414.

[76]　Mohamed M, Daffy J. A direct determination of the instantaneous kinematics of fully parallel robot manipulators. Journal of Mechanisms, Transmission, and Automation in Design, 1985, 107(2): 226-229.

[77]　澹凡忠, 王洪波, 黄真. 并联 6-SPS 机器人的影响系数及其应用. 机器人, 1989, 11(5): 20-24, 29.

[78]　朱思俊. 少自由度并联机构运动学及五自由度并联机构的相关理论. 秦皇岛: 燕山大学博士学位论文, 2007.

[79]　王洪波, 黄真. YS-I 并联机器人的运动分析. 东北重型机械学院学报, 1993, 148(1): 30-48.

[80]　李仕华, 杜崇杰, 赵永生, 等. 一种新型 3-5R 并联机构的运动学分析. 机械设计, 2007, 24(5): 4-8.

[81]　Joshi S A, Tsai L W. Jacobian analysis of limited-DOF parallel manipulators. ASME International Design Engineering Technical Conferences and Computers and Information in Engineering Conference, 2002: 341-348.

[82]　Gallardo-Alvarado J, Rico-Martínez J M, Alici G. Kinematics and singularity analyses of a 4-DOF parallel manipulator using screw theory. Mechanism and Machine Theory, 2006, 41(9): 1048-1061.

[83]　Tsai L W. The Jacobian analysis of a parallel manipulator using reciprocal screws//Lenarčič J, Husty M L. Advances in Robot Kinematics: Analysis and Control. Rotterdam: Springer, 1998: 327-336.

[84]　Nigatu H, Singh A P, Prabhu P. Jacobian analysis of limited DOF parallel manipulator using wrench and reciprocal screw principle. International Journal of Engineering Research & Technology, 2014, 3(4): 354-358.

[85]　Huang T, Liu H, Chetwynd D G. Generalized Jacobian analysis of lower mobility manipulators. Mechanism and Machine Theory, 2011, 46(6): 831-844.

[86]　Amine S, Masouleh M T, Caro S, et al. Singularity analysis of 3T2R parallel mechanisms using Grassmann-Cayley

algebra and Grassmann geometry. Mechanism and Machine Theory, 2012, 52: 326-340.

[87] Gosselin C M, Laliberté T, Veillette A. Singularity-free kinematically redundant planar parallel mechanisms with unlimited rotational capability. IEEE Transactions on Robotics, 2015, 31(2): 457-467.

[88] Olds K C. Global indices for kinematic and force transmission performance in parallel robots. IEEE Transactions on Robotics, 2015, 31(2): 494-500.

[89] Hu B. Formulation of unified Jacobian for serial-parallel manipulators. Robotics and Computer-Integrated Manufacturing, 2014, 30(5): 460-467.

[90] Liu X J, Wu C, Wang J. A new approach for singularity analysis and closeness measurement to singularities of parallel manipulators. Journal of Mechanisms and Robotics, 2012, 4(4): 041001.

[91] Gosselin C M. Determination of the workspace of 6-DOF parallel manipulators. Journal of Mechanical Design, 1990, 112: 331-336.

[92] Tsai K, Lee T, Huang K. Determining the workspace boundary of 6-DOF parallel manipulators. Robotica, 2006, 24 (5): 605-612.

[93] Kim D, Chung W, Youm Y. Geometrical approach for the workspace of 6-DOF parallel manipulators. IEEE International Conference on Robotics and Automation, 1997, 4: 2986-2991.

[94] Bonev I A, Ryu J. A geometrical method for computing the constant-orientation workspace of 6-PRRS parallel manipulators. Mechanism and Machine Theory, 2001, 36(1): 1-13.

[95] Dash A K, Chen I, Yeo S H, et al. Workspace generation and planning singularity-free path for parallel manipulators. Mechanism and Machine Theory, 2005, 40(7): 776-805.

[96] Bonev I A, Ryu J. A new approach to orientation workspace analysis of 6-DOF parallel manipulators. Mechanism and Machine Theory, 2001, 36(1): 15-28.

[97] Tsai K, Lin J. Determining the compatible orientation workspace of Stewart-Gough parallel manipulators. Mechanism and Machine Theory, 2006, 41(10): 1168-1184.

[98] Jiang Q, Gosselin C M. Determination of the maximal singularity-free orientation workspace for the Gough-Stewart platform. Mechanism and Machine Theory, 2009, 44(6): 1281-1293.

[99] Cao Y, Huang Z, Zhou H, et al. Orientation workspace analysis of a special class of the Stewart-Gough parallel manipulators. Robotica, 2010, 28(7): 989-1000.

[100] Jin Y, Chen I M, Yang G. Finite-partition of SE(3) and its applications on workspace optimization of parallel manipulators. IEEE/RSJ International Conference on Intelligent Robots and Systems, 2006: 2133-2138.

[101] Zhao J S, Chen M, Zhou K, et al. Workspace of parallel manipulators with symmetric identical kinematic chains. Mechanism and Machine Theory, 2006, 41(6): 632-645.

[102] Masory O, Wang J. Workspace evaluation of Stewart platforms. Advanced Robotics, 1994, 9(4): 443-461.

[103] Monsarrat B, Gosselin C M. Workspace analysis and optimal design of a 3-leg 6-DOF parallel platform mechanism. IEEE Transactions on Robotics and Automation, 2003, 19(6): 954-966.

[104] Merlet J P. Determination of 6D workspaces of Gough-type parallel manipulator and comparison between different geometries. The International Journal of Robotics Research, 1999, 18(9): 902-916.

[105] Behi F. Kinematic analysis for a six-degree-of-freedom 3-PRPS parallel mechanism. IEEE Journal on Robotics and Automation, 1988, 4(5): 561-565.

[106] Cleary K, Arai T. A prototype parallel manipulator: Kinematics, construction, software, workspace results, and singularity analysis. IEEE International Conference on Robotics and Automation, 1991: 566-571.

[107] Fichter E F. A Stewart platform-based manipulator: General theory and practical construction. The International Journal of Robotics Research, 1986, 5(2): 157-182.

[108] Alciatore D, Ng C. Determining manipulator workspace boundaries using the Monte Carlo method and least squares

segmentation. ASME Robotics: Kinematics, Dynamics and Controls, 1994, 72: 141-146.

[109] Andrioaia D, Stan G, Pascu M, et al. Determining the shape and volume of the work space for the robot with parallel structure delta 3DOF using the monte carlo method. Applied Mechanics and Materials, 2013, 332: 200-205.

[110] Zhang J F, Wang J J, Feng P F, et al. Monte Carlo method for manipulability analysis of parallel manipulators. Transactions of the Chinese Society for Agricultural Machinery, 2013, 44(7): 269-273.

[111] Jo D Y, Haug E. Workspace analysis of multibody mechanical systems using continuation methods. Journal of Mechanical Design, 1989, 111(4): 581-589.

[112] Bohigas O, Manubens M, Ros L. A complete method for workspace boundary determination on general structure manipulators. IEEE Transactions on Robotics, 2012, 28(5): 993-1006.

[113] Tahmasebi F, Tsai L. Workspace and Singularity Analysis of a Novel Six-DOF Parallel Minimanipulator. Institute for Systems Research Technical Reports. City of College Park: University of Maryland, 1993.

[114] Zanganeh K E, Angeles J. Kinematic isotropy and the optimum design of parallel manipulators. The International Journal of Robotics Research, 1997, 16(2): 185-197.

[115] Pittens K H, Podhorodeski R P. A family of Stewart platforms with optimal dexterity. Journal of Robotic Systems, 1993, 10(4): 463-479.

[116] Stoughton R S, Arai T. A modified Stewart platform manipulator with improved dexterity. IEEE Transactions on Robotics and Automation, 1993, 9(2): 166-173.

[117] Bhattacharya S, Hatwal H, Ghosh A. On the optimum design of Stewart platform type parallel manipulators. Robotica, 1995, 13(2): 133-140.

[118] Stamper R E, Tsai L W, Walsh G C. Optimization of a three DOF translational platform for well-conditioned workspace. IEEE International Conference on Robotics and Automation, 1997: 3250-3255.

[119] Gosselin C M. The optimum design of robotic manipulators using dexterity indices. Robotics and Autonomous Systems, 1992, 9(4): 213-226.

[120] Merlet J P. Designing a parallel manipulator for a specific workspace. The International Journal of Robotics Research, 1997, 16(4): 545-556.

[121] Ottaviano E, Ceccarelli M. Optimal design of CaPaMan (Cassino Parallel Manipulator) with a specified orientation workspace. Robotica, 2002, 20(2): 159-166.

[122] Laribi M, Romdhane L, Zeghloul S. Analysis and dimensional synthesis of the DELTA robot for a prescribed workspace. Mechanism and Machine Theory, 2007, 42(7): 859-870.

[123] Kosinska A, Galicki M, Kedzior K. Determination of parameters of 3-DOF spatial orientation manipulators for a specified workspace. Robotica, 2003, 21(2): 179-183.

[124] Kosinska A, Galicki M, Kedzior K. Designing and optimization of parameters of delta-4 parallel manipulator for a given workspace. Journal of Robotic Systems, 2003, 20(9): 539-548.

[125] Kosinska A, Galicki M, Kedzior K. Design of parameters of parallel manipulators for a specified workspace. Robotica, 2003, 21(5): 575-579.

[126] di Gregorio R, Zanforlin R. Workspace analytic determination of two similar translational parallel manipulators. Robotica, 2003, 21(5): 555-566.

[127] Gao F, Peng B, Li W, et al. Design of a novel 5-DOF parallel kinematic machine tool based on workspace. Robotica, 2005, 23(1): 35-43.

[128] Hay A, Snyman J. Optimal synthesis for a continuous prescribed dexterity interval of a 3-DOF parallel planar manipulator for different prescribed output workspaces. International Journal for Numerical Methods in Engineering, 2006, 68(1): 1-12.

[129] Gao F, Liu X J, Chen X. The relationships between the shapes of the workspaces and the link lengths of 3-DOF

symmetrical planar parallel manipulators. Mechanism and Machine Theory, 2001, 36(2): 205-220.

[130] Goswami A, Quaid A, Peshkin M. Complete parameter identification of a robot from partial pose information. IEEE International Conference on Robotics and Automation, 1993: 168-173.

[131] Daney D, Emiris I Z. Robust parallel robot calibration with partial information. IEEE International Conference on Robotics and Automation, 2001: 3262-3267.

[132] Chen W J, Wei Y Z, Zhao M Y. Genetic algorithm based parameter identification for parallel manipulators. Proceedings of the 4th World Congress on Intelligent Control and Automation, 2002: 1200-1204.

[133] Besnard S, Khalil W. Calibration of parallel robots using two inclinometers. IEEE International Conference on Robotics and Automation, 1999: 1758-1763.

[134] Ota H, Shibukawa T, Tooyama T, et al. Forward kinematic calibration method for parallel mechanism using pose data measured by a double ball bar system. Parallel Kinematic Machines International Conference, 2000: 57-62.

[135] Song J, Mou J I, King C. Error modeling and compensation for parallel kinematic machines//Boermas C R, Molinari-Tosatti L, Smith K S. Parallel Kinematic Machines. London: Springer, 1999: 171-187.

[136] Besnard S, Khalil W. Identifiable parameters for parallel robots kinematic calibration. IEEE International Conference on Robotics and Automation, 2001: 2859-2866.

[137] Wang H, Fan K C. Identification of strut and assembly errors of a 3-PRS serial-parallel machine tool. International Journal of Machine Tools and Manufacture, 2004, 44(11): 1171-1178.

[138] Meng G, Tiemin L, Wensheng Y. Calibration method and experiment of Stewart platform using a laser tracker. IEEE International Conference on Systems, Man and Cybernetics, 2003: 2797-2802.

[139] Zhuang H, Yan J, Masory O. Calibration of Stewart platforms and other parallel manipulators by minimizing inverse kinematic residuals. Journal of Robotic Systems, 1998, 15(7): 395-405.

[140] Vischer P, Clavel R. Kinematic calibration of the parallel delta robot. Robotica, 1998, 16(2): 207-218.

[141] Daney D. Kinematic calibration of the Gough platform. Robotica, 2003, 21(6): 677-690.

[142] Bai S, Teo M Y. Kinematic calibration and pose measurement of a medical parallel manipulator by optical position sensors. Journal of Robotic Systems, 2003, 20(4): 201-209.

[143] Bennett D J, Hollerbach J M. Autonomous calibration of single-loop closed kinematic chains formed by manipulators with passive endpoint constraints. IEEE Transactions on Robotics and Automation, 1991, 7(5): 597-606.

[144] Yang G, Chen I, Yeo S H, et al. Simultaneous base and tool calibration for self-calibrated parallel robots. Robotica, 2002, 20(4): 367-374.

[145] Zhuang H. Self-calibration of parallel mechanisms with a case study on Stewart platforms. IEEE Transactions on Robotics and Automation, 1997, 13(3): 387-397.

[146] Hesselbach J, Bier C, Pietsch I, et al. Passive-joint sensors for parallel robots. Mechatronics, 2005, 15(1): 43-65.

[147] Yang G, Chen I, Lee W K, et al. Self-calibration of three-legged modular reconfigurable parallel robots based on leg-end distance errors. Robotica, 2001, 19(2): 187-198.

[148] Zhuang H, Liu L. Self-calibration of a class of parallel manipulators. IEEE International Conference on Robotics and Automation, 1996: 994-999.

[149] Hollerbach J M, Lokhorst D M. Closed-loop kinematic calibration of the RSI 6-DOF hand controller. IEEE Transactions on Robotics and Automation, 1995, 11(3): 352-359.

[150] Ryu J, Rauf A. A new method for fully autonomous calibration of parallel manipulators using a constraint link. IEEE/ASME International Conference on Advanced Intelligent Mechatronics, 2001: 141-146.

[151] Chiu Y J, Perng M H. Self-calibration of a general hexapod manipulator with enhanced precision in 5-DOF motions. Mechanism and Machine Theory, 2004, 39(1): 1-23.

[152] Rauf A, Ryu J. Fully autonomous calibration of parallel manipulators by imposing position constraint. IEEE International Conference on Robotics and Automation, 2001: 2389-2394.

[153] Khalil W, Besnard S. Self calibration of Stewart-Gough parallel robots without extra sensors. IEEE Transactions on Robotics and Automation, 1999, 15(6): 1116-1121.

[154] Maurine P, Abe K, Uchiyama M. Towards more accurate parallel robots. The 15th World Congress of International Measurement Confederation (IMEKO-XV), 1999: 73-80.

[155] O'Brien S, Carretero J, Last P. Self calibration of 3-PRS manipulator without redundant sensors. Transactions of the Canadian Society for Mechanical Engineering, 2007, 31(4): 483-494.

[156] Renaud P, Andreff N, Martinet P, et al. Kinematic calibration of parallel mechanisms: A novel approach using legs observation. IEEE Transactions on Robotics, 2005, 21(4): 529-538.

[157] Renaud P, Andreff N, Marquet F, et al. Vision-based kinematic calibration of a H4 parallel mechanism. IEEE International Conference on Robotics and Automation, 2003: 1191-1196.

[158] Osaki K, Konno A, Uchiyama M. Delay time compensation for a hybrid simulator. Advanced Robotics, 2010, 24 (8-9): 1081-1098.

[159] Shimoji H, Inoue M, Tsuchiya K, et al. Simulation system for a space robot using six-axis servos. Advanced Robotics, 1991, 6(2): 179-196.

[160] Zebenaya M, Boge T, Krenn R, et al. Analytical and experimental stability investigation of a hardware-in-the-loop satellite docking simulator. Proceedings of the Institution of Mechanical Engineers, Part G: Journal of Aerospace Engineering, 2015, 229(4): 666-681.

[161] Abiko S, Satake Y, Jiang X, et al. Delay time compensation based on coefficient of restitution for collision hybrid motion simulator. Advanced Robotics, 2014, 28(17): 1177-1188.

[162] Zebenaya M, Boge T, Choukroun D. Modeling, stability analysis, and testing of a hybrid docking simulator. AIAA Guidance Navigation and Control Conference, 2013: 1-30.

[163] Chang T, Cong D, Ye Z, et al. Time problems in HIL simulation for on-orbit docking and compensation. The 2nd IEEE Conference on Industrial Electronics and Applications, 2007: 841-846.

[164] Masory O, Wang J, Zhuang H. Kinematic modeling and calibration of a Stewart platform. Advanced Robotics, 1996, 11(5): 519-539.

索　引